U0167423

从城市设计到设计治理

理论研究与海淀实践

王颖楠　陈朝晖　陈振羽
黄思疃　马云飞　著

中国建筑工业出版社

编委会

序言

站在全面建成社会主义现代化强国、实现第二个百年奋斗目标的新起点上，习近平总书记创造性地提出了以中国式现代化全面推进中华民族伟大复兴的理念。在中国式现代化的新征程上，城市作为经济、政治、文化、社会等各类活动的中心，不仅承载了人民美好生活，更是贯彻落实新发展理念、构建新发展格局、实施扩大内需战略的重要载体。“人民城市人民建，人民城市为人民”，提供高品质生活、建设高品质空间、不断满足人民群众对美好生活的需要，这是社会主义现代化城市的应有之义。在中国式现代化的时代语境中，在城市发展的全新阶段，我们需要什么样的现代化城市？如何建设让人民更满意的高品质空间呢？

前40多年我们国家的城市建设工作重点是服务于经济建设，以新区新城为特征的空间拓展是过去40多年城市发展的主要特征，城市规划的核心是以发展为主线的空间供给。我国的城镇化率在这40多年的快速发展下，也已经由最初的17.9%增加到2020年的60.6%。在2023年的政府工作报告中，更明确阐明中国的城镇化率已经达到了65.2%。预计2030—2035年我国的城镇化率可以达到75%左右，基本上进入一个稳定时期。未来的10到15年，我国将全面进入城市化下半场，城市建设重心也必将从“有没有”向“好不好”转变，城市发展由大规模增量建设进入存量提质增效和增量结构调整并重的新阶段，更需要在有限的存量空间中，尽可能地化解各种城市病。城市更新将成为统领这一新时期城市建设工作的主要内容。

习近平总书记指出：“城市工作是一个系统工程。”任何时候，城市的整体性与复杂性不会削弱，只会增强。面对城市这样一个复杂系统，城市更新行动显然不是一项简单的工程，也不能单纯地理解为“老旧小区改造”或者片区的有机更新。其工作既要大处着眼，又要小处着手，统筹城市发展的经济需要、生活需要、生态需要、安全需要，以期全面提升城市发展质量和空间品质。亚里士多德曾说：“城邦起于保生存，成于求幸福”。当前，我国社会主要矛盾已经转化为人民日益增长的美好生活需要和不平衡不充分的发展之间的矛盾，人民的生活水平已经到了“求幸福”的新阶段，更好的居住条件、更优美的生活环境、更完善的公共服务是老百姓对美好生活的共同追求。在这一新的阶段，城市空间除了满足基本功能要求之外，更应将人的感受作为衡量标准，在工作层面确立人本视角，充分考虑人的需要及其主体性，包括人的文化感知，人的商业、旅游体验，人的空间审美，人的居住环境，人的健康需求，人的休闲需求，人的设施使用，人的家园认同等，使城市空间具有丰富的人本意蕴。而这些正是城市设计这一学科研究的主要范畴。陈秉钊先生在1990年城市设计北京讨论会上就曾说过“城市设计是以人为中心的，从城市整体环境出发的规划设计工作。其目的在于改善城市的整体形象和环境美观，提高人们的生活质量……”[①]；孟建民先生也认为“城市设计是一种以满足城市人的生理、心理要求为根本出发点，以提高城市生活的环境质量为最高目的，对城市的营造巨细皆兼的整体性创造活动”[②]。因此，城市设计必将成为新时期城市发展全新阶段中政府对城市建成环境开展公共干预、提供公共产品、实现公共价值不可或缺的重要技术手段、政策工具和实践途径之一。

诚然城市设计并不是一个全新的学科，城市设计实践更不是新兴事物。现代城市设计的起源可以追溯到19世纪末至20世纪初乌托邦主义和社会改革派在追求社会改造目的中的城市空间畅想，以及“二战”后基于大规模建设需求下物质空间规划对空间艺术性的追求延续。回望历史，可以说

① 段进，刘晋华. 中国当代城市设计思想[M]. 南京：东南大学出版社，2018：197.

② 刘宛. 城市设计概念发展评述[J]. 城市规划，2000，24(12):16-22.

城市设计这一具有公共政策属性的社会实践活动是伴随着人类定居及城市营建活动而同步出现的。正如吴良镛先生所说："一部城市建设史，也可以从城市设计角度来写，即写成了一部城市设计史。"城市的历史有多长，城市设计活动的历史也就有多长。而在城市设计伴随城市兴衰发展的漫长历程中，我们能够清晰地看到城市设计在不同文化圈的每一时期，始终围绕着其社会文化特征、经济发展需求、政府执政理念，衍生出与之匹配的自适应性的实践与理论发展。新中国的城市设计实践也因循着这一适应性模式，从最早引入西方现代城市设计，追求物质空间的艺术性；发展到全面开展本土化的现代城市设计实践活动，寻求学科建设体系完整性与科学性；再到基于全国各地广泛的城市设计运作共识开始城市设计的制度化建设，探求城市设计的政策属性与社会人文价值。面对中国式现代化的时代语境，城市设计又将如何发展才能更好地适应新时期的城市发展新需求呢？

"凡事预则立，不预则废"。有幸的是，中国城市规划设计研究院在长期广泛的实践中，逐渐看到了一些城市设计的发展方向。从北川、玉树、庐山的抗震援建，到松山湖的二十年陪伴，再到北京崇雍大街500天全方位跟踪服务；从深圳新会展地区的"总设计师"负责制实践，再到北京海淀责任规划师制度从建立到实施、运行、再评估的全过程实践，我们深刻地感受到新时期城市设计必须走出蓝图输出、外围技术文本供应的模式，通过体制机制建设、政策程序制定、方案活动设计等多样化的手段，搭建起与政府、市场与社会之间的专业化沟通渠道，实现一张蓝图因时、因地、因人的动态协调和深入"规、建、管、运"的全过程持续技术服务。这种从以空间技术政策为重点的静态性城市设计走向具有社会实践性的动态城市设计公共政策供给服务，实际上是一种基于城市设计人本核心理念下，具有空间技术支撑的城市治理过程。在这一过程中，城市设计治理要围绕我国行政体制特征、管理模式、权责关系，结合前一时期城市设计工作展现出来的运作困境，城市建设、更新、运行工作的痛点难点，从顶层设计入手推动城市设计工作转型、城市设计行业升级、城市设计学科发展。本书正是我院基于海淀责任规划师制度建设这一具有顶层设计特征的治理实践工作形成的总结与反思。难能可贵的是团队能够在实践的基础上结合课题回到学科理论建设当中，探讨了城市设计治理在国内外理论发展中的政治、社会、文化差异，探讨并初步形成了具有鲜明的中国式特征的现代化城市设计治理理论构想和运作模式。

在今年的全国住房和城乡建设工作会议中，倪虹部长谈道：“尊重城市发展规律，研究建立城市设计管理制度，明确从房子到小区、到社区、到城市不同尺度的设计要求，提高城市的宜居性和韧性。坚持人民城市人民建，人民城市为人民，让人民群众生活得更方便、更舒心、更美好。”本书的出版正是我院对相关工作的反馈和学术思考，更是我院对党的二十大报告“加快构建新发展格局，着力推动高质量发展”“提高城市规划、建设、治理水平”的深刻反思，是发挥城市设计引领统筹作用，创新城市设计制度，提高城市规划建设治理水平的重要论著之一。

前言

当前，我国正处于城乡规划体系调整和城市发展转型的重要时期。大部分城市，特别是东部沿海地区城市已经进入了精细化建设、品质提升的阶段，城市风貌、城市特色、城市环境品质问题几乎困扰每一个城市。与之相伴的是新时期从国家层面开展的机构改革、简政放权和现代化城市治理体系建设、治理能力逐步提升。在这个过程中，除了对学科和行业震动最大的部门机构调整和随之引发的国土空间规划体系建设外，城乡建设管理责任主体逐渐向基层下沉，是另一项对整个规划设计领域影响巨大的举措。虽然这一举措并不如前者一样声势浩大，但却切实影响着城市实际建设、管理、运营的基本方式和逻辑。如果说部门机构调整带来的规划体系变革是自上而下系统性的体系变革，那么基层行政主体对建设管理权的整合带来的则是规划设计自下而上运行逻辑的变革。这种变革必然不会轰轰烈烈，但却会于细微之间影响整个规划设计行业的工作及思维方式。当然这一变革并不是单纯地由建设管理主体责任下沉引起的，可以说它是一个触发点。规划设计工作在未来的实施过程中，如果想要持续发挥真正的引领作用，就必须面对越来越多的已建成物质空间的环境改善提升工作和产权主体、使用主体、管理主体之间表现出的越来越复杂的多元需求，还需要适应沟通差异、分工协作。这势必引发针对多元主体在不同尺度中，如何开展协同合作，建立持续建设管理运营机制的变革探索。这一系列的从技术方法到服务模式，再到组织管理的变革背后，是新时期中央推动各级政府从管理走向治理的意识形态和行为逻辑转变的微观具象表现，是中国现代化城市治理体系建立过程中对城市建设领域的现代化治理体系的探索。这种规划设计方式、方法以及规划工作内容的变革可以说是顺应城市发展规律，顺应时代的必然产物，是在城乡物权、产权边界日渐明晰，法律法规逐渐完善，社会个体权利意识、法律认知逐渐强化的过程中，城市建设领域所必然面对的发展转变。不过，从城市治理视角出发的城市建设领域实践探索和理论建构尚属起步阶段——就城市治理这一主题展开的研究，更多的是基于社会学和管理学视角所建立的；从城市规划设计领域出发的研究多集中于以资源要素为对象的空间治理研究，而基于城市设计视角的治理理论的建构和相关探索实践尚属于起步阶段。因此本书希望，从城市设计学科出发，用城市治理的视角，反思城市建设、管理、运行问题的根源所在，从切实解决现阶段城市病，到进一步提高城市设计实施运行能力，探索适应新时期城市发展、城市更新需要的“设计—建设—治理”工作体系，推动规划设计与管理治理从制度衔接、逻辑方法、工作模式等方面进一步融合互动，进而推动城市设计从更多不同维度深入城市建设、城市更新的方方面面，最终实现设计引领下的高品质空间塑造和社会治理协同并进。

本书将以规划设计行业更为熟悉的城市设计工作为切入点，以责任规划师生动的实践工作为线索，基于人居环境科学视角，阐述新时期城市设计与城市治理围绕城市建设管理运维活动这一断续而持久的公共事务形成的链接与发展。探索从“规划—建设—管理”逐步向“设计—建设—治理”转变过程中的城市设计学科的发展与延伸，提出符合中国城市建设管理运维特征的本土设计治理理念，并对在这一理念下，如何建立常态化城市更新的城市设计运作体系，做深刻思考。进而基于海淀区街镇责任规划师系列制度的设计、实施、完善及持续跟踪基层建设管理工作获得的一手资料和国内外设计治理运作探索，对提出的设计治理理念、运作模式和相关工具方法进行进一步实证。设计治理这一领域的实践研究刚刚开始，很难在短期内形成一个具有共识性的完整体系框架。因此，本书仅仅是笔者及团队对相关理论的整合研究和对近一时期实践的梳理与反思总结。我们试图将实践当中的，与过往主流城市设计工作目标、思路方法、运行实施有显著差异的特征加以系统化总结，并就其可能引发的变革趋势进行畅想展望。希望本书能够引发从事城市规划设计及城市建设管理这两类密切相连但又截然不同的群体在不同方向拓展思考，更希望本书能够引起有兴趣致力于基层建设治理的市场组织、专业机构、非政府组织的共鸣，最希望的还是本书能够推动设计治理这类工作更广泛、更持久地开展。需要特别提出的是，即使这类工作在现实当中以各种各样的名称存在，甚至与设计治理这一名词无关，但其共同点都是始终围绕以人为本的城市设计思维开展，并通过融入更多城市建设运营的治理环节，实现城市空间环境和社会环境的相得益彰，打造出真正宜人又充满活力的高品质人居环境。当然这一领域的研究和推动还需要多种多样的实践样本和更广泛的学术讨论，本书如果能够成为整个城市规划设计领域发展变革过程中的一颗有用石子，无论是铺路奠基，还是激起朵朵浪花，都是笔者及团队所期待的。

导言

城市设计转变为设计治理这一理念的萌发并不是在文件书籍阅读中的灵光乍现，而是从2008年参与北川新县城灾后重建的规划设计实施工作，再到参与2018年开始的北京市海淀区街镇责任规划制度研究工作和其后持续跟踪服务的责任规划师制度落地实践中不断积累产生的。这一想法的出发点并不是站在学科交叉、学科延展的角度试图建立一套全新的学术理念，它的逐渐形成，一方面是基于持续从事城市设计工作，参与城市设计管理办法编制，思考如何让城市设计真正能够落地见实效；另一方面是恰逢北京责任规划师工作轰轰烈烈开展的浪潮，使笔者及团队有机会透过责任规划师工作，前所未有地以制度编制者、制度推进者、制度践行者、制度旁观者四种截然不同的视角，重新认识理解城市不同层面的规划设计、建设实施、运行管理逻辑，并在其中体会到了城市设计需要走向设计治理的必要性与必然性。对于城市设计落地见效的讨论可谓是持久而广泛的，似乎是每一个成熟的规划设计工作者必然会思考的问题。只是由于长期处于快速新建的时代背景下，作为规划设计编制主体或者审批主体这样的特定角色，使我们解决这一问题多侧重于将城市设计与法定规划相结合，通过法定化的途径和程序加以解决。然而在城市更新逐渐代替新建的新常态时期，团队通过在北京海淀区的责任规划师实践，打破了角色局限性，走出了常规的规建管服务主体范畴，在深入接触了城市各系统参与建设、管理、运营的主体以及街道、社区等基层综合运维主体后，我们深刻意识到新时期城市建设、运行乃至维护等工作中的不同主体在更新工作的不同阶段对于城市设计的强烈需求，以及城市更新、高品质发展所带来的设计服务模式的转变。

虽然这种转变在全国层面上看似乎是微弱而零散的，但是其正在以非常多样的表现形式不断涌现出来。因此，团队希望通过研究我国经济社会发展历史进程中，城市设计的发生发展过程及实施运作，剖析城市设计转变的必然性，并通过对系列责任规划师工作的总结，展示城市建设管理运营对城市设计的实际需求，以及在这种需求之下城市设计走向设计治理的必要性。全书将通过对中国城市设计治理理论的初步建构及海淀实践的全景展示，系统且生动地为读者展现设计治理在中国的未来。

全书结构

本书定名为《从城市设计到设计治理——理论研究与海淀实践》，在一定程度上是希望有兴趣参与或从事城市规划设计工作和城市建设管理工作的不同群体都能够关注这一话题。然而上述二者的专业背景可能相去甚远，前者大多更具备专业能力，但后者辐射群体却更为广泛。后一群体专业背景多样，主要涉及从事或参与城市实际建设、运营、维护的政府管理人员、市场组织、社会机构甚至个人。这其中绝大部分人可能并不具备规划设计的专业常识。为使本书尽可能地扩大受众群体，增加学术研究内容的可读性，本书的行文将有别于规划设计理论著作的纯粹学术语境，而采用更为接近人文社科类题材的表述方式，多使用贴近个人生活的类比描述，以增加文章的可读性。但是回望全书，由于涉及城市设计、城市治理、公共管理等不同领域，笔者驾驭能力尚浅，还是存在相对枯燥的学术片段，这也是一个小小的遗憾。同时，这也让笔者认识到从实践到理论研究只是走出了探索的第一步，如何再将理论变成更浅显易懂的“常理”才是我们要通过反复实践与理论总结所要努力达成的目标。

为了适应当下更加高效紧凑的社会生活节奏，帮助不同群体能够更便捷地获得有用信息，笔者将本书分为两个部分。

第一部分为理论部分。通过较为专业的视角探讨从城市设计到设计治理发展转变的环境背景、需求动力和发展趋势。向对这一领域感兴趣的专业人士阐述本书的基本学术观点，就设计治理的缘起、发展及界定进行梳理，并基于本土文化特征、政治诉求，对中国当代设计治理理念进行了初步建构。结合城市治理的主要流派，探讨了新时期城市建设、城市更新中设计治理运行的思路及相关转变所需要解决的问题。

第二部分以国内外多样化的责任规划师工作研究为基础，借鉴社会调查类研究所采用的个案剖析方式，以海淀街镇责任规划师工作为实例，系统性地展示设计治理理念运作中的组织架构、能力建设和运行逻辑，为希望通过责任规划师工作探索设计治理运作的地区提供较为完整的实践参考。最后，本书为面向有兴趣参与或已经在从事相关工作的个人或群体，梳理了实践中具有一定实效性的设计治理工具和平台，为推动城市设计转变为设计治理提供必不可少的技术支撑。

目录

第一部分 为什么要提出从城市设计到设计治理

第二部分

责任规划师视角下的设计治理实践

第一部分

为什么要提出从城市设计到设计治理

从事、参与规划设计建设领域的人群，可能是职业病最难以控制的群体。因为他们同时作为城市居民，基本无时无刻不生活在城市当中，哪怕是外出休闲的时候仍然不可避免地要面对其他形形色色的城镇。在面对城市中出现的各种建设管理问题的时候，这个群体总是难免习惯性地从自身职业视角出发，发表批判言论，或者臆想一下解决方案。请回想一下，从事规划设计相关工作的你，是否曾经抱怨过从马路一侧到另一侧步行太远，为什么不能考虑架设个天桥或者步行穿越通道；在过天桥的时候又想抱怨一下为什么在电梯已经如此普遍的今天，不考虑增加自动化上下设施，顺带考虑增加遮阳和避雨的顶棚；走下天桥，可能又要忍不住想对着停满人行道甚至有百米长的共享单车咆哮，难道就不能想点办法管一管吗？再看一眼人行道旁边十几米宽的绿化带，你可能又要忍不住想问问为什么要建这种“碍事又无用”的灌木丛，就不能在其中开辟一条直接连通旁边建筑的小路吗？其实在这些日常问题背后，你可能最想问的是：到底是谁在做这些设计？为什么做了那么多的城市设计，那么多的设计导则，我们日常生活的城市空间还有这么多显而易见的基础问题没有得到改善？是设计问题还是管理问题？

这样的反思不只发生在规划设计群体内。全国常住人口城镇化率在2011年就已经超过了50%，到2020年已经达到了63.89%，以北京、上海、天津为首的大城市常住人口城镇化率甚至已经超过80%[①]。因此，这些城市在新一轮的总体规划（空间规划）中的建设管控目标纷纷围绕减量提质的思路进行制定。同时，面对40年高速城市化所带来的各类城市病的集中爆发，城市管理能力面临着更大的考验。各地政府也在不断探索如何通过创新城市管理体制机制，破解现阶段城市建设管理的困境。比如在2004年，北京市东城区就率先开展了“网格化”管理的试点工作，即将辖区以1万m^2为单位进行网格化单元划分。在随后全市层面的网格化管理工作的推动下，北京市16个区、300余个街乡镇、6000多个社区村被划分为3.6万多个网格，从而实现了对每个单元格进行全时段、静态部件和动态事件两大类型工

---

① 国家统计局. 全国年度统计公报[R/OL].（2022-02-28）. http：//www.stats.gov.cn/tjsj/tjgb/ndtjgb/

作责任到人的跟踪管理[1]。除了这类基于空间均等化覆盖的管理细分方式，还有一类是基于人口或家庭这类社会基本组成单元进行的“等规模”管理网格划分，比如广州市2014年的社区治理手段就是以家庭为基本单位，将全市超过1600万人、近500万户居民，以200户为一个基本单元分解到2.5万个网格单元当中，实现了“一格一员”的精细化网格管理服务。在这种均质化网格单元的基础上，部分城市又针对特定要素或特定空间进行了再一次的网格化嵌套设置，如河湖长、街巷长等实则都是基于“网格化管理专员”的逻辑演化而来的特定单元网格管理员。这种方式将城市特别是大城市甚至是超大城市的庞杂多样的公共事物和事务分解为特定规模的小单元，从而提升政府的监管、服务乃至应急处置能力，进而促进政府的精细化管理。这一“化繁为简”[2]的城市管理网格建设得到了最高决策层的充分认可。在2013年党的十八届三中全会通过的《中共中央关于全面深化改革若干重大问题的决定》中明确指出，以网格化管理、社会化服务为方向，健全基层综合服务管理平台。2015年中共中央、国务院发布《关于深入推进城市执法体制改革改进城市管理工作的指导意见》，进一步强调要推进网格管理，科学划分网格单元，将城市管理、社会管理和公共服务事项纳入网格化管理，明确网格管理对象、管理标准和责任人。城市空间的网格化管理已经被视为城市管理改革的重要举措和核心模式之一。可以说，网格化管理充分吸纳了数字技术的单元化、模块化思维模式，借助越来越完善的数字科技工具对城市中的“固件”（基础设施）和“事件”进行监测记录、追踪处理，并逐步拓展到通过加强公安、民政、计生、卫生、人社、房管、工商等部门间的数据共享，建设人口库、房屋库、法人库等城市基础数据库，打通部门间的“信息通道”，最终形成开放式的城市管理综合数据服务平台，实现城市中的全要素信息化、数据化表达，进而实现对管理情况的定量考核和对城市运行的全面监管及服务。这种全面覆盖的管理细化，确实大大提高了城市处理“软硬件”运行“故障”的准确性、及时性，减少了城市管理的死角和暗角。以北京为例，到

① 聚焦“大城市病”治理，加强城市精细化管理[EB/OL]. http：//www.sohu.com/a/289740575_120027614

② 崔慧姝.一体两化：中国城市治理机制的一个整体观察[J].学习论坛，2019(11)：52-59.

2018年底，网格化城市管理系统已经实现了16个区级平台与33个委办局、26个公共服务企业的对接互通，覆盖了全市567万个城市基础设施部件，共立案超5000万件，平均结案率达90%以上[①]。

面对如此全面全时的城市管理维护，如此与时俱进的现代化手段和卓有成效的管理提升数据，为什么我们的城市中还有那么多让人不禁“蹙眉”的问题呢？网格化管理实现了城市监管服务在时空上的全面覆盖，但却不是也无法实现“全能”。网格员的主要工作是对单元内各类信息进行录入、问题发掘、精准定位和数据反馈，而这看似简单的工作，实则要面对非常烦琐的事务和极多极细的工作要求。同时，“全天候反馈”“问题不过夜”“15分钟直达”的高效运转方式，更令网格员们精神压力过大，应接不暇，甚至会陷入力不从心、疲于应付的工作状态，不得不根据重要程度对工作进行取舍或对问题处理采用简单化、机械化的方式。虽然网格化管理推动了城市管理对问题的主动发掘，但各专业系统、公共服务主体被动触发式的问题解决模式，注定了“头痛医头，脚痛医脚”的就事论事的问题解决思路。城市作为一个复杂的巨系统，各种要素之间的运行协作都存在着千丝万缕的关联。即使将城市细分为有限的单元，其内部与外部也无时无刻不进行着大量的人流、信息流的交互穿插。每一个网格单元内看似独立偶发的点状问题，其背后可能存在的是系统性的根源问题。而部分“网格员”作为不具有具体行政事业编制的劳务派遣人员，受限于薪资水平的制约，人员流动性高、综合素质有限；他们极少具有高水平专业背景，对城市管理运行问题的判断更多地停留在能否使用、有无破损、是否与相关规定标准相符等表象问题上，更没有认识到独立事件背后可能隐藏着系统性问题的能力。对于城市中那些能用但不好用的问题，以及用起来有些麻烦的现象，可能根本不属于他们眼中的“问题”的范畴。比如人行道上的管道竖井，常存在大部分主体处于人行道上，但是井盖的高度却和机动车道平齐的现象，使人行道呈现不规则缺口。这种情况，对于一般使用者来说可能只是绕行一步避开，略感不便而已，对于网格员来说也并不属于

① 王天淇.北京：城市管理网格化模式已覆盖全市16个区网格案件结案率达九成以上[EB/OL]. https://www.sohu.com/a/281266099_267106

“问题”的范畴，对于竖井的实际建设管理维护主体来说也符合竖井的相关工程建设标准，但是这种一步之不便对于老年人、残障人士等有特定行为困难的人群来说可能就是危险。城市中这种小之又小的不便不断累积，就会切实影响每一个人对于城市的体验和感受。

由此可见，单纯依托全时全覆盖的城市问题发现式管理，虽然实现了对于时间、空间、要素的精细化动态监管，但是基于问题导向的工作推进逻辑对“问题”的发掘、研判能力有着很高的要求。特别是在城市环境品质的提升过程中，人们对于城市空间的便利、舒适、宜人等方面的诉求是极具个性化的，又是会因时因事不停变化的。因此，如何能够透过各种似是而非的个体问题，找到具有普适性的、符合普遍公共利益诉求的问题，是需要专业能力的。这也是城市管理从粗放型转向精细化，除了外延的要素、时间、空间扩展外，所必然要解决的内在能力提升问题。这种围绕人的需求，提升塑造城市空间的问题发掘和改造能力正是城市设计行业所具备的。这一点也是高层决策者对城市设计行业提出的要求，在2015年的中央城市工作会议上就明确指出：“加强城市设计，提倡城市修补……一定要抓住城市管理和服务这个重点，不断完善城市管理和服务，彻底改变粗放型管理方式，让人民群众在城市生活得更方便、更舒心、更美好。”这是中央城市工作会议首次将城市设计工作与城市管理工作放在规划、建设、管理相统筹的大主题下一起进行强调。

第1章 持续发生的城市设计适应性转变

1.1 我国城市设计在不同城市发展阶段的自适应特征

1.2 我国城市设计的有效与失效

1.3 新时期的城市需要什么样的城市设计

2015年，时隔37年再次召开的中央城市工作会议首次将城市设计工作独立在城市规划工作之外单独加以强调，使之成为统筹规划、建设、管理三大环节，解决城市病，塑造城市特色的重要抓手之一。一时间，规划设计建设领域似乎再次激起了一阵城市设计工作的浪潮。仅从“知网”论文来看，2016年以城市设计为主题的论文数量较2015年增加了350余篇，论文发表数量增幅近35%。其实，这一浪潮的掀起，早在2015年的中央城市工作会议开展之前，就已经通过学术领域讨论、设计市场变化以及政府工作转变等不同视角有所展现。从学术领域来看，仅通过“知网”论文检索就可以发现，从2012年起谈论“城市病”“城市风貌”“城市特色”的文章均呈现不同程度的增长。以“城市病”的发文量为例，在2002—2011年，年发文量始终保持在1000～2000篇，每年增加100～200余篇。但是在2012年，这一关注点的发文量达到2500篇之后，到2015年仅过了短短3年的时间，该关注点的年发文量就达到4000余篇，出现了前所未有的短期爆发性关注。

与此同时，全国各地对城市风貌规划、城市特色研究、总体城市设计的需求明显增加，这一点仍然可以从文献发表情况得到印证。关于“城市风貌规划、城市特色研究、总体城市设计”的文献在度过了2003—2011年的动态增长阶段后，从2012年开始进入了每年700～800篇的稳定阶段，这些基于实例的研究在一定程度上反映了设计市场对于城市风貌、城市特色设计具有稳定的高需求。这一现象的背后，是中国经济发展和城镇化进程同步进入新的发展阶段。从国家统计局的年度统计公报来看，2010年中国城市人均GDP突破4000美元关口，达到4550美元/人；2011年全国城镇人口为69079万人，常住人口城镇化率达到51.27%，突破50%节点；2012年人均GDP突破6000美元，达到6313美元/人。这一系列的数字意味着中国正式步入中等高收入国家行列，城镇化进程也步入了快速城镇化的第二阶段。随之而来的是经济增长结构、增长动力，居民消费水平、消费结构等城市内在发展动力的变化，并直接外化为城市建设发展需求、建设发展模式的改变，进而引起了作为城市建设组织工具的城市设计工作的适应性变化。

此外，2012年适逢党的十八大召开，迎来了中国十年来的最大规模高层人事交替[①]，可以说是政治、经济、城市建设发展的同步调整。2012年底召开的中央经济工作会议中，以转变经济发展

① 学习贯彻党的十八大精神[EB/OL]. http：//www.xinhuanet.com/politics/xxgc18cpcnc/index.htm

方式、提高发展质量和效益为基调，第一次提出了“把生态文明理念和原则全面融入城镇化全过程，走集约、智能、绿色、低碳的新型城镇化道路”[①]，并通过2013年的中央城镇化工作会议明确了推进新型城镇化的指导思想、主要目标、基本原则、重点任务，为我国新型城镇化指明了方向。会议要求:“要以人为本，推进以人为核心的城镇化，提高城镇人口素质和居民生活质量……要传承文化，发展有历史记忆、地域特色、民族特点的美丽城镇……提高城镇建设水平。要体现尊重自然、顺应自然、天人合一的理念，依托现有山水脉络等独特风光，让城市融入大自然，让居民望得见山、看得见水、记得住乡愁；要融入现代元素，更要保护和弘扬传统优秀文化，延续城市历史文脉；要融入让群众生活更舒适的理念，体现在每一个细节中。”[②] 这一要求成为各城市建设思路转变、重视城市风貌、发掘城市特色的关键指导，也直接促进了城市设计学界对这一问题的探讨。2013年，以“千城一面”为主题的文章发表数量达到了历史峰值，这在一定程度上表现出了城市设计作为一种公共政策在中国具有的极强的政治导向性，也是在中央城市工作会议之后，2016年城市设计类研究文献激增的重要原因。这一快速增长伴随着2017年《城市设计管理办法》的正式施行，达到了研究数量上的顶峰。这从一个侧面反映出中国城市设计的发展变化不是孤立的，城市设计实践工作和城市设计理论工作都与经济发展水平、城市化进程和政策变迁息息相关，表现出了城市设计作为公共政策与时代相匹配的自适应性特征。这一特点可以从新中国成立以后城市设计发展阶段的变化上得到充分的印证。

---

① 中央经济工作会议举行 习近平温家宝李克强讲话[EB/OL].（2012-12-16）. http：//www.gov.cn/ldhd/2012-12/16/content_2291602.htm

② 中央城镇化工作会议举行 习近平、李克强作重要讲话[EB/OL].（2013-12-14）. http：//www.gov.cn/ldhd/2013-12/14/content_2547880.htm

1.1 我国城市设计在不同城市发展阶段的自适应特征

总体来看，目前对于中国城市设计发展历程的研究，受研究开展时间的影响，主要将城市设计划分为三至四个阶段，基本上呈现出以10年左右为一个阶段的整体体征（表1-1）。洪亮平在《城市设计思想研究》一文中，从城市设计理论和实践演进的角度，以1980年周干峙先生在中国建筑学会第五次大会上发表的《发展综合性的城市设计工作》一文为起点，将中国现代城市设计历程分为四个阶段：1980—1985年产生和试验阶段、1986—1989年理论与实践逐步展开阶段、1990—1995年城市设计普及阶段、1996—2003年城市设计理性化阶段[①]。城市设计学术委员会[②]和李少云[③]则均将20世纪80年代至21世纪的中国现代城市设计历程分为三个阶段，三个阶段的分段时间节点略有差异。唐燕在2012年出版的《城市设计运作的制度与制度环境》一书中从制度的视角出发，在前面三段式的主流基础上增加了1949—1978年新中国成立初期的效仿苏联式的规划设计建设阶段[④]。孔斌在2016年撰写的《中国现代城市设计发展历程研究（1980—2015）》中，则是在前面三段式的基础上结合千禧年之后15年的发展历程，补充了2007—2015年的新发展阶段[⑤]。虽然上述研究划分发展阶段的具体时间略有差异，但总体上各个研究的分段表现出了较为统一的发展转变认知。

---

① 洪亮平.城市设计思想研究[D].南京：东南大学，2003.

② 邓东.当前我国城市设计发展的形势与存在的主要问题[C]// 中国城市规划学会.2004城市规划年会论文集，2004：953-955.

③ 李少云.城市设计的本土化：以现代城市设计在中国的发展为例[M].北京：中国建筑工业出版社，2005：97.

④ 唐燕.城市设计运作的制度与制度环境[M].北京：中国建筑工业出版社，2012：58-66.

⑤ 孔斌.中国现代城市设计发展历程研究：1980—2015[D].南京：东南大学，2016.

中国现代城市设计历程的国内学者研究概况 表1-1

跨度	历程分段	阶段概括要点	研究来源
1980—2003年	1980—1985年	中国现代城市设计产生和试验阶段	2003年，洪亮平
	1986—1989年	现代城市设计理论与实践在中国展开	
	1990—1995年	中国现代城市设计普及阶段	
	1996—2003年	中国现代城市设计理性化阶段	
1980—2004年	20世纪80—90年代初	概念输入与消化时期	2004年，城市设计学术委员会
	20世纪90年代中后期	借鉴模仿与探索创新时期	
	21世纪以来	全面国际合作与竞争时期	
1980—2005年	1980—1990年	理论引进时期	2005年，李少云
	1990—1998年	实践发展时期	
	1998年以后	调整创新时期	
1949—2012年	1949—1978年	仿苏联式的城市规划建设时期	2012年，唐燕
	1978—1990年	城市设计思潮的引进与尝试性实践	
	1990—2000年	市场经济体制下城市设计的全面推进	
	2000年以后	繁荣与迷惘共存的城市设计新发展	
1980—2015年	1980—1990年	探索期	2016年，孔斌
	1991—1997年	发展期	
	1998—2007年	繁荣期	
	2007—2015年	转型期	

资料来源：作者整理

从城市复杂适应系统理论[①]来看，城市设计作为城市复杂适应系统中的智慧子系统[②]之一，会在城市的经济、社会、政治变迁中不断学习并积累经验，进而发生自身适应性的行为方式和系统结构的转变，从而因时因势地发挥其导向性[③]。在城市设计发展的过程中，经济和社会的发展可以看作诱发城市设计自适应性发展的隐性内在因素，政治体制、

① 圣菲研究所（Santa Fe Institute，SFI）创始人之一、遗传算法发明人约翰·霍兰先生（John Holland）提出了复杂适应系统理论，认为复杂适应系统中的成员是具有适应性的主体，能够与其他主体进行相互作用，持续地“学习”和“积累经验”，改变自身的结构和行为方式，进而主导系统进行演化。仇保兴.城市理性主义的曙光[M]//刘春成.城市隐秩序：复杂适应系统理论的城市应用.北京：社会科学文献出版社，2017：2.

② 刘春成.城市隐秩序：复杂适应系统理论的城市应用[M].北京：社会科学文献出版社，2017：89.

③ 同上，92页。

机构制度的变迁则更多是刺激城市设计发展的显性外在因素。上一阶段城市设计普遍实践下产生的城市建设问题，会在下一阶段成为城市建设中主要解决的问题，同时，上一阶段基本成型的学术理论也会在下一阶段形成稳定实践支撑下的经验结论体系。虽然，总有一些格外具有战略性眼光的学者可以跨越发展阶段的局限性，提出一些城市建设上的真知灼见，但是从普遍的城市设计发展实践来看，每一时期的城市设计理论与城市设计实践的产生、发展总是与地区经济、社会、政治环境保持着一致的螺旋形前进步调。同时，由于中国幅员辽阔，东、中、西部地区经济发展、城市建设发展水平差异明显。这一特征也使得这种城市设计的发展演变在空间上呈现出螺旋形前进的发展趋势，即东部发达城市的经济发展水平、城市化进程会最先进入拐点，因此会率先针对拐点之前积累的城市建设问题，从城市设计理论方法、实践应用、制度建设等不同方面形成应对，并积累形成系统性城市设计发展思路。在下一阶段，国内其他城市经济发展水平和城市化率达到这些发达城市的水平时，这些思路做法逐渐在全国层面上普及应用，并在政府、社会、学界形成普遍共识，建立“非正式制度”运作模式。

1.1.1 1949—1977年计划经济背景下都市设计理念的实践起步与停滞期

虽然在1958年之后城市设计为适应大办工业的建设发展指导思路，走上了“多快好省地进行城市规划建设”之路，并逐渐演变为政治宣传工具，直至1966年“文化大革命”开始，又陷入了长达10年的探索停滞时期，但是总体来看，这两个时期所发生的城市设计实践都不是单独存在的，它与城市规划一样，是作为计划经济体制中，实现经济计划的建设服务工具[①]、空间图解[②]而配套存在的，并都表现出了对政治思想变化的高度敏感性。但这些并不影响城市设计发挥其在城市建设中改造城市面貌、重构城市环境的作用，以及对文化艺术表达的追求。在1952年制定的《城市规划设计程序试行办法（草案）》中就明确提出：“第一阶段的规划工作为城市总体设计……城市总平面应该给人一个城

① 孙施文.经济体制改革与城市规划再发展[J].城市规划汇刊，1994（1）：38-42.

② 吴远翔.基于新制度经济学理论的当代中国城市设计制度研究[D].哈尔滨：哈尔滨工业大学，2009.

市空间的建筑艺术布局总概念……说明书中，要附有建筑艺术布局方面的材料。”① 可以看到，在这一时期，城市设计被作为城市规划工作中至关重要的统领性内容，艺术表现能力也作为城市设计的核心能力被加以强调。与此同时，计划经济时期政府的高度执行能力使得这一时期的城市设计有着极高的实施完成度。这一时期的城市设计尚不属于现代城市设计范畴，主要是受苏联的建设指导和都市设计（又称市政设计，civic design）时期建筑设计之扩大② 理念的影响，有典型的巴洛克时期的严谨布局特色并多使用放射轴线组织手法，与当时的新中式建筑风格共同塑造了早期“中西合璧”的新中国城市风貌特色。如北京天安门广场的改造建设（图1-1）、“四部一会”及百万庄住宅区的设计建设、配合“156项工程”形成的八大重点城市的规划设计（图1-2、图1-3）等。本阶段大事件汇总见表1-2。

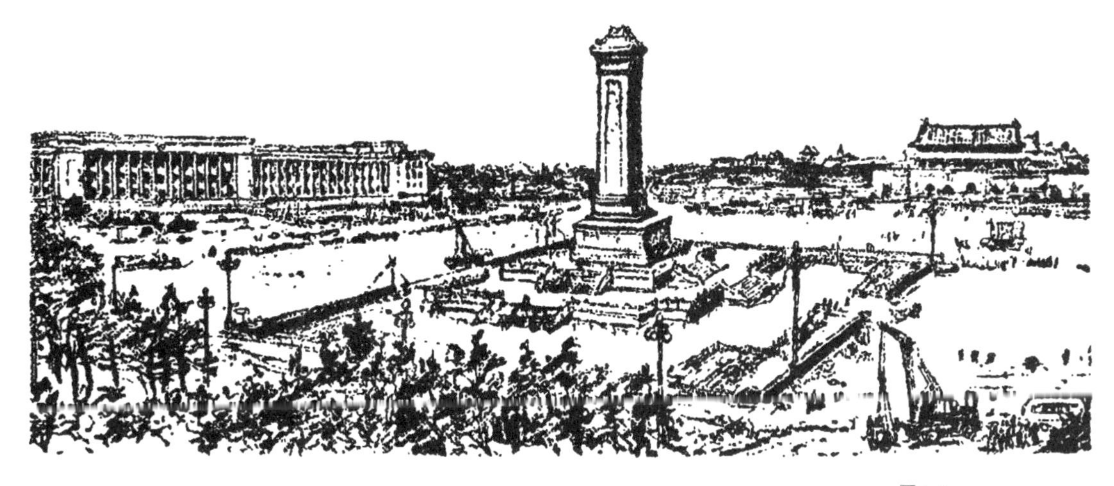

图1-1

天安门广场改造建设图景

图片来源：梁思成.天安门广场[J].前线，1959（19）：27-29

① 唐燕.城市设计运作的制度与制度环境[M].北京：中国建筑工业出版社，2012：60.

② “抑近代生活方式所影响者非仅一个，或数个一组之建筑物而已，由万千个建筑物合组而成之近代都市已成为一个有机性之大组织。都市设计已非如昔日之为开辟街道问题或清除贫民窟问题。其目的仍在求此大组织中每部分每项工作之各得其所，实为一社会经济政治问题之全盘合理部署，而都市中一切建置之合理部署，实为使近代生活可能之物体基础。在原则上，一座建筑物之设计与多数建筑物之设计并无区别。故都市设计，实即建筑设计之扩大，实二而一者也。”梁思成.致梅贻琦信（1945）[M]//梁思成.梁思成全集：第五卷.北京：中国建筑工业出版社，2001：1.

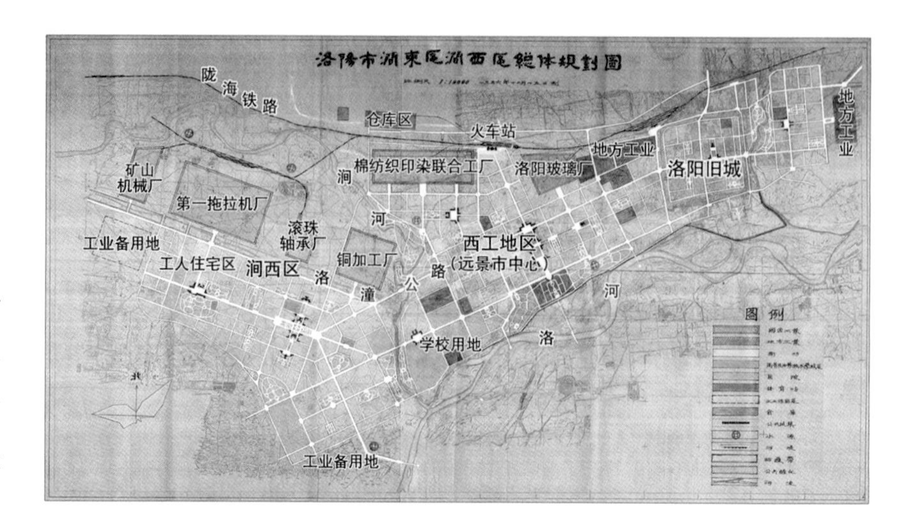

图1-2
洛阳市涧东区涧西区总体规划图（1956年）
图片来源：李浩. 八大重点城市规划：新中国成立初期的城市规划历史研究[M]. 2版. 北京：中国建筑工业出版社，2019

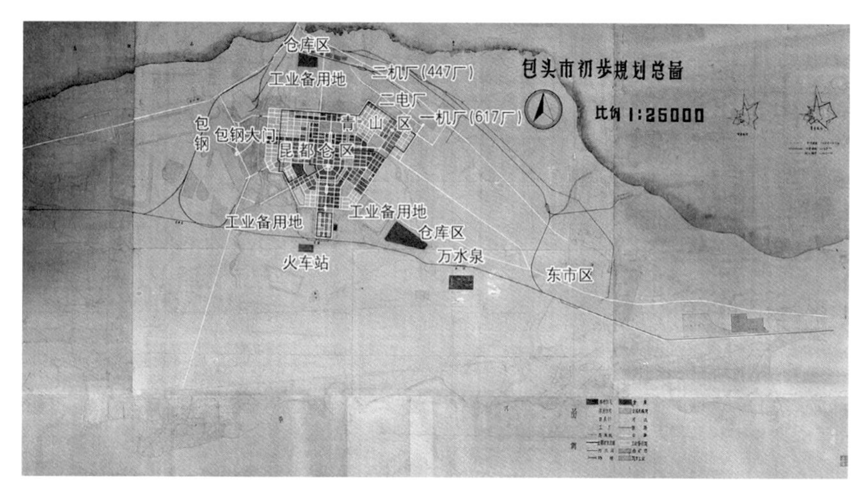

图1-3
包头市初步规划（1955年）
图片来源：李浩. 八大重点城市规划：新中国成立初期的城市规划历史研究[M]. 2版. 北京：中国建筑工业出版社，2019

1.1.2 1978—1989年社会主义现代化经济建设背景下理念引入，观念转变的实践探索期

1978年的党的十一届三中全会做出了战略转移党的中心工作的决定，即由“阶级斗争为纲”转为“社会主义现代化经济建设”，这一转变标志着中国进入了第一次转型期，开始了“第二次经济建设时代”[①]，改革开放正式开启了我国一场全面而深刻的政治、经济、社会转型。随之而来的是1978年在北京召开的第三次全国城市工作会议，印发了《关于加强城市建设工作的意见》（中共中央〔1978〕13号文）。同年，“中国

① 胡鞍钢.第二次转型：以制度建设为中心[J].战略与管理，2002（3）：34-38.

建筑学会城市规划学术委员会”在兰州召开成立大会，为城市设计工作的复苏提供了充足的政策支撑和学术组织保障。1980年，周干峙先生和任震英先生在中国建筑学会第五次大会上分别发表了报告《发展综合性的城市设计工作》和《保护特色城市，发展城市特色》[①]，正式引发了20世纪60年代在世界范围内开展的现代城市设计在中国的兴起，大量西方城市设计经典著作被引入国内，如吉伯德的《市镇设计》、芦原义信的《外部空间设计》、培根的《城市设计》等。1978—1984年，中国的城市化进入以农村经济体制改革为主要动力的恢复发展阶段，并在经济体制改革的刺激下，在1984—1990年步入以乡镇企业改制和城市改革双重推动的城市化稳步发展阶段。在这种经济发展和制度变革下，中国的城市设计完成了从“城市设计作为城市建筑群设计和详细规划设计的手段”[②]到“以提高城市环境质量为目标的综合性城市环境设计”[③]的理念认知转变，并以5个经济特区、14个沿海开放城市、3个经济开放区[④]为主要城市设计实践地区开展了具有开创性的设计实践，如1983年的上海虹桥新区城市设计、1986年的深圳华侨城片区城市设计、1987年的深圳城市设计研究报告、1988年的深圳市罗湖口岸城市设计（图1-4）。但是由于这一时期的城市建设刚刚恢复，城市设计的制度环境尚未定型[⑤]，无论是新区建设还是旧城改造，大部分城市设计都面临着直接指导实际建设的需求，因此，这一时期的很多城市设计在内容和成果形式上与修建性详细规划之间没有明显的界线，也因此保证了比较高的建设实现度，如1986年的南京夫子庙文化商业中心规划设计、1988年的天津铁路客站改造规划设计（图1-5）、1989年的大庆市让胡路区中央街景设计。

---

① 扈万泰.城市设计运行机制[M].南京：东南大学出版社，2002：153.

② 李进.近二十年中国现代城市设计发展背景分析[D].武汉：华中科技大学，2005：123.

③ 郭恩章，林京，刘德明，等.美国现代城市设计考察[J].城市规划，1989（1）：13-17.

④ 杨保军.城市规划70年的回顾与展望[J].城市规划，2020（1）：14-23.

⑤ 唐燕.城市设计运作的制度与制度环境[M].北京：中国建筑工业出版社，2012：60.

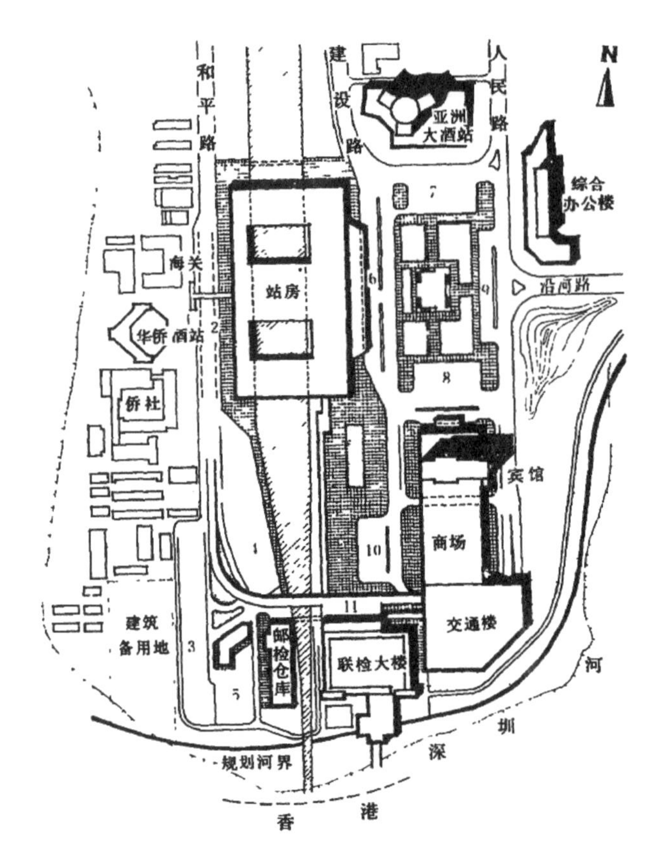

图 1-4

1988年深圳市罗湖口岸城市设计总平面

图片来源：深圳罗湖口岸车站广场规划[J].城市规划，1988(5)：36-38

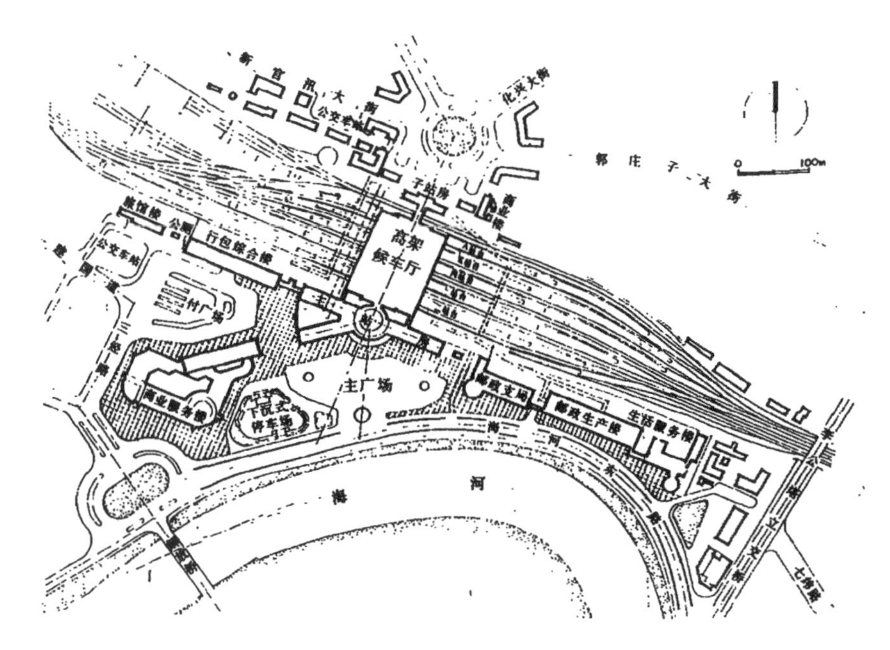

图 1-5

1988年天津铁路客站改造规划设计总平面

图片来源：天津铁路客站改造规划[J].城市规划，1990(5)：48-51

1949—1977年、1978—1989年两个城市设计发展阶段的政治、经济及城市设计重要事件案例　　表1-2

发展阶段特色	标志性设计案例	标志性事件及法律法规文件	经济发展阶段	政治制度背景
1978年以前都市设计理念实践起步与停滞时期	1950年,《关于中央人民政府行政中心区位置的建议》(梁陈方案); 1953年,“四部一会”及百万庄住宅区	《城市规划设计程序试行办法(草案)》(1952年) 《城市规划编制暂行办法》(1956年)	**计划经济时期:** 1949—1957年城市化起步发展; 1958—1965年城市化曲折发展; 1966—1978年城市化停滞发展; **全国常住人口城镇化率:** 1949年,10.64%	1952年,召开第一次全国城市建设座谈会; 1962年,中共中央、国务院召开第二次城市工作会议
1978—1989年理念引入,观念转变,实践探索时期	1983年,上海虹桥新区城市设计; 1986年,深圳华侨城片区城市设计; 1987年,深圳城市设计研究报告; 1988年,深圳市罗湖口岸城市设计	“中国建筑学会城市规划学术委员会”在兰州召开成立大会(1978年); 中国建筑学会第五次大会,周干峙发表《发展综合性的城市设计工作》报告(1980年); 《国家建设征用土地条例》《城市市容环境卫生管理条例(试行)》《中华人民共和国文物保护法》(1982年); 《城市规划条例》颁布(1984年),是我国城市建设和城市规划方面的第一部基本法规; 开始开设城市设计研究生课程(1985年); 《中华人民共和国土地管理法》(1987年施行); 在北京召开城市设计学术研讨会,强调“城市设计”概念(1987年); 《中国大百科全书》中,陈占祥撰写“城市设计”定义(1988年); 《中华人民共和国城市规划法》(1989年颁布)	**1978—1984年城市化恢复发展阶段:** 以农村经济体制改革为主要动力 **1984—1990年城市化稳步发展阶段:** 乡镇企业和城市改革双重推动,以发展新城镇为主,沿海出现大量新兴小城镇 **社会主义商品经济:** 逐步放开国家价格控制,实行双轨制 **全国常住人口城镇化率:** 1978年,17.92% 1984年,23.01% 1989年,26.21% **人均GDP:** 1978年,156美元/人 1989年,310美元/人	1978年,党的十一届三中全会召开,重心回到社会主义现代化经济建设上,提出以经济建设为中心,改革开放的重要思想; 国务院在北京召开第三次全国城市工作会议,会议制定了《关于加强城市建设工作的意见》(中共中央〔1978〕13号文); 1980年,国家建委在北京召开全国城市规划工作会议,印发《全国城市规划工作会议纪要》; 1984年,中央颁布《中共中央关于经济体制改革的决定》

资料来源:作者整理

1.1.3 1990—2001年社会主义市场经济建设背景下体系形成与实践拓展时期

《中华人民共和国城市规划法》在1989年颁布，1990年正式施行。自此，中国城乡规划正式步入有法可依的阶段。1991年，周干峙先生在全国城市规划会议上提出“20世纪90年代要尽快把城市设计工作建立起来”，同年施行的《城市规划编制办法》明确了“城市设计应当贯穿于城市规划的全过程”“在城市规划的每个阶段都应当运用城市设计方法”的工作指导思想。1992年的邓小平南方谈话和党的十四大确定的“社会主义市场经济体制”，使城市进一步成为经济发展、消费增长的主要载体和流通中枢，推动中国城市化从沿海地区向内地城市全面推进。在这种强劲的经济发展的推动下，城市设计工作从沿海主要城市、经济特区走向全国各地大、中、小城镇，配合“城市规划全过程”，从以“中微观”为主的探索，走向“宏观—中观—微观”各层面兼顾的全面的多层次实践。特别是在“区划法”（Zoning）进入中国，形成了中国的控制性详细规划之后，城市设计配合控规开始从直接指导建设向作为建设管理工具进行探索①。这种全面立体的城市设计实践促使这一时期的城市设计学术研究从基础理论、方法研究逐渐向基于实践的本土现代城市设计体系研究转变，如郭恩章先生撰写的《论总体城市设计》，黄富厢先生撰写的《关于上海中心城总体城市设计的研究与设想》，赵健和刘苏共同撰写的《控制性详规阶段的城市设计》以及王剑云撰写的《浅谈小城镇的城市设计问题》等，不胜枚举。

一方面，全面的市场经济建设带来了更加多样化的城市设计需求，使这一阶段的城市设计在研究对象的类型上从简单的新区建设和旧城改造演变为涵盖历史保护，老城改造，社区规划，滨水营造，校园设计，新城区、新园区等更多元、精准的对象划分；在设计服务主体上，则广泛地吸引了境外规划设计公司参与我国的城市实践，如1991年的陆家嘴城市设计国际咨询、1996年的深圳福田中心城市设计国际咨询。在多元多样的全面实践下，我国城市设计也从前一时期认识到城市设计是一种综合设计，发展到了通过实践总结出城市设计在我国展现出的过

---

① 李进.近二十年中国现代城市设计发展背景分析[D].武汉：华中科技大学，2005：123.

程属性、公共政策属性、社会空间属性等多学科交叉认识视角的研究，如余柏椿的《城市设计并非阶段性设计工作》、邓毅的《城市设计的生态学方法初探》、洪亮平的《城市空间与社会生活变迁》等。

另一方面，我们也可以看到，这一时期对资本的追求使城市设计还是更多地面向开发服务，并且由于其极具渲染性的表达方式，在一定程度上成为各地招商引资的宣传工具。由于与资本同时到来的西方现代文化的冲击和中国传统文化教育的衰落，使这一时期的城市设计实践成果整体上倾向于更具现代化象征的国际范式。虽然早在1993年，在钱学森先生的倡议下[①]，学界就从“山水城市”的角度进行过中国本土城市特色问题的集中探讨[②]，1994年北京更是发出了“夺回古都风貌”[③]的呼声，但这些工作并没能跨越时代发展的限制，跳出城市在经济发展规律下进行的适应性建设选择。在1998年，全国常住人口城镇化率突破30%后，至2001年，人均GDP达到1053美元/人[④]，中国经济走出了短缺经济时代，步入了过剩经济时代和快速城市化阶段。这也使城市从对经济的绝对追求开始向更多元的追求转变。2000年，国务院印发了《关于加强和改进城乡规划工作的通知》，要求：“在城市规划编制和实施过程中，要根据本城市的功能和特点，开展城市设计，把民族传统、地方特色和时代精神有机结合起来，精心塑造富有特色的城市形象。”城市风貌问题开始被国家决策层面所关注（表1-3）。

1.1.4 2002—2011年经济全球化背景下体系完善与全面繁荣时期

上一时期暴露的城市风貌问题，逐渐被各个城市所关注，受城市美化思潮[⑤]的影响，进入新千年后，从首都到省会和重点城市都陆续掀起了以整治环境、展示风貌、突出成就为目标[⑥]的城市形象工程，并作

---

① 钱学森.钱学森同志写给顾孟潮的一封信：谈建设中国“山水城市”问题[J].城市问题，1992(6)：2.

② 华城.“山水城市：展望21世纪的中国城市”讨论会在京举行[J].城市问题，1993(2)：63.

③ 朱自煊.关于夺回古都风貌的几点建议[J].北京规划建设，1995(2)：5-8.

④ 国家统计局.全国年度统计公报[R/OL].(2022-02-28). http：//www.stats.gov.cn/tjsj/tjgb/ndtjgb/

⑤ 李进.近二十年中国现代城市设计发展背景分析[D].武汉：华中科技大学，2005：123.

⑥ 朱自煊.对我国当前城市设计的几点思考[J].国际城市规划，2009，24(S1)：210-212.

1990—2001年、2002—2011年两个城市设计发展阶段的政治、经济及城市设计重要事件案例　表1-3

发展阶段	标志性设计案例	标志性事件及法律法规文件	经济发展阶段	政治制度背景
1990—2001年理论体系形成及实践拓展时期	1991年，陆家嘴城市设计国际咨询； 1995年，西安鼓楼广场城市设计实施； 1996年，深圳福田中心城市设计国际咨询； 1996年，上海静安寺地区城市设计； 1999年，北京中关村西区城市设计国际咨询	《中华人民共和国城市规划法》（1990年施行）； 《中华人民共和国土地管理法实施条例》（1991年）； 《城市规划编制办法》（1991年颁布、施行），首次以官方文件的形式指出“在城市规划的每个阶段都应当运用城市设计的方法”； 全国城市规划会议，周干峙提出“20世纪90年代要尽快把城市设计工作建立起来”（1991年）； 中国建筑学会城市规划学术委员会晋升为中国城市规划学会（一级学会，1992年）； 应钱学森的倡议，在北京召开了山水城市讨论会（1993年）； 在海口市召开城市设计国际研讨会（1993年）； 深圳率先在国土规划局设立了城市设计处，明确了城市设计技术指引内容“须作为《建设用地规划许可证》的规划设计条件”（1994年）； 中国建筑学会以城市的公共活动空间设计为主题召开年会，针对21世纪城市空间环境的展望以及国内外城市设计的实践探索，提出“关于加强城市设计工作的七条倡议”； 中国城市规划学会在深圳市召开了“全国城市设计学术交流会”；《深圳特区城市规划条例》实施，首次把城市设计纳入地方条例，确立城市设计在深圳的法定地位，开展了《深圳市城市设计编制技术规定》等一系列城市设计技术研究（1998年）； 中国城市规划学会城市设计学术委员成立（2001年）	经济体制改革建设社会主义市场经济，价格市场化，国有企业改革； 1990—2000年城市化全面推进阶段，以城市建设、小城镇发展和普遍建立经济开发区为主要动力，城镇化从沿海向内地全面展开 **全国常住人口城镇化率：** 1990年，26.41% 1998年，30.40%（破30%阶段） 2000年，36.22% **人均GDP：** 1990年，317美元/人 1998年，828美元/人 2000年，959美元/人 2001年，1053美元/人（破1000美元） 加入世贸组织（2001年）	1992年邓小平南方谈话；党的十四大提出建立社会主义市场经济体制；《国务院关于进一步加强城市规划工作请示的通知》颁布； 1997年党的十五大提出公有制为主体、多种所有制经济共同发展； 2000年，党的十五届五中全会提出：“积极稳妥推进城镇化……我国推进城镇化条件已渐成熟，要不失时机地实施城镇化战略。”国务院印发《关于加强和改进城乡规划工作的通知》，要求：“在城市规划编制和实施过程中，要根据本城市的功能和特点，开展城市设计，把民族传统、地方特色和时代精神有机结合起来，精心塑造富有特色的城市形象。”

续表

发展阶段	标志性设计案例	标志性事件及法律法规文件	经济发展阶段	政治制度背景
2002—2011年 体系完善与全面繁荣时期	2002年，北京中轴线设计国际咨询，北京奥林匹克公园（2008年奥运会）规划设计国际招标； 2004年，上海世博园（2010年世博会）规划设计国际招标； 2008年，汶川地震大规模灾后重建工作，北川新县城灾后重建工作； 2009年，北京首钢工业区改造城市设计； 2010年，玉树地震灾后重建工作	新版《城市规划编制办法》（2005年施行）； 《中华人民共和国物权法》（2007年施行）； 《中华人民共和国城乡规划法》（2008年施行） 《城市、镇控制性详细规划编制审批办法》（2011年施行）； 国务院学位委员会和教育部发文将城市设计划定为建筑学一级学科目录之下的二级学科（2011年）	新型工业化战略——信息化和工业化共同驱动、相互融合 中国城市化加速发展阶段 **全国常住人口城镇化率：** 2001年，37.66％ 2003年，40.53% 2010年，47.50% 2011年，51.27%（破50%） **人均GDP：** 2008年，3468美元/人（破3000美元） 2010年，4550美元/人（破4000美元）	2002年，党的十六大标志着新时期以制度为中心的二次转型开始，2003年，党的十六届三中全会提出科学发展观，坚持以人为本，促进社会经济和人的全面发展； 2003年，国务院印发《关于促进房地产市场持续健康发展的通知》（国发〔2003〕18号）、《关于加大工作力度进一步治理整顿土地市场秩序的紧急通知》（国发明电〔2003〕7号）

资料来源：作者整理

为“经营城市”这一时髦概念的重要手段[①]，被各地政府迅速接受。这背后是2001年中国正式加入世界贸易组织后，中国经济步入全球化阶段，各城市为了进一步吸引资本、政策、人口，展示自身竞争力的外化表现。与此同时，2002年党的十六大的召开标志着中国共产党面向21世纪的快速城市化、经济全球化发展，进行了第二次战略转型，党的纲领和中心工作从“经济建设为中心”转向了“制度建设为中心”[②]。党和政府的角色发生了重大变化，从直接一级政府管理转为指导地方间接管理，从对宏观经济的“控制者”“计划者”转向了“指导者”“引导者”。这也进一步推动了各地政府从地方财政的角度出发，通过城市设计非法定、高可视化的特点，在宏观层面上“拉开框架”“做大城市”“超常发展”[③]展示更宏大的发展愿景，以实现对资本、政策、人口的吸引，在切实满足城市化需求的基础上，实现地方土地财政视角下的城市扩张诉

① 陈锋.转型时期的城市规划与城市规划的转型[J].城市规划，2004（8）：9-19.

② 胡鞍钢.第二次转型：以制度建设为中心[J].战略与管理，2002（3）：34-38.

③ 陈锋，王唯山，吴唯佳，等.非法定规划的现状与走势[J].城市规划，2005（11）：47-55.

求。在中观层面上，则通过围绕中央商务区、经济开发区、高铁新城的城市设计工作浪潮，做高体量、做大规模、实现经济发展能力展现和地方领导政绩展示的双重目标，并通过高频次的国际设计咨询吸引了境外设计机构广泛参与到这种城市愿景的描绘中，从而实现对国际资本和市场的变向吸引。

在党的十六届三中全会提出的“科学发展观”的指引下，城市设计、建设工作者们积极反思前一时期发展过程中城市设计逐渐沦为“墙上挂挂”的城市愿景展示和宣传工具的现象问题。从管理的角度，建设部和各省建委（建设厅）积极指导各地，推进将城市设计作为建设管理工具的探索，使城市设计成果以图则、导则、规划条件、设计审查等多种形式融入规划管理体系，提升城市设计成果指导实际建设的现实能力。如天津就在这一时期实现了中心城区、各分区、重点地区三个层次的城市设计全覆盖，并就整体风格、空间意象、街道类型、开敞空间、建筑形态等5个方面的15个要素，提出了与控规相对应的城市设计导则，服务于规划审查审批和设计条件编制①，进而促进了天津城市风貌和特色的有效形成。从学术研究的角度来看，这一时期涌现了大量针对城市设计实施运行机制、体制的研究总结，如2002年扈万泰的《城市设计运行机制》、2004年庄宇的《城市设计的运作》、2006年刘宛的《城市设计实践论》、2008年汪乐军的《基于控制论的城市设计实施管理》等。这一时期实现了“我国城市设计实践逐渐从工程—产品型城市设计向政策—过程型城市设计（指引型、管束型城市设计）转变”②，基本形成了中微观层面管控型城市设计的“非正式制度”③运行模式。从技术手段上看，随着这一时期计算机和网络技术的快速革新，三维仿真模拟、地理信息系统、空间句法等新技术的应用探索，为城市设计的编制和管控提供了更加直观、便捷、科学的设计方法及决策工具。

---

① 城市设计的天津实践[A].天津：中国城市规划学会年会，2013.

② 李丹.中国现代城市设计实践类型分析[D].武汉：华中科技大学，2005.

③ 在正式的规则没有定义的地方，非正式的规则起着约束人们相互间关系的作用，也可称为习惯。因为“习惯”按照上面的定义就是某种被当作“标准”的行为。而“标准行为”在规则没有定义的场合，通常只能表现为前人或者多数人的榜样行为。尼尔森和温特尔认为，一种行为若能成功地应对反复出现的某种环境，就可能被人类理性（工具理性）固定下来成为习惯。转引自汪丁丁.制度创新的一般理论[J].经济研究，1992（5）：69-80.

在这一时期，通过大事件[1]推动城市建设发展走向更高层次，成为发达大城市选择的战略性运作手段，如北京的2008年奥运会、上海的2010年世博会[2]。在大事件的推进过程中，城市设计充分地展现出了其创造性的系统性改善城市空间布局、优化交通组织、提升公共空间环境、塑造城市空间形象的协调组织能力。另一类突发公共大事件，如2003年的"非典"、2008年的汶川地震、2010年的玉树地震，特别是在应对灾后重建方面，城市设计工作者们快速、高效、高质量地协助地方政府建造了一批兼具地方特色、民族文化、时代精神的本土特色小城镇，并初步探索了以第三方专业机构贯穿规划、建设、管理的城市设计技术统筹服务方式。大事件类型的城市设计运作，让城市管理者初步看到了真正优秀的城市公共空间所能激发的城市内生动力以及城市设计良性运作所能带来的城市系统性风貌改善。

再者，2005年修订的《城市规划编制办法》，2008年实施的《中华人民共和国城乡规划法》都取消了此前对于城市设计的描述，这使得本就依托"非正式制度"运行的城市设计工作，失去了更多直接有效的法律支撑。这与城市设计在中国城市建设管理、发展转型、开发保护中承担的日益广泛的现实责任相掣肘，在一定程度上制约了城市设计在脱离法定规划之外更广泛的社会、文化、生态方面发挥实际效能。伴随着2011年城市设计学科体系的调整，进一步引发了学界对于未来如何提升城市设计地位、如何提升城市规划实施有效性贡献、如何推动城市设计从社会空间角度发挥公共政策属性的讨论[3]。

---

① "大事件"(mega-events)成为21世纪影响和改变人们生活方式的新名词。所谓大事件，是因其规模和重要性而引发大规模的旅游、高强度的媒体关注以及对举办城市具有强烈的经济或形象影响的活动或事件，包括重大政治经济活动、体育赛事、节庆会展等(如奥运会和世博会)，其特点是投资大、规模大、参与广，相对瞬时性，一般都是由主办城市的政府运用行政力量和相当数量的公共财力所主导的。邓峰，王苑."大事件地区"的城市设计手段与空间作用初探[J].城市建筑，2009(12)：84-85.

② 陈振羽，顾宗培，朱子瑜.大力发展城市设计，提高城镇建设水平[J].城市规划，2014(S2)：156-160.

③ 吕斌.城市设计面面观[J].城市规划，2011，35(2)：39-44；
王建国.城市设计面临十字路口[J].城市规划，2011，35(12)：20-27.

1.1.5 2012年以后全面深化改革背景下制度探索与转型创新时期

随着中央城镇化工作会议、中央城市工作会议的召开和《城市设计管理办法》的施行，城市设计从“十字路口”到了“新起点”①。这个“新”并不是单纯由《城市设计管理办法》所带来的城市设计初步制度化之新。

首先，这个“新”是时代之新。2011年底，中国常住人口城镇化率超过50%；2012年起，中国城镇化正式进入快速城镇化发展的第二阶段。2013年德国汉诺威博览会，德国政府向世界推出的“工业4.0”战略标志着世界迎来了第四次工业革命，进入了“智能时代”，据此，2015年我国正式发布《中国制造2025》②，迎来了工业化、信息化（智能化）、城镇化、农业现代化“并联式”叠加发展的新时期③。2013年召开的党的十八届三中全会通过的《中共中央关于全面深化改革若干重大问题的决定》标志着中国进入了全面改革实践的深水区④。改革不再局限于经济体制一个方面，而是横跨经济、政治、文化、社会、生态文明建设五大领域的改革⑤。2014年党的十八届四中全会《中共中央关于全面推进依法治国若干重大问题的决定》，提出了依法治国，建设社会主义法治国家。2017年，党的十九大正式提出“中国特色社会主义进入新时代”，中国“社会主要矛盾已经由人民日益增长的物质文化需要同落后的社会生产之间的矛盾，转化为人民日益增长的美好生活需要和不平衡不充分的发展之间的矛盾”⑥。

其次，是改革之“新”。2012—2018年，国家从11个重大方面“一共推出1600多项改革方案，其中许多是事关全局、前所未有的重大改

---

① 刘宛.新体系与新平台：关于城市设计制度化的思考[J].城市设计，2018（1）：16-21.

② 当“中国制造2025”遇上德国“工业4.0”[EB/OL].（2016-06-15）. http：//www.gov.cn/xinwen/2016-06/15/content_5082309.htm

③ 习近平《在十八届中央政治局第九次集体学习时的讲话》，2013年9月30日引自http：//jhsjk.people.cn/article/29361656。

④ 2013年10月31日，李克强在经济形势座谈会上发言说：“现在改革已进入深水区。”

⑤ 胡鞍钢.从党的十八大到三中全会[N].光明日报，2013-11-05（1）.

⑥ 人民网–人民日报.中国特色社会主义进入新时代：关于我国发展新的历史方位[EB/OL].（2019-07-23）. http：//theory.people.com.cn/n1/2019/0723/c40531-31250161.html

革，如市场体制改革、宏观调控体制改革、财税体制改革、金融体制改革、国有企业改革、司法体制改革、教育体制改革、生态文明建设体制改革、党和国家机构改革、监察体制改革、国防和军队改革等”①。而在这一过程中，诸多改革文件都深刻影响着城市设计的工作内容和工作重心。其中从根本上影响城市设计发展方向的是党的十八届三中全会提出的“推进国家治理体系和治理能力现代化”的改革总目标。全会提出：“有效的政府治理……必须切实转变政府职能，深化行政体制改革，创新行政管理方式，增强政府公信力和执行力，建设法治政府和服务型政府……优化政府组织结构，提高科学管理水平。”“创新社会治理，必须着眼于维护最广大人民根本利益，最大限度增加和谐因素，增强社会发展活力，提高社会治理水平……要改进社会治理方式，激发社会组织活力。”②全会从政府、社会两个治理主体的不同视角阐述了治理体系与治理能力建设的目标、方式、要点。2018年发布的《中共中央关于深化党和国家机构改革的决定》提出：“深化党和国家机构改革是推进国家治理体系和治理能力现代化的一场深刻变革。”“坚持以人民为中心……以国家治理体系和治理能力现代化为导向，以推进党和国家机构职能优化协同高效为着力点，改革机构设置，优化职能配置。”“……构建政府为主导、企业为主体、社会组织和公众共同参与的环境治理体系……强化国土空间规划对各专项规划的指导约束作用，推进‘多规合一’，实现土地利用规划、城乡规划等有机融合。”③其后印发的《深化党和国家机构改革方案》中，提出组建自然资源部，将国土资源部的职责、国家发展和改革委员会的组织编制主体功能区规划职责、住房和城乡建设部的城乡规划管理职责等八个部委的相关职责整合，着力解决空间规划重叠等问题，建立空间规划体系并监督实施④。这一系列变革直接要求“城乡规划体系”向“空间规划体系”转变，这种转变不是简单的全

① 会见香港澳门各界庆祝国家改革开放40周年访问团时的讲话[N].人民日报，2018-11-13（2）.

② 中国共产党第十八届中央委员会第三次全体会议公报[EB/OL].（2013-11-12）. http：//www.xinhuanet.com//politics/2013-11/12/c_118113455.htm

③ 中共中央关于深化党和国家机构改革的决定[N/OL].新华社，2013-03-04. http：//www.gov.cn/zhengce/2018-03/04/content_5270704.htm

④ 中共中央印发《深化党和国家机构改革方案》[N/OL].新华网，2013-03-04. http：//www.xinhuanet.com/2018-03/21/c_1122570517_3.htm

要素叠加，其根本是在偏向建设发展思维的规划体系中，加强了以生态文明为核心，强调了底线思维意识。而主要依托于城乡规划实现实施运行的城市设计，则势必要围绕新的“空间规划体系”和被拆分的“规划”“建设”两大政府管理系统[①]做出顶层设计视角的系统性回应。在这一变革中，为实现提高政府治理能力和提升社会治理能效的目标，须充分激发城市设计的公共政策属性和公共干预能力，促进城市设计从工作方法、实践方式、运作模式等不同角度探索参与新时期治理能力现代化的国家改革发展建设，以实现城市设计所持续追求的“以人为本”的核心价值理念。与之相伴的是围绕全要素视角和治理能力提升所需要进行的必要的城市设计理论研究。

最后，是创新之“新”。“十三五”规划把“创新”放在首位：“坚持创新发展，必须把创新摆在国家发展全局的核心位置，不断推进理论创新、制度创新、科技创新、文化创新等各方面创新，让创新贯穿党和国家一切工作，让创新在全社会蔚然成风。”[②]创新引领、创新驱动成为我国实现跨越式发展的必由之路。随着生产要素从实体资源向虚拟数据转变，经济增长方式必然发生转变，新产业、新业态、新商业模式[③]已经成为这一阶段推动经济稳定增长的重要的新动力[④]。随之而来的是社会生活方式的转变，这种转变也一定会反馈为人们对城市空间的新诉求。

---

① “规划”“建设”两大政府管理系统，指自然资源部（下设国土空间规划局）与住房和城乡建设部，这两大系统的分立，是根据党的十九届三中全会审议通过的《中共中央关于深化党和国家机构改革的决定》，以及中共中央印发的《深化党和国家机构改革方案》和第十三届全国人民代表大会第一次会议批准的《国务院机构改革方案》等文件要求实行的。

② 中共十八届五中全会在京举行[EB/OL].（2015-10-30）. http：//cpc.people.com.cn/n/2015/1030/c64094-27756155.html

③ 新产业指应用新科技成果、新兴技术而形成一定规模的新型经济活动。具体表现为：一是新技术应用产业化直接催生的新产业；二是传统产业采用现代信息技术形成的新产业；三是由于科技成果、信息技术的推广应用，推动产业的分化、升级、融合而衍生出的新产业。新业态指顺应多元化、多样化、个性化的产品或服务需求，依托技术创新和应用，从现有产业和领域中衍生叠加出的新环境、新链条、新活动形态。具体表现为：一是以互联网为依托开展的经营活动；二是商业流程、服务模式或产品形态的创新；三是提供更加灵活快捷的个性化服务。

新商业模式指为实现用户价值和企业持续营利目标，对企业经营的各种内外要素进行整合和重组，形成高效并具有独特竞争力的商业运行模式。具体表现为：一是将互联网与产业创新融合；二是把硬件融入服务；三是提供消费、娱乐、休闲、服务的一站式服务。

④ 胡鞍钢.中国工业化道路70年：从落后者到引领者[J].中央社会主义学院学报，2019（5）：110-123.

而这一次中国将和世界诸多发达国家同步，再无案例可循。因此，城市设计除了要面对前面所说的基于体制机制、工作体系的设计运作模式创新外，势必还将面对基于大数据、信息技术的设计方法革新和基于“五位一体”总体布局、以人为本的设计实践方式更新。创新也将成为新时期城市设计发展的新常态（表1-4）。

2012—2019年政治、经济及城市设计重要事件案例　　表1-4

发展阶段	标志性设计案例	标志性事件及法律法规文件	经济发展阶段	政治制度背景
2012—2019年制度探索与转型创新时期	2015年，北京总体城市设计战略 2016年，北京城市副中心总体城市设计和重点地区设计方案征集 2017年，雄安新区起步区概念性总体城市设计国际招标	国家发改委、国土资源部、环保部、住房和城乡建设部联合印发《关于开展市县“多规合一”试点工作的通知》(2013年)； “世界城市日论坛”年度主题为“城市设计，共创和谐”(上海，2015年)； 住房和城乡建设部在三亚市召开了全国生态修复城市修补工作现场会(2016年)；发布《关于加强生态修复城市修补工作的指导意见》，安排部署在全国全面开展生态修复、城市修补工作(2017年)； 《城市设计管理办法》施行；住房和城乡建设部印发了《关于将北京等20个城市列为第一批城市设计试点城市的通知》《关于将上海等37个城市列为第二批城市设计试点城市的通知》(2017年)； 中国城市规划学会城市设计学术委员会年会： 2012年主题“城市特色空间的研究”(苏州)	工业化、信息化、城镇化、农业现代化，“并联式”叠加发展； “一带一路”倡议； 中国制造2025战略 **常住人口城镇化率：** 2012年，52.57% 2019年，60.60% 前三位：上海、北京、天津均超过80%，27个省份超50%	2012年，中央经济工作会议强调城镇化作为中国扩大内需的最大潜力，要摆脱传统城镇化的老路，走新型城镇化道路； 2013年，党的十八届三中全会通过《中共中央关于全面深化改革若干重大问题的决定》，提出“五位一体”制度建设和制度改革方案。中央城镇化工作会议明确了推进城镇化的指导思想、主要目标、基本原则，要以人为本，推进以人为核心的城镇化、重点任务，为我国新型城镇化指明了方向； 2014年《国家新型城镇化规划》的出台为城市规划建设领域提出了新的探索方向和发展要求，而全面提升城镇建设水平更是成了城镇化的核心任务之一； 2015年，第四次中央城市工作会议提出要加强城市设计，开展城市修补工作； 2016年，中共中央、国务院发布《关于进一步加强城市规划建设管理工作的若干意见》，勾画了“十三五”乃至更长时期中国城市发展的“路线图”；支持高等学校开设城市设计相关专业，建立培育城市设计队伍； 2017年，中共中央办公厅、国务院办公厅印发《关于设立统一规范的国家生态文明试验区的意见》及《国家生态文明试验区（福建）实施方案》

续表

发展阶段	标志性设计案例	标志性事件及法律法规文件	经济发展阶段	政治制度背景
2012—2019年制度探索与转型创新时期	2015年，北京总体城市设计战略 2016年，北京城市副中心总体城市设计和重点地区设计方案征集 2017年，雄安新区起步区概念性总体城市设计国际招标	2014年召开新形势下城市设计战略研讨会，会后向科协提交专报《强化城市设计机制，提升城镇风貌建设水平》，上海城市设计联盟发布《关于加强城市设计工作的上海倡议》； 2015年主题“城市设计：有序无界”（深圳）； 2016年主题“城市设计：制度与创新”（南京）； 2017年主题“城市愿景”国际巡展及世界城市论坛（广州）； 2018年主题“品质共享·人居大计”（珠海）； 2019年主题“制度保障·共同营造：城市设计的制度设计与实施机制探索”（北京）	人均GDP： 2012年，6316美元/人（破6000美元） 2015年，8066美元/人（破8000美元） 2019年，10261美元/人	2017年，中共中央、国务院发布《关于加强和完善城乡社区治理的意见》。意见提出，到2020年，基本形成基层党组织领导、基层政府主导的多方参与、共同治理的城乡社区治理体系； 2018年，中共中央正式发布了《中共中央关于深化党和国家机构改革的决定》，强化国土空间规划对各专项规划的指导约束作用，推进“多规合一”，实现土地利用规划、城乡规划等有机融合；十三届全国人大一次会议审议通过国务院机构改革方案，自然资源部正式挂牌； 2019年，中国共产党第十九届中央委员会第四次全体会议审议通过《中共中央关于坚持和完善中国特色社会主义制度 推进国家治理体系和治理能力现代化若干重大问题的决定》

资料来源：作者整理

“城市设计在我国迎来一个新的发展局面，一切皆有可能。”[①]

① 刘宛.新体系与新平台：关于城市设计制度化的思考[J].城市设计，2018(1)：16-21.

1.2 我国城市设计的有效与失效

可以看到，从1949年至今，特别是改革开放之后，中国城市设计伴随着经济发展和城镇化取得了显著的成绩。现在各级地方政府在建设、管理、决策中，越来越离不开城市设计这一重要技术工具。同时，在这个过程中，每一个发展阶段都会有专家、学者提出要注重城市特色，改善城市风貌，在《国家新型城镇化规划（2014—2020年）》中，中央更是直接提出“城市设计应有的作用发挥得并不理想，未能很好地提升城市空间品质、彰显城市特色”，这直指城市设计失效。那么，“发挥得并不理想”的城市设计又为什么能够受到政府的认可，成为现代城市管理中不可缺少的重要工作呢？是因为它能够成为“宣传工具”招商引资，还是能够造就“形象工程”彰显政绩，或是“长袖善舞”，能够助力圈地？其实，这些对于城市设计作用的片面性、阶段性认知和应用方式都不足以成为推动城市设计在各级政府得到普遍认可和广泛应用的核心动力。只有城市设计能够切实、持续助力各地政府解决发展、建设、管理中的实际问题，让这一非法定工作蓬勃发展，并形成“非正式制度”模式，也是被学界和政府所普遍认可的。那么有效的城市设计到底是如何失效的？这一问题，本质上是一种实用主义思想下的问题思考方式，其核心是关注城市设计成果的执行与实现，以城市设计成果设定的构想为标准，与实际建设成果进行比对，来判定实施过程的有效和失效。那么，这里面涵盖了两个问题：一是城市设计成果本身是否足以成为“标准”；二是如何让各类建设达到“标准”。而所谓“有效的失效”，则是假设了经审批的城市设计构想普遍是具有合理性的，可以作为城市塑造风貌特色的建设“标准”，进而将关注点集中在探讨实施这一过程上，探讨城市设计在哪些方面能够发挥效用，是如何发挥作用的。而后我们才能弄明白城市设计在哪些方面是失效的，又是如何失效的。

1.2.1 城市设计是如何实施的？

城市设计实施是城市设计运作过程中相对于城市设计编制而言独立运作的一个阶段[①]。同时，城市设计项目通常是以政府为行为主体进行的。因为以市场组织为主体的城市设计在实现拿地诉求后，近期实施部分会转变为实际建设项目的修建性详细规划方案快速实施，其影响范围总体上是片面有限的，一般不存在长时期的、复杂的多元实施主体管理协调过程。这一过程大多是设计工作实现市场资本逐利的过程，更多的是设计师与市场主体在价值观和审美倾向上的角力，主要发挥作用的是城市设计的技术属性。以政府为行为主体的城市设计实施，其核心是从长远的视角维护公共利益，塑造城市风貌特色，引导市场主体投资，控制多元主体建设的不确定性。这一过程是长期持续的，在技术成果的应用、操作运行的程序、参与介入的主体等方面都存在着大量复杂多样的变动因素，这使城市设计的实施始终都带有一定的不确定性，同时也促使业界对这一复杂动态过程进行系统化、条理化的研究和实践，以期改变“盲盒”式[②]的城市设计实施过程。目前来看，我国城市设计基本形成了系统化实施的共识。

1. 从工作体系上看

城市设计的实施主要依托法定规划分层、逐级、分项实施。总体城市设计（战略）通过核心内容融入总体规划，指导分区规划（分区总体城

---

① 庄宇认为：“城市设计运作是依据城市设计目标确认城市形态环境的设计概念和原则，通过相关的政策、图则、指导纲要和管理政策等工具加以实现的过程。”“城市设计的编制和城市设计的实施是城市设计完整运作过程中的两个相对独立的阶段。”庄宇.城市设计的运作[M].上海：同济大学出版社，2004：59.

② “盲盒”是时下一种流行的产品营销手段，即设计一个系列性的产品，产品在销售过程中被完全封闭，产品购买者知道这一系列产品的总体风格特征，但是无法判断自己购买的产品的实际形象。这里借用“盲盒”总体目标方向上确定而结果不确定的特征指代城市设计在实施过程中所同样呈现的现象特征。同时，这一描述更多的是从设计者、研究者的角度来阐述的，因为城市设计编制与城市设计实施由两个不同的群体完成，因此城市设计的实施在一定程度上对于设计者来说只能知晓整体预期，而实施过程和实施结果都是不可知的。对于具体的建设管理者来说，在一定程度上并不存在城市设计实施的命题，更多的是哪些条件是具有法定效益的，必须在建设项目管理过程中确保其实现，以实现管理上依法合规的基本诉求。而在这个过程中，管理者对于这些来自城市设计的条件（标准）与个体建设项目是否实现（达标）的判定，在程序上是清晰的，但是在条件（标准）的理解上，却是千差万别的。这也是造成城市设计实施“盲盒”特点的关键。

市设计)、专项规划(专项城市设计),或转变为地方性法规或标准而得以实施。专项城市设计的编制结合法定规划的编制周期,既可以通过提炼融入总体规划、分区规划、专项规划而得以实施,又能通过指导专项规划、控制性详细规划(区段城市设计),或是转变为地方设计标准、普适性通则实现成果的实施。而区段层面的城市设计实施,则是通过结合、融入控制性详细规划,进入建设管理流程而实现的(图1-6)。在这个过程中,总体城市设计和专项城市设计的实施,除了进入地方性法规和标准的内容直接作用于最终的建设审批管理外,其余内容的实施需要依托规划主管部门对于这两类城市设计成果的深入理解,并坚持利用相关成果指导、审批其后所有区段城市设计的相关内容。而这两类设计本身所涵盖了庞杂的内容和这个过程中存在的无数个体化判断理解、无法计次的设计传递转化,甚至涉及跨部门的实施。这使得这类城市设计的实现度整体不高,故城市设计的实施重点主要集中在区段(地块)城市设计层面。

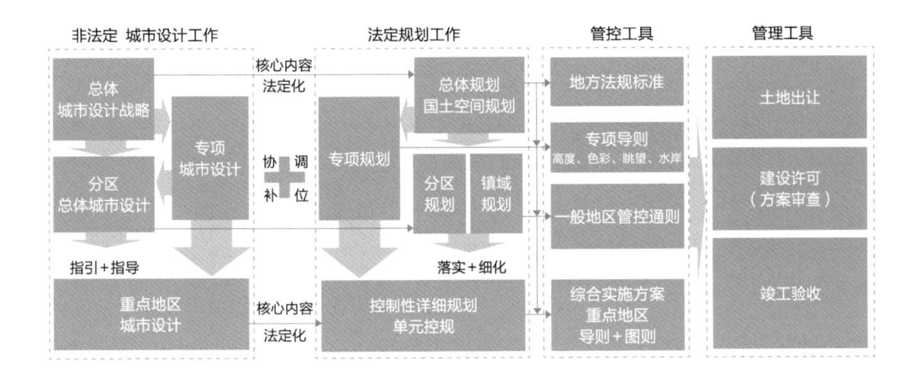

图1-6
从工作体系上看,城市设计分层逐级的实施逻辑
图片来源:作者自绘

2. 从实施体系上看

刘海燕和卢道典将城市设计的实施体系划分为独立型、半独立型、融合型、半融合型四类[①]。这四类不同的实施体系,在工作体系上基本保持了上文所描述的分层逐级实施特征,其差异主要存在于实施体系的主体要素上,即:实施主体、实施权限的分配方式、法定规则标准的建立情况以及城市设计成果的应用方式,也就是谁实施、实施什么、参

① 刘海燕,卢道典.我国4种典型城市设计体制比较及优化对策[J].规划师,2018(5):102-107,127.

考依据和如何实施四个方面。独立与融合两大类别的主要划分标准在于是否在市级行政主管部门设置独立的城市设计业务管理科室，以及是否有单独的地方性法规和技术标准。前者决定了城市设计在体制内的运行方式和是否有主责机构，后者决定了城市设计成果应用的模式、方法。独立型和半独立型都拥有独立业务主管科室，且都有城市设计的地方性法规或技术标准，区别在于是否完备。总体来说，这一类别的城市设计实施体系从体制机制上为城市设计的实施提供了较为充足的保障，并使城市设计可以独立依托地方法规或者技术标准实现部分城市设计实施意图，但发挥作用的具体方向和效力尚不一致。融合型和半融合型则在管理机构的设置中未设置独立的业务主管科室，且没有独立的城市设计地方性法规或技术标准，城市设计的运作主体相对比较分散，城市设计的实施完全依赖于法定规划的传导。这一类别的实施体系，对于城市设计工作开展充分的地区来说，更多地表现为将“用设计做规划”的理念贯穿于规划的每一个阶段，有利于各阶段城市设计与法定规划的衔接、融合、传递。但是，对于城市设计工作在起步阶段或者工作开展尚不理想的地区，这一类别的实施体系由于缺少明确的主体和法定规则的制约，既不利于城市设计工作的全面开展，也不利于城市设计的系统化实施（表1-5）。

四类典型城市设计实施体系对比

表1-5

典型类型	独立型	半独立型
典型特征	市级规划行政主管部门设置：有专门集中的城市设计管理部门 城市设计实施管理：相对独立 城市设计法规和技术标准体系：相对完整 城市设计成果：曾被独立作为城市规划审批管理依据，现依法要求纳入控规后使用	市级规划行政主管部门设置：有专门集中的城市设计管理部门 城市设计实施管理：相对集中 城市设计法规和技术标准体系：尚在完善中 城市设计成果：理念方案、技术成果需要与具有法定地位的控规统筹实施
代表城市	**深圳** 1994 年设立“城市设计处”，是我国除香港外首个城市设计业务管理部门，2009 年机构改革后调整为“城市和建筑设计处”； 1998 年《深圳市城市规划条例》明确了城市设计的法定地位，《深圳城市设计标准与准则》对城市设计技术进行了规范 运作方面：组织编制大量城市设计成果，转化为控制要求，作为规划许可审批的技术依据	**北京（2021年以前）** 城市设计受控规影响和约束较大； 市规土委设立了专门的城市设计处，负责组织编制、审查等业务； 《北京市城乡规划条例》明确了编制部门、编制原则，《关于编制北京市城市设计导则的指导意见》促进了管理和技术的规范 运作方面：经过审批的城市设计作为控规的补充和完善，在“一书两证”、规划条件中落实设计意图

续表

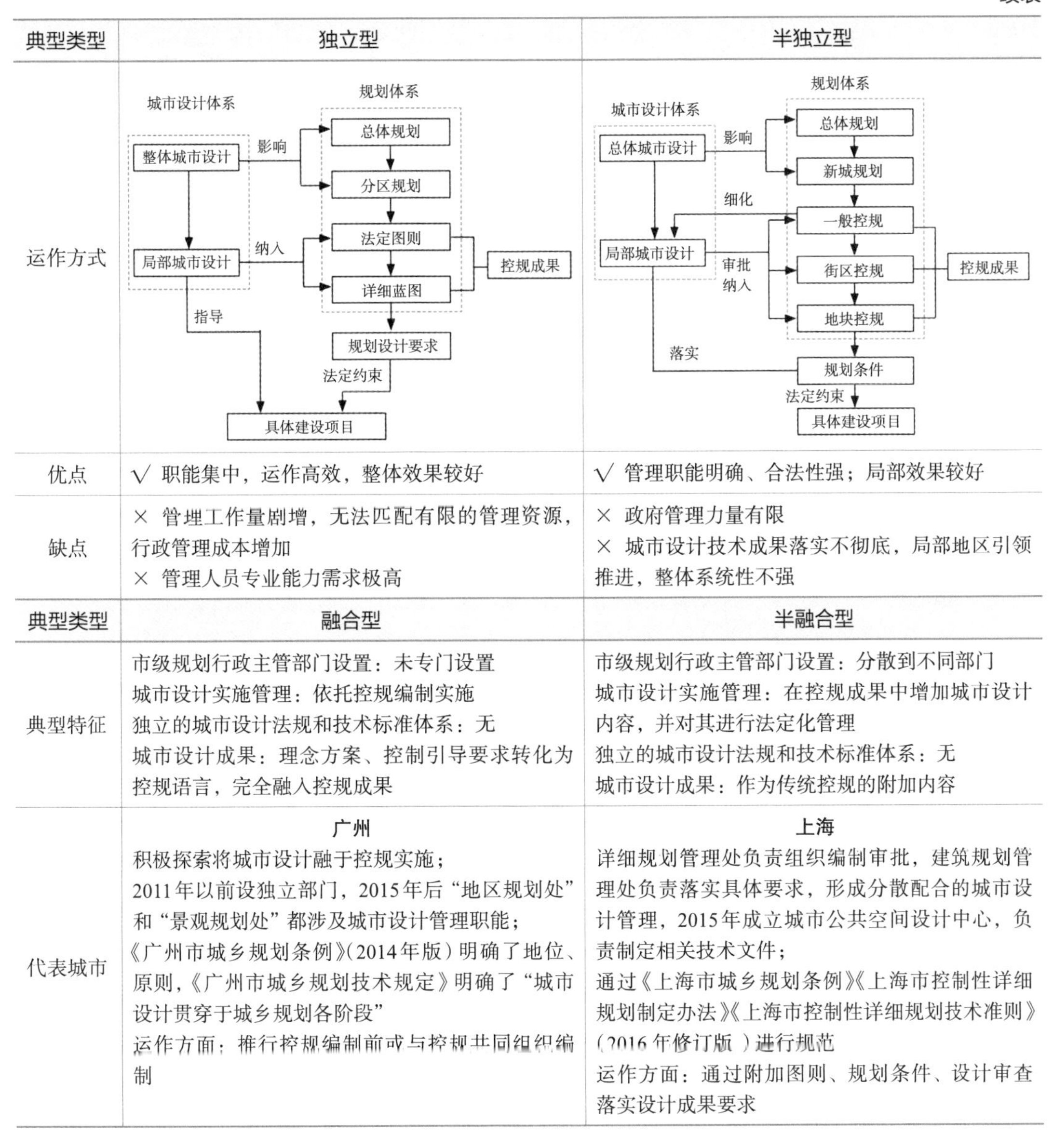

典型类型	独立型	半独立型
运作方式	城市设计体系：整体城市设计、局部城市设计 规划体系：总体规划、分区规划、法定图则、详细蓝图 影响　纳入　指导　控规成果　规划设计要求　法定约束　具体建设项目	城市设计体系：总体城市设计、局部城市设计 规划体系：总体规划、新城规划、一般控规、街区控规、地块控规 影响　细化　审批纳入　落实　控规成果　规划条件　法定约束　具体建设项目
优点	√ 职能集中，运作高效，整体效果较好	√ 管理职能明确、合法性强；局部效果较好
缺点	× 管埋工作量剧增，无法匹配有限的管理资源，行政管理成本增加 × 管理人员专业能力需求极高	× 政府管理力量有限 × 城市设计技术成果落实不彻底，局部地区引领推进，整体系统性不强
典型类型	融合型	半融合型
典型特征	市级规划行政主管部门设置：未专门设置 城市设计实施管理：依托控规编制实施 独立的城市设计法规和技术标准体系：无 城市设计成果：理念方案、控制引导要求转化为控规语言，完全融入控规成果	市级规划行政主管部门设置：分散到不同部门 城市设计实施管理：在控规成果中增加城市设计内容，并对其进行法定化管理 独立的城市设计法规和技术标准体系：无 城市设计成果：作为传统控规的附加内容
代表城市	**广州** 积极探索将城市设计融于控规实施； 2011年以前设独立部门，2015年后“地区规划处”和“景观规划处”都涉及城市设计管理职能； 《广州市城乡规划条例》(2014年版)明确了地位、原则，《广州市城乡规划技术规定》明确了“城市设计贯穿于城乡规划各阶段” 运作方面：推行控规编制前或与控规共同组织编制	**上海** 详细规划管理处负责组织编制审批，建筑规划管理处负责落实具体要求，形成分散配合的城市设计管理，2015年成立城市公共空间设计中心，负责制定相关技术文件； 通过《上海市城乡规划条例》《上海市控制性详细规划制定办法》《上海市控制性详细规划技术准则》(2016年修订版)进行规范 运作方面：通过附加图则、规划条件、设计审查落实设计成果要求

续表

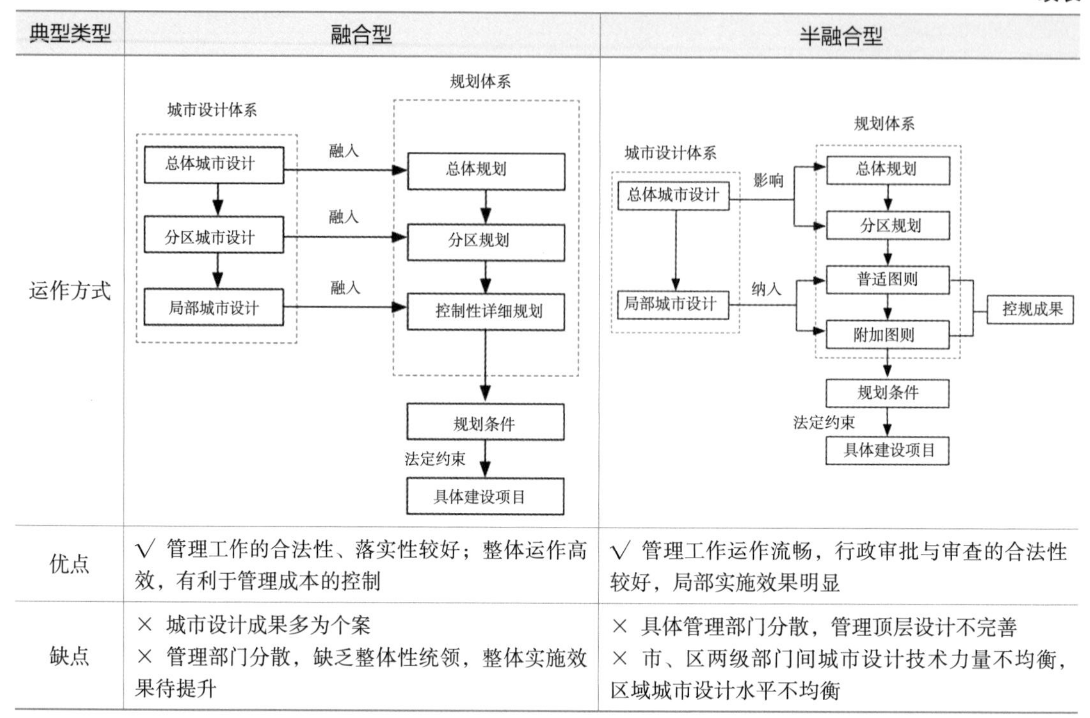

典型类型	融合型	半融合型
运作方式	城市设计体系：总体城市设计、分区城市设计、局部城市设计 融入 规划体系：总体规划、分区规划、控制性详细规划 规划条件 法定约束 具体建设项目	城市设计体系：总体城市设计、局部城市设计 影响 纳入 规划体系：总体规划、分区规划、普适图则、附加图则 控规成果 规划条件 法定约束 具体建设项目
优点	√ 管理工作的合法性、落实性较好；整体运作高效，有利于管理成本的控制	√ 管理工作运作流畅，行政审批与审查的合法性较好，局部实施效果明显
缺点	× 城市设计成果多为个案 × 管理部门分散，缺乏整体性统领，整体实施效果待提升	× 具体管理部门分散，管理顶层设计不完善 × 市、区两级部门间城市设计技术力量不均衡，区域城市设计水平不均衡

资料来源：刘海燕，卢道典.我国4种典型城市设计体制比较及对策优化[J].规划师，2018(5)：102-107，127

随着2017年6月《城市设计管理办法》的施行，这四类实施体系的应用也在发生变化。2018年起，诸多省、市结合地方自身特征陆续出台了相应的地区城市设计管理办法或者实施细则，如浙江、湖南、山东等地的省级管理办法以及长沙、郑州、重庆、青岛、苏州等地的市级管理办法。在本书编写的过程中，北京的《北京市城市设计管理办法(试行)》也完成了征求意见的程序，于2020年12月正式出台，并开始实行。北京的城市设计实施体系已经从半独立型走向独立型。与此同时，在广州市规划和自然资源局于2020年初公布的内设机构名录中，新增设了独立的城市设计处。虽然广州尚未发布关于城市设计的独立地方性法规或技术标准，但是仍可看出广州的城市设计实施体系正在从融合类别向独立类别转变。受《城市设计管理办法》的影响，正有更多的城市逐步转变为独立类城市设计实施体系，然而，受到目前机构改革、职能划分转变的影响，这一发展趋势的不确定性日益增强。

3. 从机构设置上看

由于不同城市的规划和自然资源主管部门内设机构不同，职责各异，致使各地的城市设计实施方向、实施能力以及实施效果都受到不同程度的影响。仍然以上述四个城市为例，深圳、北京、广州的城市设计主管业务机构在职责的限定上虽然都强调了对风貌、景观、公共空间的重视，但是职责的具体范畴和重点却大不相同。广州的市级城市设计处强调从总体城市设计到区段城市设计、专项（风貌、景观）城市设计再到地块规划条件的系统性运作。北京的市级城市设计处在职责上未强调涵盖总体城市设计和专项城市设计，着重突出了对于“重点”要素（地区、地段、公共建筑）的城市设计运作，增加了对无障碍工作的关注。深圳的城市与建筑设计处则是将城市设计、名城保护、实施审批都整合在一个机构当中，同时增加了推广城市公共艺术，组织公共艺术活动的职责。设置城市设计业务机构极大程度减少了城市设计（特别是区段、专项城市设计）在管理体系内的跨部门转换、衔接，也减少了城市设计在传递过程中的信息流失，增强了历史文化名城保护规划中的城市设计运作，但是这种模式要求从事实施审批的公职人员具有较高的专业素养。从城市设计实施的执行能力、作用效能来看，深圳的机构设置最大程度地保障了城市设计的实施，其次是广州，再次是北京。值得一提的是，深圳的城市与建筑设计处在职能上不包含城市更新项目，深圳市规划和自然资源局直属的城市更新和土地整备局独立负责城市更新相关的工作。在这一点上，广州虽然以内设机构的形式独立设置了城市更新处和城市更新土地整备处，但是对于相关项目的城市设计工作归属尚没有官方明确的职责归属表述。上海虽然尚未设立独立城市设计处，但是以直属单位的形式设立了上海城市公共空间促进中心，从公共空间的角度搭建了城市设计参与城市建设、管理、运营的工作推进模式（表1-6）。

在研究了全国15个主要城市的市级规划和自然资源局（委）的机构设置和主要职责后，可以初步将城市设计编制与城市设计实施的衔接方式分为四类：第一类是编制与实施一体型，即由一个主管机构负责城市设计从编制到实施的全过程，直至相关行政许可发放，如深圳、武汉等。这一类在体制机制的设计上最大程度减少了城市设计跨部门传递过程，由于直接负责到行政许可环节，所以在城市设计实施过程中的连续协调审查能力最强。第二类是编制与实施结合型，即由城市设计编制审

深圳、广州、北京、上海的规划设计实施相关机构及城市设计主管机构职责的对比 表1-6

城市	深圳	广州	北京	上海
市规划和自然资源局（委）规划、设计、实施相关机构	总体规划处（市规划委秘书处） 地区规划处（地名处） 市城市更新和土地整备局 城市和建筑设计处 市政交通处（市地下管线管理办） 林业管理处（市绿化委办公室）	总体规划处 地区规划管理处 城市更新规划管理处 城市更新土地整备处 耕地保护和村庄规划处 城市设计处 名城保护处 建筑规划管理处 综合交通规划管理处 市政设施规划管理处	总体规划处 详细规划处（更新处） 乡村规划处 城市设计处 历史文化名城保护处 规划实施一、二、三处 行政审批协调处（档案处） 建设工程消防设计审查处 建设工程核验处 综合交通规划管理处 轨道交通规划管理处 市政设施规划管理处	总体规划管理处 详细规划管理处（更新处） 乡村规划处 风貌管理处（地名处） 建筑工程管理处 市政工程管理处 公共空间促进中心
城市设计工作主管机构职责	修订城市设计相关政策与标准，并组织实施。组织编制重点（节点）地区城市设计、详细蓝图和公共空间、公共景观规划； 负责建设用地规划许可管理和建设工程规划许可管理工作（城市更新项目除外）； 负责历史风貌区和历史建筑保护规划管理工作，统筹开展历史风貌区和历史建筑保护规划的编制，组织开展历史风貌区和历史建筑的普查、筛选、评估和认定，开展紫线划定及优化调整等； 组织城市公共艺术推广工作，负责城市公共雕塑管理工作，组织开展“深港城市建筑双城双年展”等城市公共艺术活动[①]	负责组织全市总体城市设计编制及相关修编、调整、动态维护； 负责组织重要地区、重要地段的城市设计的编制及审核工作； 负责重要地区、重要地段、标志性重点公共建筑工程和跨区建筑工程的规划条件论证； 负责组织全市景观风貌规划的编制、审核以及相关修编、调整工作； 负责城市景观规划管理； 配合主管部门开展户外广告、城市景观照明等规划管理工作[②]	承担本市城市特色景观风貌塑造和公共空间环境品质提升等城市设计工作，拟订相关政策； 承担中轴线及其延长线、长安街及其延长线等重点地区、重要项目城市设计的编制、审查和报批； 指导推动拟纳入土地入市交易项目的城市设计方案编制或条件拟定； 承担城市雕塑的规划管理； 参与组织无障碍设施建设和改造工作[③]	（上海没有设置城市设计处，以下为公共空间促进中心的职责） 负责推动和促进对本市老旧小区、风貌街区等城市存量公共空间的设计和改造工作，制定城市公共空间品质提升计划； 承担本市城市公共空间相关研究工作，协助做好城市公共空间、公共艺术相关的宣传和推广等工作[④]

资料来源：参考2019—2020年各政府官网政务公开机构职能的相关表述自制

信息变化说明：本书成稿在2021—2022年，时至出版前后，各城市的规划设计内设机构在不断适应新时期、新需求中快速调整变化，如北京的规划设计实施机构就针对首都规划的决策特征、东西城统筹发展形成了诸如：首规委办政策研究处、首规委办首都功能核心区规划处、首规委办政务功能规划处等机构。其中，首规委办首都功能核心区规划处负责首都功能核心区控制性详细规划的编制、报批、实施、维护和体检评估，编制行动计划，承担重点建设项目规划综合实施方案审查工作；组织相关公共服务及基础设施专项规划的编制、报批和维护；指导、监督东城区、西城区规划实施及相关审批工作。在一定程度上与深圳的城市与建筑设计处异曲同工，使基于控规运作的城市设计内容可以更高效地贯彻于实施审批乃至维护的全过程。后文中提及的各地规划设计主管部门的机构信息来源，均为2022年以前各地政府部门官网的信息，公开内容。

---

① 深圳市规划和自然资源局.内设机构[EB/OL].（2020-10-10）. http：//pnr.sz.gov.cn/xxgk/jgzn/nsjg/index.html

② 广州市规划和自然资源局.广州市规划和自然资源局内设机构[EB/OL].（2020-02-27）.http：//ghzyj.gz.gov.cn/gkmlpt/content/5/5678/post_5678980.html#932

③ 北京市规划和自然资源委.内设机构[EB/OL].（2020-10-10）. http：//ghzrzyw.beijing.gov.cn/zhengwuxinxi/jggk/nsjg/

④ 上海市规划和自然资源局.上海城市公共空间设计促进中心[EB/OL]. http：//ghzyj.sh.gov.cn/zsdw/20191102/0032-666369.html

批主体负责具体建设项目方案审查，但行政许可的下发由其他部门完成，如成都、济南、石家庄等。这一类的机构设置总体上也可以减少实施的中间环节，增强城市设计对具体建设项目的指导力度，但是主管部门对城市设计的要求更偏向于中微观层面，特别是对于建筑风貌的控制引导，对于宏观层面或者专项类型的城市设计则可能容易被忽视。第三类是编制与实施衔接型，即城市设计主管机构在完成城市设计编制审批工作后，负责指导相应的设计成果转化为规划条件，并提供给实施审批部门，用以组织城市设计的具体实施，如北京、广州、重庆等。这一类的组织模式使城市设计主管部门可以更好地聚焦于系统性的城市设计编制工作，但是增加了城市设计成果使用实施的中间环节（跨部门），增加了城市设计成果转译理解次数。同时，实施部门对片段化城市设计成果的理解，也会提高实施的控制难度。第四类是编制与实施分离型，即城市设计成果在完成编制后，由负责具体项目建设设计审查、审批的部门组织对设计成果进行转译，如天津、厦门、苏州等。这种方式有利于城市设计成果以不同形式融入实施过程当中，但是这种方式需要负责实施的主体有极高的城市设计专业水平，可以有效组织城市设计成果转化为管理工具，且工作量较大。如果负责实施的机构主体技术水平有限，则这种形式会使城市设计流于“墙上挂挂”的尴尬境地（图1-7）。

图1-7

从机构设置上看四类城市设计编制与实施衔接方式

图中所示设计成果实施的确定性，仅从机构设置及职责划分情况来判断，实际各案例城市的城市设计成果实施情况受具体参编人、经办人的意愿和能力影响较大

图片来源：作者自绘

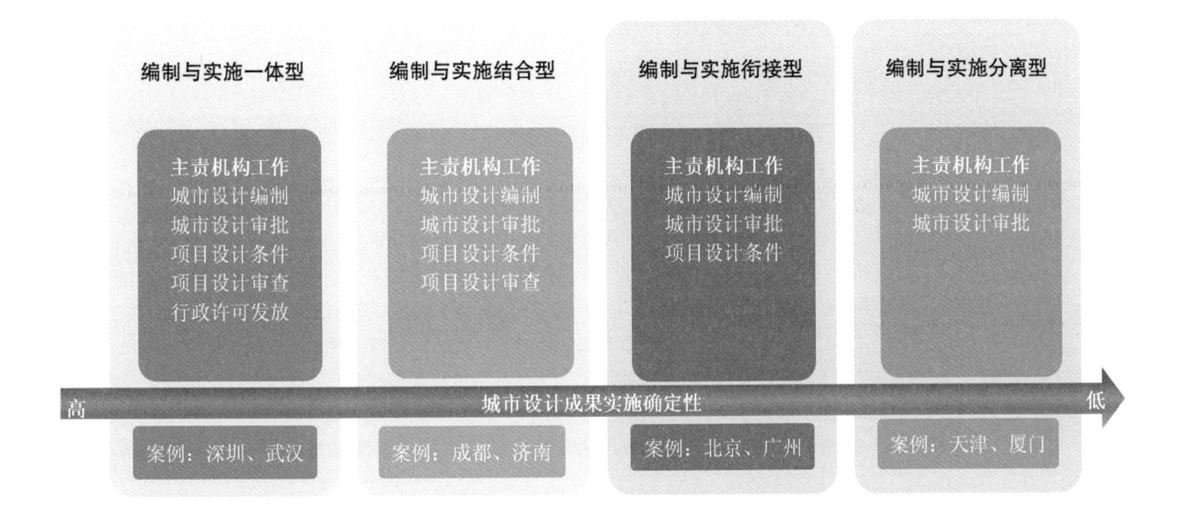

4. 从成果应用模式上看

不同城市受城市设计实施体系、体制机制的影响，形成了多样化的应用模式，如叶伟华将深圳城市设计成果应用模式总结为契约、转译、直译、通则、附件、激励等8种逐渐演进的应用模式[①]。再如上海主要通过将城市设计成果作为控制性详细规划附加图则的方式加以应用[②]。天津则通过将修建性详细规划或者建筑设计方案以三维模拟的方式录入城市设计成果的数字模型中，从而实现城市设计成果的动态可视化应用[③]。从城市设计成果应用所结合的工具渠道来看，可以将应用模式分为以下四类：①与土地出让协议结合，将城市设计成果的核心内容以文字或者直接附加方案的形式，放入土地招拍挂的协议中，以契约合同的方式，强制实现城市设计意图。这种模式（特别是附加方案方式）具有极强的法律效力，但是由于其对后期设计的弹性预留空间较小，所以应用范围有限。②与行政许可结合。这类方式最为常见，且具体应用形式多样，即可经控制性详细规划将城市设计成果法定化，再提炼为指引、导则，以文字形式或者图则形式，作为附件或直接放入《建设用地规划许可证》（规划条件）当中。在这种模式中，图则与条文共同控制的城市设计意图表达最为充分，也是诸多城市应用中评价最高的方式。③与地方规章标准结合。这一类模式通常是以标准或者通则的形式形成普遍性的城市设计引导，虽然针对性不强，但如果利用得当，则可以起到影响城市风貌基本面的重要作用。同时，这类模式除了发挥控制引导作用，还可以产生激励效应，实现市场对城市设计意图的主动响应[④]。④与三

---

① 叶伟华.深圳城市设计运作机制研究[M].北京：中国建筑工业出版社，2005.

② 陶亮.以城市设计成果法定化为重点，探索上海控制性详细规划附加图则管理的思路和方法[J].上海城市规划，2011（6）：75-79.

③ 沈磊，朱雪梅，沈佶.国际视野与地方行动：城市设计的天津实践[J].中国勘察设计，2016（4）：28-35.

④ 1999年7月《深圳市民用建筑设计技术要求与规定》作为地方技术标准实施，通过容积率或面积计算等城市设计的规定和要求，鼓励和引导开发单位在建设中通过架空的手段提供公共开放空间。例如《深圳市建筑设计技术经济指标计算规定》第4.2.1.1条规定："裙房屋顶层主楼架空，用作绿化休闲使用时，架空部分的进深不小于4.0m，梁底净高不小于3.6m，并应有不小于四分之一的绿化面积，裙房屋顶用作绿化休闲使用时，裙房屋顶的建筑面积不小于3000m²，且有从屋顶平台直达室外地面的专设公用楼梯，可以核定增加等量面积。"

叶伟华，赵勇伟.深圳融入法定图则的城市设计运作探索及启示[J].城市规划，2009（2）：84-88.

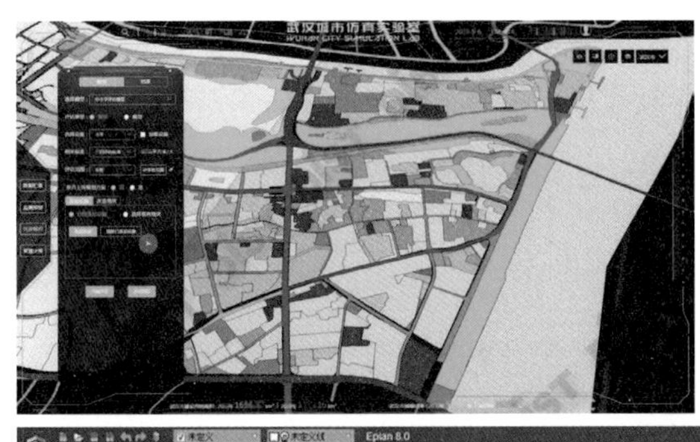

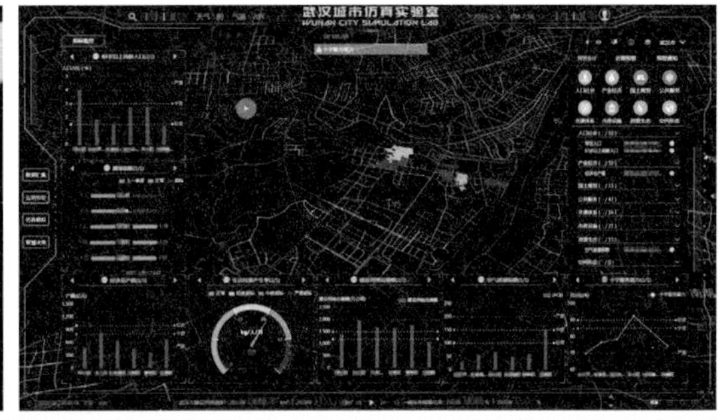

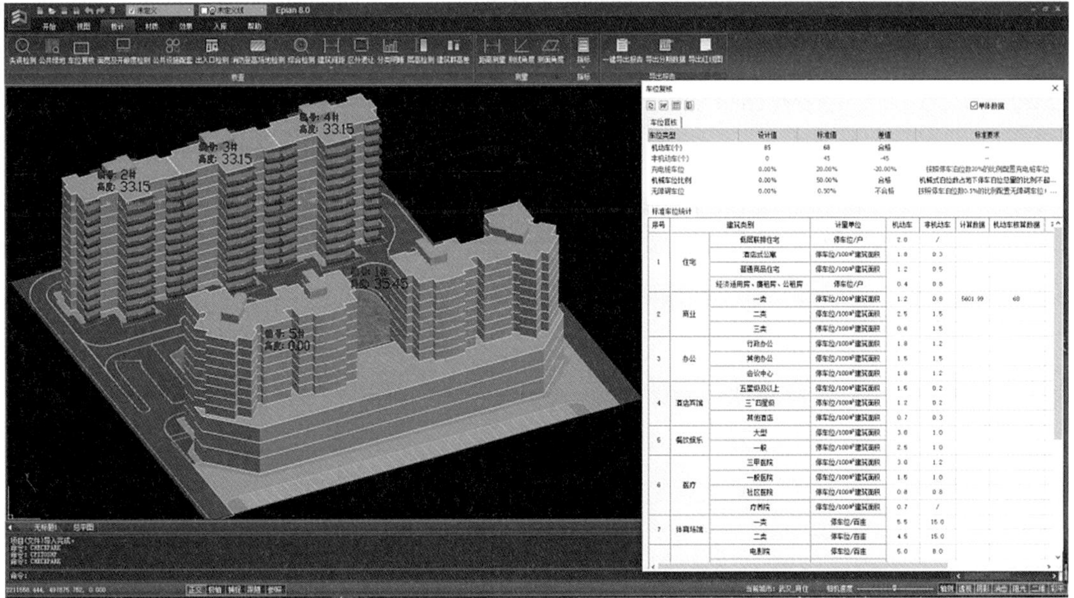

维可视化模拟结合。这一模式虽然不具有法定效力或强制性、量化特征，但是三维可视化有利于更加直接地判断具体项目与城市设计成果的匹配程度，降低了城市设计成果在转译、传递过程中的信息损失和偏差。同时，利用这一方式持续开展的动态模拟审查，也有利于城市设计成果与时俱进地进行调整更新（图1-8）。

图1-8

武汉城市仿真实验室建筑规划方案智慧，图审工具

图片来源：DIST上海数慧. 武汉城市仿真实验室，你可能不知道的故事[EB/OL].（2021-07-26）. https://www.sohu.com/a/479572460_120179158

1.2.2　为什么会有失效的城市设计

从上述四个不同视角可以看出，在中国，城市设计意图主要通过将核心内容附加进入、结合进入和融入法定规划来实现，并最终形成对具体建设项目（主要是建筑项目）的设计指引，通过政府部门主导的持续设计审查、行政许可得以实现。也有少数城市通过地方规章、技术标准实现部分特定要素、特定系统或普适性的城市设计意图。城市设计成果作为重要的建设项目（特别是建筑项目）管控依据，其发挥的作用日益得到各地政府的认可。那么，这一有效工具的失效又应如何理解呢？这里面存在两种视角的理解。

一方面，随着城市经济发展，社会生活方式变迁，在不同的城市发展阶段，人们对城市建设的需求和标准是在逐渐变化的，正如前文所阐述的，城市每一个时期所形成的普遍性建设效果都是与其经济发展阶段、思想文化水平相适应的，是符合该时期“公共利益”的。正如加文·帕克所说的：“规划学牵涉利益群体之间的权力差别，即术语‘公共利益’，它的使用如技术一样也是政治的。它会被用作证明一种相当功利的结果的正确性。”[①] 以H市某新中心为例，在对城市整体空间发展格局、城市中心体系布局、主要交通廊道进行分析判断后，设计机构判断项目范围内的高层高密度地区处于本项目用地的外圈层，而项目的滨水核心区受通风廊道、生态环境、交通服务能力等影响，结合场地原有的工业遗产，更适合低、多层高密度的建设模式（图1-9）。但是这样会造成单独看这一项目的时候，其“中心”形象并不具有“标志性”，或者说并不具有人们“常规”认知中的新中心的高层高密度形象，即围绕项目“核心空间”利用建筑群塑造的“高大上”的视觉冲击力。虽然项目组在设计过程中就意识到这一方式不利于赢得竞赛，但是本着对科学引导城市发展的初衷，并未迎合“标相”进行修改。在最终的招标评选中，也未能突破常规的潜意识认知而得到优胜。最终还是以高层高密度建筑开发为主导，塑造项目核心空间的方案获得了评委和政府的认可。在这个过程中，无论是设计方还是评审方都更习惯以项目自身空间范围为主体，建立空间体系的思维模式，将项目的核心空间等同于城市的中心（未来）进行设计评价。同时，增量扩张发展模式下的惯性思维，也使设计师、专家、政府都会潜意识选择更具建设“潜利”的空间意象。而这种“习惯性”选择更使H市错过了一次城市特色风貌塑造的战略契机，有别于以跌落式现代建筑群为主体的常规城市滨水空间，形成以生态滨水景观与工业遗产建筑群为主体，外围掩映现代化城市天际线的特色空间意象。这种城市设计的“失效”是一种集体选择的结果，代表了

---

① 帕克，多克．规划学核心概念[M].冯尚，译．南京：江苏教育出版社，2013：108.

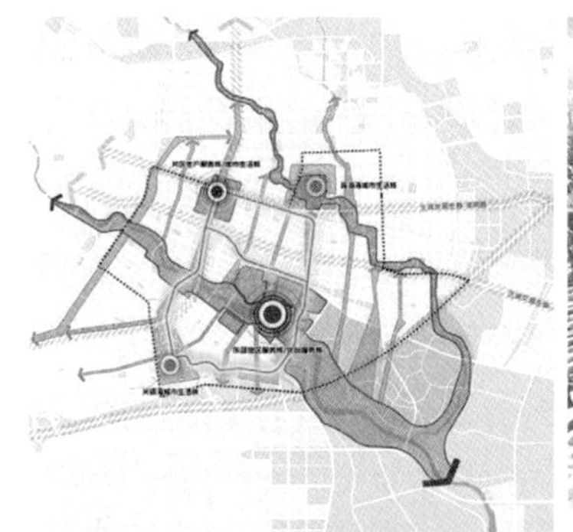

图 1-9

所谓“新中心”一定都要是高层林立吗？无法被接受的多层高密度新方向

图片来源：H市东部新中心概念规划及核心区城市设计（中国城市规划设计研究院城市设计分院）

该城市所处的城市发展阶段所认可的功利正确性。而当城市发展阶段发生转变，前一阶段的城市建设发展模式不再适应普遍的公共利益，或者无法持续增加大部分群体的利益时，其负面效应会在积累扩大中被逐渐重视，成为人们追求新利益增长、公共利益再分配的重要发力方向。在这个过程中，城市设计的失效，实则是一种变化的过程，是城市设计适应时代转变，从普遍有效走向效用不足，进而促进发展转变的过程，是城市建设发展需求转变所带来的城市设计自适应过程。

另一方面，有效城市设计的失效则是受制于城市设计的间接实施运作模式。长期以来，城市设计作为非法定规划，除了为城市提供“光辉的发展图景”外，其影响各地块开发建设的方式，必须依托于控制性详细规划的图则、土地出让条件等“借壳生蛋”的方式间接实施。由于城市设计的实施没有法定之规，所以城市设计在实施体系、机制体制、应用模式等方面始终基于各地城市发展进程和经济社会发展阶段，在实践中不断摸索前行。这使得城市设计的运作是一个发现问题、积累问题，探索新模式的过程，是呈螺旋式循环前进的，并逐渐形成了具有普适性的城市设计运作“非正式”制度。因此，现阶段提出的“千城一面”“城市特色不足”“城市品质亟待提升”等城市设计失效所产生的问题，实际上是前一阶段城市设计在这种“非正式”运作制度中的尚未解决的问题、遗漏乃至空白部分的积累和映射，是城市发展阶段、经济发展水平、社会人文意识形态在这种城市设计“非正式”运作制度中的集中反映；而这种潜在的、持续性的城市设计运作失效，可以归结为两大主要根源。

根源一：城市设计的实施逻辑

城市设计的间接实施逻辑使得绝大部分城市设计成果在应用过程中存在着不同群体的多样化转译。这与选择何种实施体系或者何种机制体制设置无关，是城市设计作为“二次设计”[①]的必然属性。城市设计成果的应用，首先要经过设计师将多系统的综合设计理念转化为法定图则、文字指引等简化信息。在这个过程中，由于大多数城市没有一定之规，所以不同设计机构，哪怕是同一家设计机构在不同的项目中所提供的图则，指引的内容、形式都各不相同（图1-10）。图则、导则能体现的城市设计意图在第一次转译中就开始出现因设计团队能力、经验不同而产生的转译差异。在一手信息层面就已经出现了因信息转载所造成的设计传递失效，即使我们假设一手信息转译都有一定之规，不存在信息衰减；但是当这些图则、导则进入城市设计实施阶段，由于各地机构设置的差异，它们有可能出现在参与过城市设计编制的管理人员手中，也可能出现在完全没有相关工作经验的管理人员手中。对于前一类，管理人员基于对城市设计项目的认知，对到手的图则、指引能够从整体出发形成较为全面的理解。在后续实施过程中，该管理者如果可以一直深入到相关项目审查或者许可发放阶段，那么在城市设计实施中的信息损失主要取决于该管理人员对城市设计成果的理解和判定；但如果该管理者只是深入到规划条件的提供阶段，实际上只是完成第二次对城市设计成果的概括性提炼、转译，特别是没有附加城市设计图则的规划条件，更是极大程度地削弱了城市设计意图的表达。而后一类，由于管理人员对城市设计项目没有系统性了解，因此大多数情况是根据到手的图则、指引所提供的图纸、示意、文字来判断城市设计所要实现的意图，

① 乔纳森·巴尼奈特（Jonathan Barnett）提出的“二次设计”理论，即城市设计通过制定“设计要求”来指导建设产品的设计。BARNETT J. Urban design as public policy：practical methods for improving cities[M]. New York：McGraw Hill，1974.

文博片区城市设计导则核心控制要求

为了便于管理操作和社会推广，选择了导则中对于各城市系统最为核心和重要的控制要求，形成文博片区城市设计导则精选手册。

建筑
architecture

1. 加强建筑屋顶设计，丰富第五立面，鼓励利用屋顶、退台进行绿化
2. 商业、商务办公、商住混合区应保证建筑首层临主要街道部分为公共用途且与相应公共交通设施良好衔接。
3. 主要商业街道应保证首层贴线长度大于街道总长度的2/3，
4. 商业街区、商住混合街区首层建筑临非交通性道路时首层立面窗墙比应控制在60%-90%，且玻璃的透光率最超过60%，
5. 立面分割不宜过多，垂直方向上不应多于3段以上形式分割（不含屋顶），
6. 建筑主体色彩面积应大于60%，色相选择应根据建筑本身功能相应选取。
7. 公共建筑必须保证至少有一个主要入口朝向公共街道；在步行活动频繁的街道和户外场所，公共建筑应至少提供一个人行出入口朝向街道。
8. 商业、商务街区鼓励设置地上、地下步行连廊。
9. 建筑后退空间应保证50%以上面积为公共使用空间
10. 同一条街道，街道转角建筑亮度大于街道中间建筑，相邻商业建筑照明亮度大于其他建筑。

街道
street

11. 快速路、交通性干路空间比例控制在2<D/H，生活性干路空间比例度控制在1.5<D/H<2，内部生活支路空间比例度控制在1<D/H<1.5，
12. 停车设施出入口避免穿过主要的步行流线。
13. 地铁出入口应提供方便到达周边主要公共用途建筑和公共开放空间的通道。
14. 当路口设置人行道长度超过30米，应在道路中央设置安全岛。
15. 街道家具应进行统一设计，建议同一街区统一街道家具形式，强化街区的识别性与系统性。
16. 同一道路区段内的铺装应保持一致，并应与沿线建筑的色彩环境氛围相协调。人行道铺装与建筑后退空间铺装应相互协调，可以不同形式区别公私权属。
17. 交通信号灯附近30米范围内禁止设置灯箱类广告标识，以防止影响交通安全。行道树、邮政以及消防设施附近禁止设置各类广告标识。

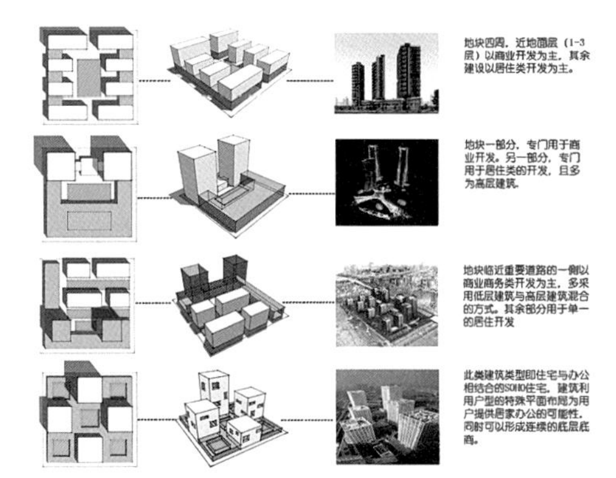

J市燕山新区奥体文博片区城市设计
查询式城市设计图则——总则与通用分则条款

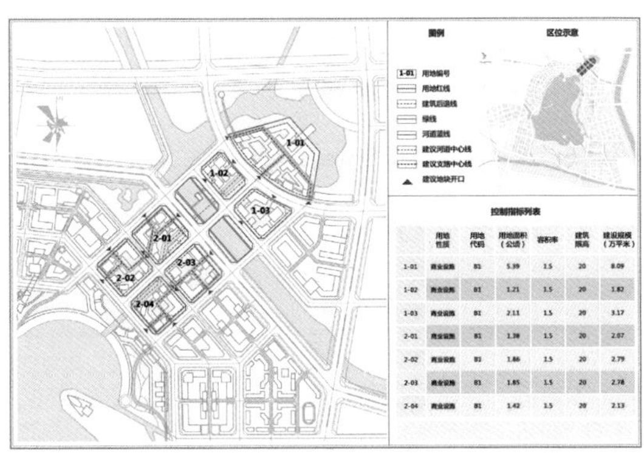

控制指标列表

	用地性质	用地代码	用地面积（公顷）	容积率	建筑限高	建设规模（万平米）
1-01	商业设施	B1	5.39	1.5	20	8.09
1-02	商业设施	B1	1.21	1.5	20	1.82
1-03	商业设施	B1	2.11	1.5	20	3.17
2-01	商业设施	B1	1.38	1.5	20	2.07
2-02	商业设施	B1	1.86	1.5	20	2.79
2-03	商业设施	B1	1.85	1.5	20	2.78
2-04	商业设施	B1	1.42	1.5	20	2.13

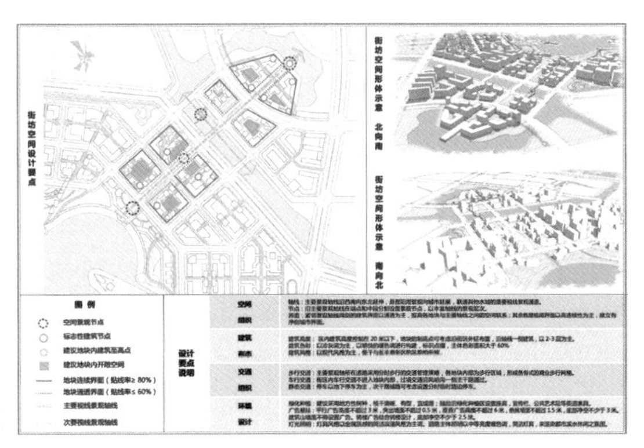

T市南部区域概念规划及重点地段城市设计
街区尺度城市设计图则——控制性指引与空间设计指引

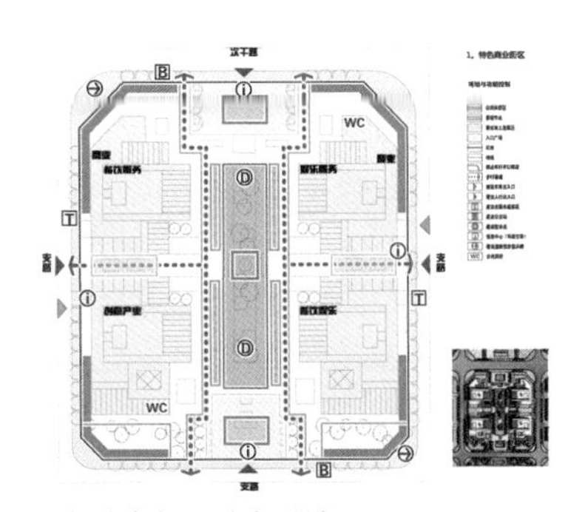

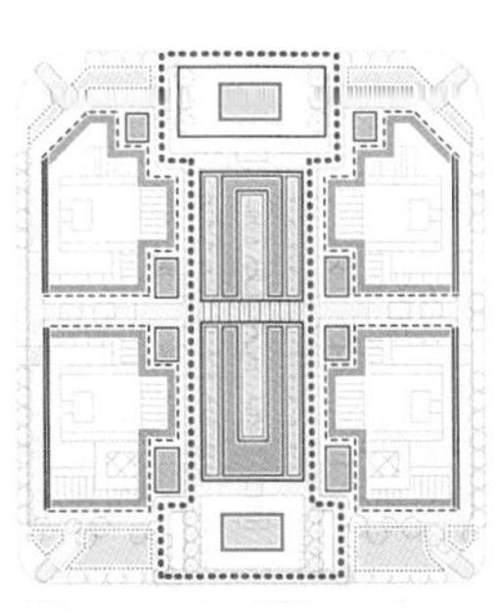

J市城南新区城市设计
地块尺度城市设计图则——功能、形态、场地、环境、风貌控制指引

图 1-10

不同形式、不同内容、不同使用方式的重点地段城市设计图则示例

图片来源：中国城市规划设计研究院城市设计分院

并结合自身工作经验，进行设计审查或者行政许可发放。在这个过程中，除了可以明确被精确量化的高度、连续长度、建筑后退红线等标准外，其他城市设计意图的实现基本全凭运气。上述两类情况的城市设计图纸、导则的信息传递，还要基于管理者具有相当不错的城市设计、建筑学基础，方有可能实现。而实际上在全国各地参与城市设计实施的管理者中，只有少数发达地区城市才有可能有较多具有专业背景的公职人员。即使管理者具有较高的专业素养，但是设计师为能够更好地描述设计意图会增加量化指标，如平均层数、贴线率、建筑体对角线长度、窗墙比等，在缺乏法定化的统一定义和计算方式的情况下，在实际设计审查过程中，管理人员面对各种各样的现实建设问题，既缺乏合法执行依据，又缺少准确复核查验的方法、工具。至于定性描述的指引，无论刚性还是弹性要求，在审查中则完全是个人化的理解，能否与城市设计意图一致，全靠“福至心灵”。比如以坡屋顶（两坡顶）为刚性要求，可能会呈现出汉唐风、明清风甚至东南亚风等不同建筑意象（图1-11）。而各地政府所关心的建筑风格问题，仅通过文字描述进行限定，可能会产生南辕北辙的实际效果，如现代、稳重、大气、恢宏、冷色调这几个词，既能与新哥特风相匹配，也能与新中式风格无缝兼容。即使附加了示意图片作为参考，在实际设计审查中，管理者也很难判定具体项目设计风格是否真的与城市设计意图相符。这就好比不同的人拿着同一张装修示意图进行装修，所产生的结果一定是千差万别的，而真正与装修示意图所表达风格一致的可能性非常低。

图1-11
同样的坡屋顶，截然不同的建筑意向
图片来源：中国城市规划设计研究院城市设计分院

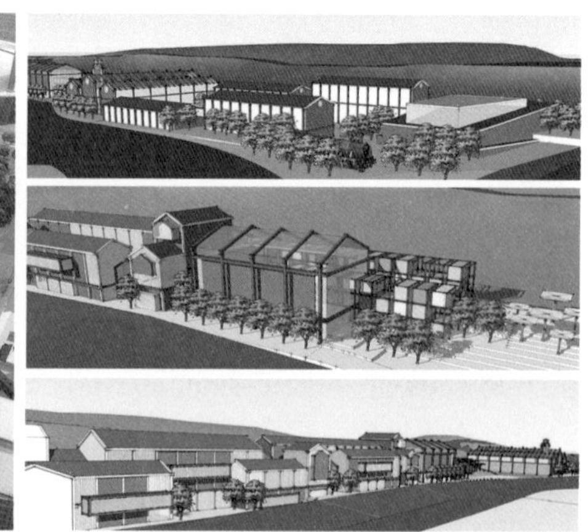

N市经开区重点地段城市设计

由此我们可以看到，由于城市设计实施是一个长期、复杂、多变的过程，其中因为体制机制、管理能力、法定化程度、形式、内容等因素可能造成的设计意图传递消减和理解误差，是导致城市设计失效的重要根源之一。因此，如何有效地传递信息、减少理解误差是城市设计实施所必须要改变的。

根源二：城市设计的实施路径

长期以来，城市设计作为城市规划的“一种项目类型”为大多数政府部门所认知。由于城市设计的管理事权嵌套在规划管理事权之中，因此城市设计的实施路径也是围绕着规划部门的行政审批事项展开的，其核心就是一书两证[①]，即《建设项目选址意见书》和《建设用地规划许可证》《建设工程规划许可证》。绝大多数城市在行政审批过程中，仅针对建筑类项目附加城市设计要求，且要求也主要集中在控制建筑主体的体量、形象方面，对于建筑附属场地的城市设计要求则以地块开口位置为主。对于河湖水体、公园绿地、道路市政等城市公共空间，绝大多数城市选择以地方性法规、技术标准为审查标准。一方面，这些类型项目的设计、建设、运营、监管、维护事权均不在规划管理部门，因此，实际掌握这些事权的行政管理机构对于这些类型的项目的建设标准更具有话语权。这些事权机构所主导编制的标准规范在很大程度上主导了各自事权范围内公共空间的基本形象。另一方面，在以规划为主体的设计审查中，这些类型的项目大多由对口专业的专家和管理者进行审查，其关注点仍然集中在相应专业范围之内，城市设计成果的理念很难融入。有的时候，城市设计成果中提出的设计要求甚至与事权主体所规定的建设标准相冲突，如：通过采用小转弯半径的路缘石设计实现缩小路口宽度；缩小车道宽度以实现限制车辆速度，规范行驶行为；在建成区用地匮乏的情况下，整合市政设施与公园绿地，既能提升设施水平又能提升环境质量等。这个时候，由于城市设计不具有法定效用，其超出规范标准的内容很难被纳入法定规划，或者很难被事权主导机构所认可。大多数城市中关于城市公共空间的设计意图都在脱离规划设计主管部门的权责范围后，缺乏普遍性的实施路径。

① 近期已经有地方开始对“一书两证”进行改革，以北京为例，为贯彻中央“关于北京等特大城市要率先加大营商环境改革力度的重要指示精神”，对于社会投资类项目取消了申请获得土地利用及各类规划条件审批的环节，并施行建筑工程施工许可证电子化办理。

同时，随着城市的发展，人们对城市品质提升的追求和城市建设理念的转变，使得曾经被认为是现代化象征的大马路、高架桥、硬河堤已经成为不宜人、污染多、不生态的负面空间典型。对于这些空间的改造提升，城市设计更应该大展身手。但是由于城市规划部门的行政审批事权主要围绕土地出让、土地利用、土地建设这一阶段，也就是从生地到建设完成阶段，而随着土地（特别是城市公共空间）开发完成，进入常态化空间管理、运营、维护阶段，相关建设更新的事权进一步分散到不同主体，除拆违外，大多不再涉及规划行政审批事权。城市设计工作作为城市规划部门的具体工作事项，无法融入其他部门的建设更新工作当中；城市设计系统性优化城市公共空间的实施路径缺失，城市设计因此失效。

1.3 新时期的城市需要什么样的城市设计

面对新型城镇化发展，城市对于内生动力的探索，不能停留在对科技新动能的探索上，新的城市空间体验、高品质的城市生活环境都已经成为新时期人们在日常生活中的一种越来越常态化的需求。这一点从近几年人们对于“网红”场所的追逐就可以看出。人们对于城市空间品质的追求已经不再停留在能用、有用的城市基本功能实现和高楼大厦、立交盘绕的国际范式、现代感营造当中，而是以好用、宜用作为城市空间品质的基本标准，追求城市空间能够实现更多的文化、艺术体验，提供更便捷的科技、健康功能，承载多样化的绿色生态使命。这种对城市空间品质的追求，不仅体现在对空间品质认知标准的提升上，更体现在文化、生活、生态观念的转变当中。这是人们从追求基本的物质文化需求向追求美好生活需求的转变，是社会经济发展在现实空间中的映射。在这个过程中，城市设计工作的重点将从以前主要围绕土地开发建设，服务于提升社会生产力向围绕经济、文化、社会、生态等发展不平衡、不充分问题转变，以提供平衡矛盾推动发展转型的服务为目标。这种空间价值导向和工作服务内核的双重转变，使新时期的城市设计需要突破现有主要依托土地建设开发引导的单一实施体系，能够在不同层次、不同环节发挥系统性的设计协调整合能力，提升城市设计作为公共政策，面对经济、文化、社会、生态等不同系统发挥公共干预的统筹能力，实现长期高效实施指导的作用。

1.3.1 已经出现的转变

目前来看，为适应新时期新型城镇化城市发展需求的转变和全面深化改革的外部条件变化，城市设计工作已经形成了多种形式的适应性调整转变。

1. 已有实施体系强化

2017年6月施行的《城市设计管理办法》(以下简称“《办法》”）作为我国城市设计发展历程中的第一部全国层面的城市设计工作管理的部门规章，将长期以来形成的非正式城市设计工作实施体系正式制度化，为长期以来“运用城市设计的方法编制城市规划”[①] 和探索“城市设计贯穿于城市规划的全过程”[②] 的地方实践，明确了工作主体责任，指明了城市设计借助法定规划实施的工作路径，为城市设计不同层面的实施提供了基础的管理依据。《办法》通过第十四、十五、十六条明确了城市设计成果通过控制性详细规划实现法定化，转变为规划条件指导建设的实施路径，并打破城市设计控制指引主要应用于建筑设计管控的习惯做法，强调了城市设计对“单体建筑设计和景观、市政工程方案设计”都具有指导作用[③]，实现了城市设计对于城市风貌塑造核心要素在城市建设审批实施环节的建设引导能力，明确并扩充了现有实施体系的作用主体。《办法》第八条：“总体城市设计应当确定城市风貌特色，保护自

---

① 1991年版《城市规划编制办法》第8条规定：“在编制城市规划的各个阶段，都应当运用城市设计的方法……”

②《城市规划基本术语标准》GB/T 50280—1998中对城市设计的定义：“对城市体型和空间环境所作的整体构思和安排，贯穿于城市规划的全过程。”

③《城市设计管理办法》第十四条：“重点地区城市设计的内容和要求应当纳入控制性详细规划，并落实到控制性详细规划的相关指标中。”第十五条：“单体建筑设计和景观、市政工程方案设计应当符合城市设计要求。”第十六条：“以出让方式提供国有土地使用权，以及在城市、县人民政府所在地建制镇规划区内的大型公共建筑项目，应当将城市设计要求纳入规划条件。”

城市设计管理办法（中华人民共和国住房和城乡建设部第35号令）[EB/OL].（2017-03-14）. http://www.gov.cn/gongbao/content/2017/content_5230274.htm

然山水格局，优化城市形态格局，明确公共空间体系，并可与城市（县人民政府所在地建制镇）总体规划一并报批。”[①] 这在总体层面明确了城市设计的四个主要作用方向，并通过明确总体城市设计与总体规划一并报批的实施程序，强化了新时期城市设计必须在城市总体层面实现设计引领的目标，打破了原有各地城市设计实施效果主要停留在中微观层面的现状，提升了城市设计的系统性引导能力。

以北京为例，北京在新一轮总体规划之前就提前启动了北京总体城市设计战略的研究，并在2017年正式公布的《北京城市总体规划（2016年—2035年）》（以下简称“《北京新版总规》”）中，以“加强城市设计，塑造传统文化与现代文明交相辉映的城市特色风貌”为题形成专门的章节，通过中心城内外各三类城市风貌分区和“两轴十片”的城市整体景观格局，确定市级层面的城市风貌基调和城市特色核心片区，并确定了由城市高度管控体系、城市天际线核心特征、眺望景观体系、第五立面管控目标和城市色彩基调五个方面共同构成的城市整体风貌控制体系以及未来建筑和公共空间建设发展的建设目标、工作重点和管控思路。其中，城市风貌分区成为各分区总体城市设计中风貌分区细化控制的重要依据。而城市整体景观格局在各分区规划中被进一步从自然山水、历史文化、时代特色等不同角度系统性地细化、完善，并最终以市、区、片区三级城市设计重点地区的形式确定了具体空间落位，融入分区规划，实现法定化，进而通过重点地区城市设计工作的开展实现逐层的城市设计实施。如北京近期开展的北中轴线北延地区城市设计、南中轴地区城市设计、京张铁路遗址公园国际方案征集等均属于市区层面总体城市设计在下一层级的实施深化实践（图1-12）。《办法》通过“城市设计重点地区”的概念，初步探索了以“特定意图区”[②] 的形式，推动城市设计实施从依托控制性详细规划对土地出让、建设工程许可的实际建设控制引导，发展为依托城市设计本身所具有的公共政策属性，以城市设计逐层级推进的形式，发挥城市设计在宏观、中观层面的实施传递。

---

① 城市设计管理办法（中华人民共和国住房和城乡建设部第35号令）[EB/OL].（2017-03-14）. http：//www.gov.cn/gongbao/content/2017/content_5230274.htm

② “特定意图区”：这里指行政主管部门通过对城市特定地区进行界定，辅以发布这一区域相关对应的政策、法规、标准，实现对该区域的特定建设开发意图，如自贸区、免税区等，不同地方、不同要素特征对于这类特定政策意图区使不同的术语进行表述，如特色风貌地区、城市设计重点地区、标志性地区等。

北京总体城市设计战略
中轴格局—北山南苑
明堂开敞

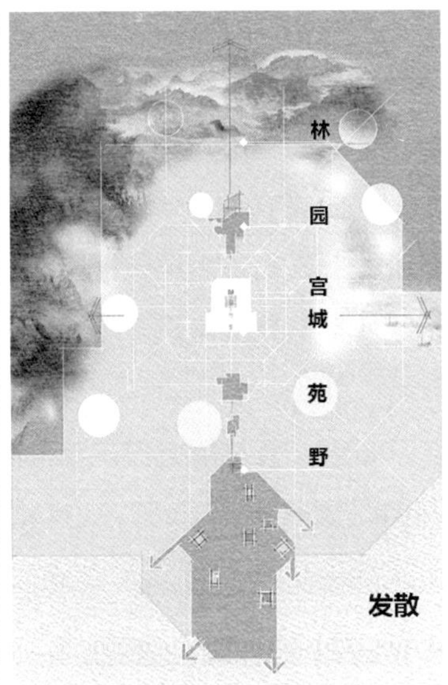

大兴分区规划城市设计风貌专题
南中轴南延格局延续—北园南野
空间发散

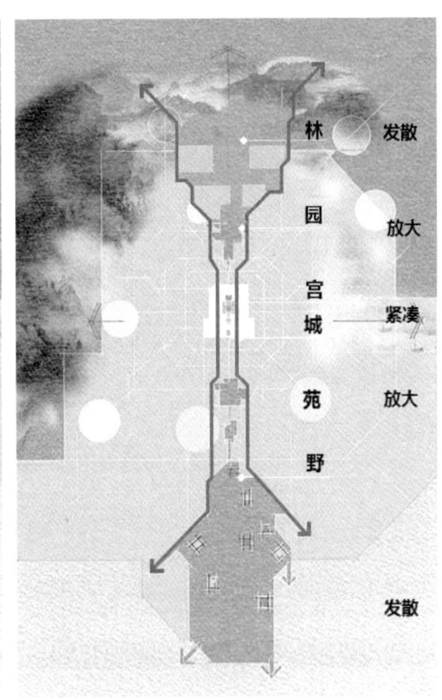

未来科学城相关规划设计—
北京北中轴延长线意向研究
北中轴北延格局延续—北林南田
南北呼应

图1-12
总体层面的关键性城市设计理念在不同层级城市设计工作中的延续发展
图片来源：作者自绘

虽然目前这种形式仅实现了重点要素（片区）的城市设计工作传递，但是这也充分展现了城市设计成果能够转化为不同形式，发挥其作为公共政策的指导能力。同时，北京新版总规中确定的高度、天际线、眺望、第五立面、色彩五要素的城市整体风貌管控体系，在各分区总体城市设计层面实现了进一步的控制要素和控制内容的细化，在通过分区规划实现法定化之后，落实到新一轮的控制性详细规划（指引）当中，从而实现对未来建设开发的控制引导。这一探索从战略性要素的视角出发，实现了城市设计宏观确定目标框架、中观完善要素内容、微观落实管控要求的整体控制引导思路，也实现了系统性的跨尺度城市整体景观风貌协调，避免了中微观城市设计直接指引城市建设时，由于空间视野的局限性而造成的“顾此失彼”的现象问题。

2. 体制机制应变

《办法》的正式施行，促使城市设计工作正式作为一项独立的工作存在，伴随着城市规划主管部门的机构职责调整和各地方城市设计工作的推进（特别是法定化工作），已经陆续有城市结合实际需求对城市设计主管机构的职责进行了调整，以适应新时期存量更新、减量提质的建设开发重点转变。从目前的调整方向来看，主要有三类职能整合方向。

一是将城市设计与名城工作相结合，通过城市设计加强对历史文化名城、街区、名镇、名村等历史风貌地区的保护，在保护历史景观原真性的同时，能够形成更加积极的保护性开发建设或有机更新。如深圳[①]、武汉、厦门设置独立类型（表1-5）机构——城市与建筑设计处，该部门负责城市设计和历史风貌地区规划统筹工作，包括从相关规划设计的编制、审批直至具体建设方案的设计审查。深圳、武汉更是将工作延续至行政许可发放环节，使城市设计成果有效贯穿了规划行政审批全过程，增强了城市设计对历史保护地区的建设实施协调和管理能力。杭州虽然采用的是融合类型（表1-5）机构设置，但在其名城工作主管机构——历史风貌处的工作职责中，涵盖了对于全市景观风貌、公共艺术的统筹管理。这一机构设置与前者在侧重点上略有差异，前者强调的是在历史地区保护中提高城市设计的灵活性和协调力，而后者则是强调了历史基调对于杭州城市风貌建设的整体指引、管控。

二是将城市设计与城市更新项目规划相结合，如设置独立机构的天津、厦门和设置融合型机构的上海[②]，主要负责组织、推动城市更新，城市设施补充，“三旧”片区更新改造，重点项目的策划规划、编制审查工作。这一结合倾向主要是由于城市更新过程中的现状环境、空间、产权等问题复杂，必须从三维空间出发进行建设统筹。城市设计是城市更新发展的必要工具，因此从工作内容特征、方式上归类，将这项工作与城市设计管理进行结合。但是由于城市更新工作涉及复杂的土地流转、规划建设审批及许可问题，因此，还有一部分城市选择独立设置城市更新工作的机构，如深圳市规划和自然资源局下设了独立的城市更新和土地整备局，广州市规划和自然资源局内设了城市更新土地整备处和城市更新规划管理处。这种设置方式需要地方在编制更新规划时，坚持

① 深圳城市与建筑设计处：2009年设立，远早于2017年实施的《城市设计管理办法》要求，其在1998年实施《深圳特区城市规划条例》时，就率先把城市设计纳入地方条例，确立了城市设计在深圳的法定地位，展开了《深圳市城市设计编制技术规定》等一系列城市设计技术研究。

② 天津城市设计处：组织推动和指导城市更新、城市修补规划工作。负责市政府主导的城市更新重点项目的规划、策划。

厦门城市与建筑设计处：负责城市更新相关规划政策、技术规定及有关规划制度的建设。负责组织“三旧”片区更新改造及城市修补的规划编制、审查和管理。

上海的城市设计工作结合工作层次重点分配在不同处室，其中详细规划处兼城市更新处。

以城市设计作为思维方式指导相应更新工作的开展。值得注意的是，这种更新部门的设置，在职能上更多的还是基于土地流转和土地利用相关许可层面的工作，而实际的城市更新建设实施工作（如“三旧改造”、公共空间更新）并不在规划主管部门的职责范围内，如广州市住房和城乡建设局就承担了城市更新建设实施的工作职能，主要涉及更新项目建设管理和人居环境改善两方面[①]。

三是将城市设计工作与“城市双修”工作结合，结合程度和方式差异较大。如厦门属于较为全面的深度融合，厦门市规划和自然资源局内设的城市与建筑设计处（生态修复处）除整合了名城工作外，还兼具了生态修复、城市修补的工作职能：“负责街道空间资源景观规划管理的综合协调和相关业务管理工作。负责城市标识系统、城市雕塑、城市家具、户外广告设施、城市夜景观、街道景观小品等城市公共空间景观要素的规划管理工作。”“负责组织‘三旧’片区更新改造及城市修补规划编制、审查和管理。”“负责拟订并组织实施国土空间生态修复政策。组织编制国土空间生态修复规划……指导有关生态修复工程的实施。”[②]这一类较之第二类，更强调城市更新中与公共利益相关的工作，如“三旧”更新、补短板等，同时强化了对于城市公共空间及相关设施的规划管理能力，特别是增加了对于山、水、林、田、湖、海、矿的整治修复规划及工程实施指导职能，使城市设计工作有可能向全要素设计指引延伸。重庆采用融合型的机构设置模式，重庆市规划和自然资源局内设的城市规划处除“承担城市设计相关工作”外，还通过“承担规划和自然资源领域城市提升行动计划的相关工作”实现了城市设计与双修工作、更新工作的衔接。同样采用融合型机构设置的上海市规划和自然资源局，则是通过详细规划处（城市更新处）实现基于地块建设开发的更新工作（城市修补），通过设立独立的公共空间促进中心实现对不需要改变用地性质的城市公共空间的更新实践。重庆市和上海市的机构设置与厦门市不同，其仍然是围绕城市建设用地整治提升工作进行职责分工。重庆市的机构设置更强调具体工作行动，上海市的机构设置则从建设管

① 广州市住房和城乡建设局.广州市住房和城乡建设局内设机构及其主要职责[EB/OL].（2017-03-14）. http：//www.mohurd.gov.cn/fgjs/jsbgz/201704/t20170410_231427.html. http：//zfcj.gz.gov.cn/gkmlpt/content/6/6502/post_6502533.html#1085

② 厦门市自然资源和规划局[EB/OL].（2019-05-29）. http：//zygh.xm.gov.cn/zwgk/jggk/jgzn/

理的盲点出发，强调系统性工作和活动，二者均属于选择性部分结合。

3. 新实施体系探索

2015年4月，住房和城乡建设部将三亚市确定为生态修复、城市修补（简称“城市双修”）的首个试点城市。2016年12月，在总结三亚实践的基础上，在三亚市组织召开了全国“城市双修”工作现场会，要求全国学习三亚经验，推动“城市双修”工作。2017年3月，住房和城乡建设部正式印发了《关于加强生态修复城市修补工作的指导意见》，正式安排部署在全国全面开展“城市双修”工作。“城市双修”工作是应对新时期城市发展要求，从解决现阶段“城市病”问题的视角出发，围绕城市人居环境改善的系统性设计实施实践工作。“城市双修”工作以城市设计为根本方法，改变了城市设计工作依托法定规划、行政许可，围绕建设方案（特别是建筑方案）审查、审批的单一实施方式；其以城市公共生活所涉及的空间、设施为核心对象，初步探索了城市设计直接指导城市公共空间建设的实施方式。从双修试点城市的经验来看，目前双修工作在规划设计编制上，以城市设计方法为引领，先形成总体层面的空间系统设计统筹、行动计划，而后针对不同的项目由相应团队形成实际建设实施方案。从实施上看，目前“城市双修”试点工作的开展无法依托地方的单一部门快速形成实效，要由地方主要领导挂帅推动整个工作，形成涉及规划、水务、园林、住建、环境建设、交通、城管、发改、财政[①] 等多部门共同参与的专项工作小组，共同推动实施。通常规划设计主管部门作为双修总体规划设计工作的编制组织机构，“城市双修”工作领导小组办公室也通常会设在规划设计主管部门，负责整个工作的具体协调推进工作，其他委办局结合自身的职责，承担具体项目实施推进工作。负责总体层面设计工作的机构，在完成双修总体层面的设计编制后，需要配合地方政府针对行动计划中的具体项目遴选设计团队，并协助各项目实施主责机构持续协调各具体项目按总体层面设计意图深化实施，直至各项目施工完毕。“城市双修”建构了一种“行政

① 各城市参与双修具体实施工作的部门并不一致，这主要是由于各地机构的职责差异所致。文中所涉及的机构均未采用全称，可以看作指代某一类主要工作的机构。如规划局，指城市规划和城市设计工作的机构。另外，从2015年至今，规划局经历了规土局、规自局两次名称变化，在此仅采用代称。

统筹负责、技术协同对接”的工作模式[①]，通过将总体层面的城市设计成果转化为行动计划[②]，走出单纯的空间引导，走向对工作组织的引导，通过设计主体之间的持续对接、协调，避免了以往城市设计实施过程中从设计主体到管理主体的信息转译中造成的信息损失，在一定程度上实现了在城市设计实施管理过程中技术问题的专业化沟通协调。

“城市双修”试点工作在一定程度上削弱了城市建设中的不同机构之间各自为政、协调互动不足的现象，以一种集团作战、短期战役的形式，推动城市环境品质的提升。这种模式注定只能解决总体层面的重点问题，无法推进对城市日常生活空间的持续性改善、提升。因此，2019年2月，住房和城乡建设部以社区这一城市日常生活的基本单元为对象，开展了美好环境与幸福生活共同缔造活动（以下简称“‘共同缔造’活动”），希望形成对城乡人居环境基本面的提升整治。由于社区空间的产权主体复杂多样，无法延续“城市双修”中政府部门通过城市设计制定计划方案，指导实施的路径，因此，在“共同缔造”活动中，在工作组织上，没有强调设计方案的编制，而是强调了搭建沟通协调平台“决策共谋”；在实施上，从强调项目建设实施管控转向强调日常小微建设工作的共建、共管、共享。可以说“共同缔造”活动试图探索一条城乡建设主管部门围绕城市基本构成单元——社区，开展从建设管理向建设结合治理转变的实践路径，是现代化治理理念融入建设领域的初步尝试，这也必将影响已经形成的城市设计工作方式和实施体系共识，使之发生适应性改变。

1.3.2 还需要哪些转变

《办法》从法定化角度推动了城市设计实施体系的强化，虽然受到了国土空间规划体系建立初期，法定规划管理主体变化、城市设计与空间规划体系衔接方式不清、城市设计工作地位变动明显等阶段性影响，但从实际建设管理行政许可的内容及方式来看，城市设计依托法定规划体系实现对城市建设项目进行控制引导的基本实施路径并未发生改变。因此，依托法定规划实施的城市设计工作将基本遵循已经形成的“非正

① 住房和城乡建设部.三亚市生态修复城市修补工作经验[EB/OL]，2017.

② 行动计划含项目库、实施主体、实施周期、资金估算、设计条件、设计引导等内容。

式制度”继续进行，并围绕城市设计工作范畴从城乡建设用地扩大到建设用地与非建设用地的全要素范畴，形成对于全要素，特别是非建设用地的设计理念创新与设计方法演进，进而带动相关新技术应用实践、工作类型拓展等适应性变化。伴随着机构改革，地方已经展现出的城市设计工作体制机制变化和通过“城市双修”“共同缔造”探索的城市设计实施方式都尚属初步探索阶段，在体系架构、路径建设上都存在着诸多争议，仍然需要大量的实践积累和持续的制度调整来建立广泛的共识。与此同时，无论是“城市双修”还是“共同缔造”，实则都是针对城市更新中的特定对象，以城市设计为根本技术手段展开的建设实施类实践探索。如城市生态修复，看上去是以生态景观手法对城市中的自然要素进行修复，但在实际的工作过程中，对于这些要素的系统性组织、节点选取都是围绕如何与城市整体意象进行组织衔接，如何才能实现生态环境改善与人民生活幸福感提升的共赢等城市设计工作的核心诉求展开的。实施中的矛盾焦点更是大多需要城市设计从交通供给、设施供给、风貌协调、实施统筹等不同方面进行统筹协调。在这个过程中，城市设计超越传统的城市设计工作、城市设计项目，正在成为技术工具、政策工具，乃至治理工具，以实现城市更新为主导的新时期城市建设转变。

1. 理念方法转变：当代中国式的到来

刘易斯·芒福德认为城市是文化的容器和磁体。城市风貌的塑造提升离不开对历史文化的挖掘、展现和体验。随着中国经济的腾飞，城市化进程的急速推进，中国人对传统文化、本土文化的学习、体验的需求日益增加。这种文化上的觉醒和自信，从近几年经史子集、传统诗词的回潮，到香道、茶艺、琴技的备受追捧，再到传统村落、历史地区旅游的盛行，都充分表现出了当代中国人对于国学文化的内在渴望。这种渴望已经开始从对于纸面知识的汲取、特定活动的体验，向具有中国文化特色的空间体验、景象塑造发展。城市设计作为城市风貌特色的解码器和文化特性的发掘机[①]，在面对中国城市风貌问题时，势必要从设计语言体系上回溯中国传统城市设计营造语境，在起源于西方并已经获得广泛应用的中国现代城市设计思想体系中找到本土文化的城市空间塑造基因密码，才能真正从根源上满足中国人对中国城市空间的内在精神文化追求。诸多

① 金磊. 提升城市品质不可或缺城市设计[J]. 中国勘察设计，2015(12)：58-59.

城市选择将城市设计工作与名城保护工作合并管理，正是政府应对这一社会发展需求的适应性转变。政府期望通过这种管理职责的整合，通过城市设计强化对具有历史文化象征性、体验感的空间的塑造，实现对这类“特色空间”的公共产品的有效供给。随着国土空间体系的建立、城市设计工作范畴的扩大，对于全要素的设计控制引导将成为这一时期城市设计理论研究的主要方向之一。而中国传统城市设计理念中对于山、水、林、田、湖、草等全要素从育林培土、治水理气的生态环境培育，到山水因借等大尺度视觉景观塑造，都有着深厚的设计理论基础和实践积淀。这势必将促使执着于城市形态构建、价值效率提升的现阶段中国现代城市设计向传统学习，顺应时势发展，走向设计尊重自然、设计结合自然的中国本土城市设计理念探索。与此同时，面对信息化、智能化时代的来临，这种“民族性”“地域性”的中国式城市设计发展势必离不开“时代性”，形成中国文化内核与时代科学技术对于当代中国城市设计思想、方法的同步改造，造就文化为体、技术为用[①]的当代中国范式。

2. 实施逻辑转变：实现空间意图的非空间手段

城市设计作为基于实践、面向实践的学科，其当代中国范式的转变成型必然要以实施实践为基础进行发展。无论城市设计理念、方法向哪个方向发展，其根本都要回到如何实施上来。目前，我国城市设计的实施逻辑主要还是通过城市设计制定设计要求，由政府主管部门根据设计要求指导实际建设。这种模式下，对于设计者来说，城市设计的实施在完成“空间意向”“设计意向”“设计说明”“设计指引”等成果的提交后就结束了。城市设计的实施过程成为政府与市场之间的操作博弈，所谓城市设计的“过程”属性在很大程度上脱离了设计者可以接触或者参与的范畴。如果将城市建设比喻为一场戏剧演出[②]，那么目前的城市设计编制机构在完成舞台布景设计图之后就退出整台戏剧了。之后舞台布

---

① 体用关系：体用是中国哲学中的一对范畴，指本体和作用。《荀子·富国》篇：“万物同宇而异体，无宜而有用。”所谓“体”，指一物的形体，所谓“用”，指一物的功用。唐代崔憬认为：“凡天地万物，皆有形质。就形质之中，有体有用。体者即形质也。用者即形质上之妙用也。……假令天地圆盖方轸为体为器，以万物资始资生为用为道。动物以形躯为体为器，以灵识为用为道。植物以枝干为器为体，以生性为道为用。”“体”即是实际的形质，引申为最根本的、内在的、本质的；“用”即是形质的作用，即外在表现、表象。

② 朱子瑜，文爱平.朱子瑜：让城市设计更好用、更管用[J].北京规划建设，2020(1)：185.

景如何实现，如何调度、组织才能最大程度地发挥其设计优势，甚至对于舞台布景的正确使用方式的说明指导等持续的应用实施，都缺少了设计者的参与，更不要提应结合实际使用所应该进行的设计修正了。在这种实施逻辑下，城市设计更多的是被作为一项技术工作、一种技术工具，为城市空间环境提供基于图示化的建设管理政策支持，或者成为政府与市场博弈的基价工具。这种以空间手段引导空间建设的方式，将城市设计的公共政策属性局限化了。公共政策作为政府解决公共问题、达成公共目标、实现公共利益的方案、计划、规定等，可以涉猎制度、经济、管理等诸多方面。因此，城市设计应该充分发挥公共政策属性，突破单纯依托规划建设相关行政许可（含土地出让合同）的实施逻辑，在城市设计实施的不同阶段，利用制度、经济、管理的不同的工具手段，来共同推动城市设计意图的实现。这就好比舞台布景在实现过程中的不同阶段需要不同的技术内容来支撑，从建设时的资金工艺测算规定，到运转时的转场程序设定、人员组织安排，这些看似与空间设计无关，但却都是实现空间设计必不可少的技术、过程、手段。要更好地实现舞台布景设计意图，离不开舞台布景设计人员自始至终的参与。这在城市设计的实施过程中体现为方案设计主体能够持续地参与到城市设计的实施过程当中，然而，由于城市设计实施的这出大戏持续时间可能长达数年之久，涉及过程、主体极其庞杂，这使得人们潜意识地将设计终止于可控的范围内，即以提交设计成果作为工作的终点。或者说，将城市设计拆分为由设计机构参与的编制阶段和由政府部门主导的实施阶段，当在实施阶段碰到调整需求或者其他外在条件变化时，则自动中断已有的城市设计实施进程，寻求新的机构展开下一轮的编制实施。这就好比在舞台布景搭建过程中，布景左侧出现搭建问题的时候，就请一个新设计师来重新设计一下左边，右侧出现问题的时候，再请另一个设计师重新设计，而这个过程中并没有最初的布景设计师的调节指导，可以想见，整个舞台布景最终的实施效果一定无法实现总体设计意图，甚至会出现不协调的情况。而在前几年开展的“城市双修”“共同缔造”的工作探索中展现的城市设计全过程参与方式，正在探索转变上述实施逻辑的方式。城市设计不再仅仅停留在传统城市设计只提供城市空间建设指引工具的阶段，而是将城市设计的空间意象成果作为与政府、公众达成共识、目标的一个阶段，而后城市设计进入以空间为目标的非空间要素设计，即通过对配套政策、活动组织、实施机制的继续设计，推动设计共识目标有效达成。在这种城市设计的实施逻辑中，城市设计的实施不再是通过不可控的信息传递来实现，而是通过对引导空间实施的过程进行设计而实现的。所谓的城市设计实施转变成了全过程城市设计。城市设计的实施目标也不再是单纯地实现空间形象，而是城市空间所承载的城市生活。这种城市设计意图是需要以空间设计技术手段和非空间要素操作手段共同作用才能实现的。

3. 工作体系转变：更新时代来临下的从空间管控到空间治理

随着城市化进程的发展，中国有越来越多的城市已经无法再延续之前持续快速扩张的发展方式。无论是从保障城市运行效率、保护改善生存环境，还是从抑制经济泡沫风险、满足社会发展需求的转变等方面看，中国的城乡建设都在逐步走向更新提质的时代。与此同时，人们对于城市风貌品质感知认可的方式，也逐渐从一看路、二看树、三看建筑[①]的基础视觉形象感知，向实际使用体验感知转变。人们需要的不再是单纯的照片景观，更需要流动的惬意生活画卷。这种对于生活品质的追求，除了体现在个体化的吃、穿、住上以外，更多地需要依托城乡公共活动空间[②]进行供给。因此，无论是前一阶段的“城市双修”工作，还是“共同缔造”工作，都是城市更新的一种探索，同时又都有一个共同特征，就是主要围绕城乡已建设地区的公共活动空间进行改善提升。已建成地区有别于新建地区，在不改变用地性质的前提下，很多更新提质的工程已经无须规划设计主管部门的行政许可，而是多由负责城市建设、管理、运行的其他机构，如园林部门、城建部门、市政环卫部门、城管部门等展开具体工作。而城市设计工作作为一项政府工作事权，被视为隶属于规划设计主管部门的政策工具。因此，这些不需要改变用地性质的更新提质建设，在不需要规划设计主管部门行使行政许可的情况下，完全脱离了城市设计工作的实施体系。由于明确的事权意识，这些政府部门既无法了解到城市设计成果，更不会“越权”去执行、实施城市设计。同时，已建成的公共活动空间所具有的复杂的产权、物权关

① 蒋朝晖，等.贵安新区城市特色风貌专题研究报告[R].中国城市规划设计研究院，2013.

② 这里提到的公共活动空间并不是传统意义上的公共空间，而是通过非所有者的使用权限判定的空间，即所有者和非所有者在具备一定条件的情况下，都可以到达、使用的空间，这些条件不具有普遍的排他性，包含公有公共空间、私有公共空间和公共设施。

系，使这些更新提质工作很容易触及政府、市场、公众等不同利益群体的权利边界、利益诉求。因此，在这些空间的改造提升过程中，以政府某一部门为主导的实施整治提升工作通常只能作用于其职权范围内的特定要素，而无法做到系统性完善。不论更新提升目标为何，实际建设成效如何，都很容易在建设开始之时就受到相关利益群体的诟病。其中，除了由于工作体系的限制所造成的城市设计缺位、系统性问题协调解决能力不足外，更多的是在城市进入更新提质时代后，必须要面对多元主体的利益协调问题。管理者、所有者、使用者的不同诉求会集中于同一空间，任何设计者提出的方案如果仅通过一方的认可就付诸实施的话，都有可能损害另外两方的眼前利益或者长远利益。因此，设计方案不再是单纯地实现设计者、管理者眼中的好看、好用，更要满足实际所有者、使用者的不同利益诉求。综上，城市设计工作必须要走出现有工作体系，应对更新提质建设中缺位、乏力的困境，并且适应新时期多元主体视角下的工作重点从注重价值提升向注重利益平衡再分配的转变。当前，城市设计工作主要是围绕城市建设控制，特别是新建、重建地区的建设控制来展开的。城市设计被等同于限定城市风貌、建筑形态的城市设计项目和相应的空间管控政策。随着城市设计实施逻辑的转变，城市设计作为公共政策的多样化能力将被逐渐发挥，城市设计不再仅仅是设计项目，更是一种重要的社会实践过程①。城市设计除了作为实现空间意图的技术工具、政策工具外，它更是应对“城市病”，协调不同群体的诉求，实现公共利益最大化的治理工具。作为治理工具的城市设计，应该脱离“城市设计工作”“城市设计项目”的局限性，作为一种思维工具，从应对城市公共活动空间更新提质出发，建立基于多主体决策、协作引导和过程设计的第二套工作体系，使城市设计在城市完成初次建设，离开规划建设行政许可的审批权限范围后，仍然能够在城市运行管理的不同时段持续发挥设计协调作用。这一工作体系的创新，根本在于实现城市设计从空间管控向建设治理的转变，使城市设计能够适应新时期政府从管理向治理转变的发展需求，提升政府空间运作能力，提高行政效能，成为现代化治理的有效工具。

---

① “城市设计从构思、编制到实施是一个社会实践过程。”引自朱自煊.对我国当前城市设计的几点思考[J].国际城市规划，2009，24（S1）：210-212.

第2章 责任规划师工作中的城市设计实践新视角

2.1 责任规划师制度建立之初——从设计看制度

2.2 责任规划师制度的建立——用设计做制度

2.3 责任规划师制度的运行——推设计伴治理

在这个城市设计从理论方法到工作体系都在发生转变的新时期，笔者有幸深度参与了北京市海淀区的责任规划师制度建立、推广运行、细化完善的全过程。随着研究探索的日渐深入，在笔者看来，责任规划师工作已经不再是一项局限于北京市的工作机制探索，而是基于城市设计实施方式、工作体系的转变，城市设计理念、方法的创新实践过程。在这个过程中，城市设计工作不再局限于空间方案的编制，而是直面曾经介入乏力的城市建设运行、城市更新工作，走出了基于用地规划、建设工程许可的传统规划设计实施的单一路径，走进了住建、城管、交通、园林、水务等城市日常运行过程中的建设更新实施主体，并通过融入街镇、社区、乡村这些城乡基层行政主体，实现对城乡实际建设、更新、运行工作的深度设计指引，在实施方式上走向了制度政策完善、工作组织运作、行为激励引导的规划设计全过程参与陪伴。

2.1　责任规划师制度建立之初——从设计看制度

最初接手海淀区责任规划师制度研究工作的时候，笔者所在的团队是相当欣喜的，因为早在2014—2015年为《北京城市总体规划（2016年—2035年）》（以下简称“《北京新版总规》”）进行前期专题研究的时候，团队就在《北京总体城市设计战略研究》中提出了针对提升城市品质、改善城市风貌的制度建议。团队在当时的研究中提出这一政策性的建议旨在通过建立复合的责任规划师、责任建筑师制度来推进北京城市设计的有效实施，提升设计水平，持续塑造城市特色风貌。虽无法确定当时的政策建议在责任规划师工作的推进中发挥了何种作用，但当团队接受责任规划师工作制度落实细化工作时，笔者还是欣喜于北京市政府对基于城市设计视角的非空间政策制度建议的认可，更欣喜于这种非空间的公共政策借由《北京新版总规》，这一法定性空间规划，实现了其作用于空间的法定目标。同时，对于责任规划师制度化建设工作的可持续性研究探索，更让团队看到了城市设计走出单纯的空间技术工具的角色，作为政策工具，推动公共政策从产生到逐步分解、深化的运作可能。

2.1.1　城市设计意图实现率的提升

在《北京总体城市设计战略研究》中，笔者所在的团队提及的责任规划师制度建议，更多的是基于2008年北川新县城的灾后重建工作。北川新县城是2008年地震灾后重建中唯一一个异地选址搬迁重建的城镇。从2008年11月确定选址，到2009年5月动工，在16个月的时间内，在5km^{2}的近期建设范围内实现了218个灾后重建项目，涉及总建筑面积超180万m^{2}的715栋单体建筑、65.3km的69条市政道路、54km的市政管网以及近7.8万棵树木栽植[①]。中国城市规划设计研究院（以下

① 贺旺.“三位一体”和“一个漏斗”：北川新县城灾后重建规划实施机制探索[J].城市规划，2011，35（S2）：26.

简称“中规院”）作为北川新县城灾后重建的技术总负责主体，从新县城重建选址、总体规划编制伊始，就以城市设计团队作为方案统筹、专项整合的主体，在宏观层面将总体城市设计的理念思想、目标意图贯彻到区域、交通、景观、市政、产业等不同专项内容当中，在方案编制层面实现了设计引领。随着规划方案的批复，城市设计团队仍然作为北川灾后重建规划实施的技术总协调主体，在编制控制性详细规划的同时，负责梳理新县城建设项目，通过对建设项目的可行性研究、项目选址、方案征集任务书编制，协助北川县政府推动建设项目按总体城市设计意图落位，实现控制性详细规划的准确转译实施（图2-1）。在具体项目方案编制实施的过程中，通过与地方政府、援建实施主体共同制定规划技术协调的三方管理制度，使城市设计团队持续作为专业技术主体，参与到各建设项目的中期汇报、设计评审和具体建设的设计深化交流及建设实施协调当中，以全过程的城市设计实施跟踪服务实现了城市设计实施的专业化信息传递和过程性技术支撑服务，探索了城市设计从提供图则、指引等静态成果到提供动态技术服务的不同实施路径。政府部门在城市规划建设过程中引导第三方充分发挥专业技术能力，对专业技术问题与行政决策问题进行有效的分工协作，大大提高了城市设计意图从宏观到中微观的落地实现率，为建立城市整体空间秩序，提升城市风貌协调性，延续城市文脉，塑造城市特色提供了全过程实施保障。

图2-1
新北川重建中作为技术总协调主体，从选址到竣工验收全过程跟踪服务，保证总体城市设计意图逐步转译并最终实现
图片来源：中国城市规划设计研究院

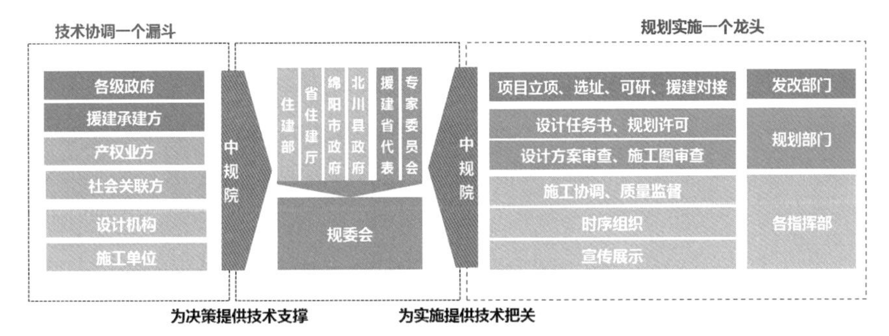

图2-2

中国城市规划设计研究院在北川的规划技术协调“一个漏斗”模式

图片来源：作者自绘

这种以城市设计为主导，兼顾住房、产业、交通、景观、市政、照明、地理信息等多专业的全面技术统筹的服务模式，被中规院总结为“一个漏斗”[①]（图2-2），在后续的玉树、舟曲等地震灾后重建中都得到了实践的延续。由于玉树、舟曲的灾后重建均为原址重建，因此，较之北川，除了延续基于地方政府、援建实施主体、专业技术主体的三方规划技术协调管理制度外，中规院还协助地方政府建立了基于多产权小业主自下而上共同参与的“1655”[②] 方案设计推进模式和实施协调操作

① 中规院北川新县城规划工作前线指挥部下设规划组、市政组、交通组、住房组、景观组、照明组、产业园区组、地理信息组。领导成员包括1名指挥长、2名副指挥长、1名执行副指挥长、1名总规划师、1名总工程师、2名指挥长助理。常驻现场10余人，连续工作3年，为地方政府和灾后重建提供了规划设计统筹、项目建设服务、决策咨询组织、技术审查协作、规划设计巡查、规划实施监督等一揽子的技术解决方案，地方形象地称之为“一个漏斗”。李晓江，等.规划新北川：用责任与理想营建人民美好家园[M].北京：中国建筑工业出版社，2018.

② “1655”：“1”是一条自下而上的群众路线，“6”是6个主体的工作框架机制，第一个“5”是自上而下的五级组织机制，第二个“5”是5个手印，住户在产权确认、土地公摊、院落划分、户型设计、施工委托等环节充分参与，并充分征求其意见，通过按手印的方式予以确认。这种工作模式破解了乡镇地区规划实施牵涉的复杂土地问题，在规划前期和规划过程中与各相关利益人的沟通协调，是一个全民全程参与的“沟通式设计”的过程，以群众工作为基础，以群众意愿为考量，反复沟通、协调、修改、优化，直到最终制定出让群众满意的规划设计方案，并使德宁格成为玉树灾后重建中第一个顺利开工的居住组团，在充分尊重百姓的土地权益、邻里关系、宗教文化、个人意愿与风俗习惯的基础上，探索出了一条切实可行的住房重建路径，并在玉树的住宅重建中全面推广。在整个工作过程中，设计小组同群众沟通多达1500余次，征求群众意见多达5000余人次。邓东，范嗣斌.从一张蓝图到一座城市的重生：玉树灾后重建规划及实施中的规划回归[J].城市规划，2014，38（S2）：116.

流程[①]，实现了在大规模建设的同时，满足独立业主的个性化需求，探索了在宏观风貌协调基础上的微观多元个性化表达。虽然抗震救灾工作短期（3～5年）高强度的快速建设更新方式不属于常规的城市建设管理进程，但是基于“一个漏斗”模式形成的技术统筹服务方式，在一定程度上还是探索尝试了西方发达国家常见的特定地区“总设计师”“总规划师”技术统筹负责制，为中国城市设计工作实施体系的转变积累了有益的经验，更为多主体的城市更新工作，特别是历史文化特色地区的建设更新，初步探索了符合中国社会群体特征的参与式设计工作组织模式和实施全过程设计跟踪服务的方式。

2.1.2 城市设计在实施过程中的不可替代性

时至今日，仍然有许多城市建设管理者认为城市设计的作用只是完成空间形态、建筑风貌的管控指引编制。在实施过程中，很多时候，建设管理者将对城市风貌品质的保障，特别是重点地区特色风貌的形成，寄希望于高水准的建筑师、景观设计师，并希望在强大的专家评审支撑下能够“去伪存真”或弥补其中不足，实现高水平的城市景观风貌意图。在这个过程中，大多数时候，城市设计的持续介入、跟踪并没有得到高度重视。而在灾后重建的全过程设计实施中，这种“总设计师”“总规划师”或“技术总负责主体”的责任规划师工作方式充分地发挥了城市设计在具体项目实施过程中无法替代的实际作用。以北川新县城中城市轴线广场项目的实施为例，项目位于新县城城市主要景观轴与滨水休闲带交会的核心位置，西连巴拿恰商业休闲主街，东接新县城博物馆，需要实现展览展示和广场集会两大主要功能需求，承载的空间意义和象征意义重大，是典型的城市设计重点地区。在项目的设计组织

---

① 在微观实施的设计控制方面，针对各类重建项目，采取“设计导则+设计辅导”的互动协调的设计统筹、方案控制工作模式；以“控制导则讲解、方案草图沟通、方案优化调整”分阶段反复沟通为主要工作方式，实施动态的设计管控与引导；在实施操作过程中采用“全程跟踪+全程协调+全程指导”的施工建设控制方式：“全程跟踪”督促多方设计单位和各工种之间的协同与配合，“全程协调”施工中出现的工区之间的衔接、施工误差、施工与图纸不对应等问题，“全程指导”风貌打造、设计优化等问题，对于实施现场存在的工法优化、工法创新问题，统筹组织二次优化设计，实现在微观实施层面的全过程设计控制。邓东，范嗣斌.从一张蓝图到一座城市的重生：玉树灾后重建规划及实施中的规划回归[J].城市规划，2014，38（S2）：117.

上，第一阶段采用了国际竞赛的形式征集方案，由何镜堂院士、崔愷院士、庄惟敏院士、孟建民院士、周恺大师、崔彤大师等九位建筑界顶级设计师率领团队参与其中。在这个过程中，城市设计更多的是将总体城市设计的基本设计要求简化，转译编制为设计任务书，并最大限度地保证后续设计的发挥空间。从方案征集的成果来看，可以归纳为三个方向：一是强化轴线空间，突出纪念性空间意象；二是以植被、构筑物塑造场地肌理、场地印记，纪念地震遇难者，传递哀思；三是通过提炼地域空间特色意象，塑造看穿走不穿的虚化轴线空间。我们可以看到，每一个建筑大师的方案都有着鲜明的倾向性，或强调庄重的纪念性，或突出哀思的寄托，或是承载文化符号，面向新生活（图2-3）。无论是哪一个方案获胜，都将以该方案的核心意象特征为根本，塑造整个轴线节点空间。但是从整体城市设计的角度去看，这三个方向的设计意象并不冲突，它们表达了人们对这个空间所寄托的不同诉求。

随着新县城抗震纪念馆和城建展览馆建设计划的取消，场地设计条件与方案征集时发生了较大变化。为此，中规院作为技术统筹主体，从城市设计的角度出发，重新梳理、解读项目立意和已征集到的设计主题线索，吸纳了三种不同的空间意象诉求，重新划定了每种意象空间在两块用地中的占比，并从系统性的角度出发强调了城市南北向河流廊道与轴线、广场空间的结合，根据对区域交通需求的预判弱化了两块用地之间的城市交通属性，强调慢行的连续性，通过手法的拼贴，实现主题场景与空间序列的整合，实现对事件全过程（震后—抗灾—新生）的连续表达。以张锦秋院士为设计总顾问、宋春华为设计总协调，中规院为总图设计团队，协调参与方案征集的天津华汇工程建筑设计有限公司、深圳市建筑设计研究总院、清华大学建筑设计研究院三个不同团队，就重新划定的空间意象区域（静思园、英雄园、幸福园），进行实施方案的设计深化（图2-4）。在整个过程中，城市设计摆脱了建筑设计、景观设计对于特定设计理念极致化表达的惯有特征，通过城市设计的协调组织为城市空间在运行过程中提供了多样化的场景可能。通过对实施方案的城市设计引领，保证了总体城市设计确定的空间轴线和景观廊道都能最大限度地得以延续，而不会因为具体项目设计意象表达的需求而弱化某一宏观系统性要素。陪伴式的城市设计动态更新，在设计条件发生变动时，基于已有招标投标方案成果，

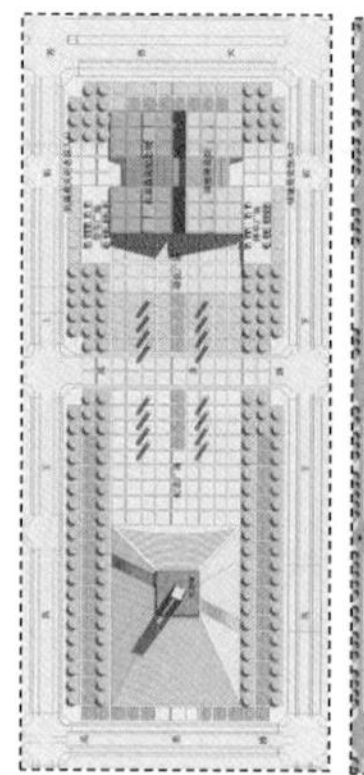
中国电子工程设计院

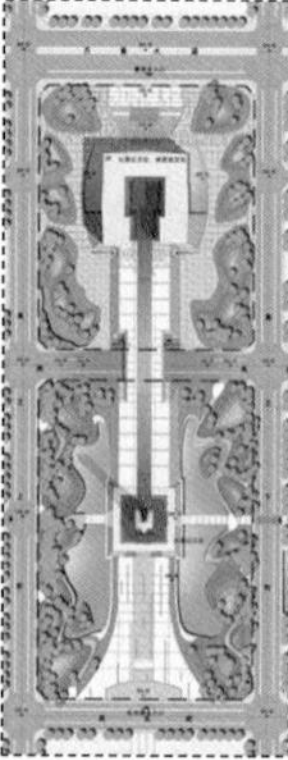
香港华艺设计顾问（深圳）有限公司

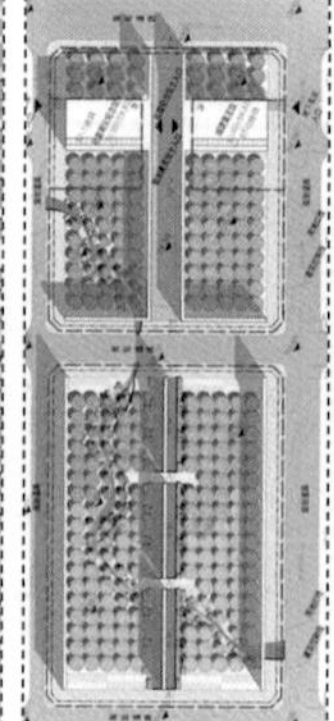
深圳汤桦建筑设计事务所

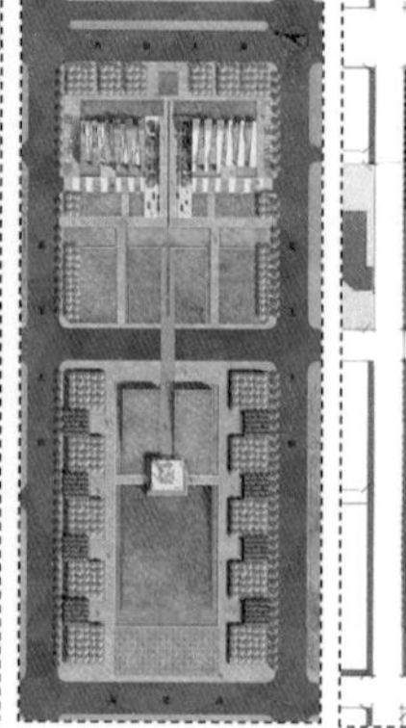
青岛腾远设计事务所

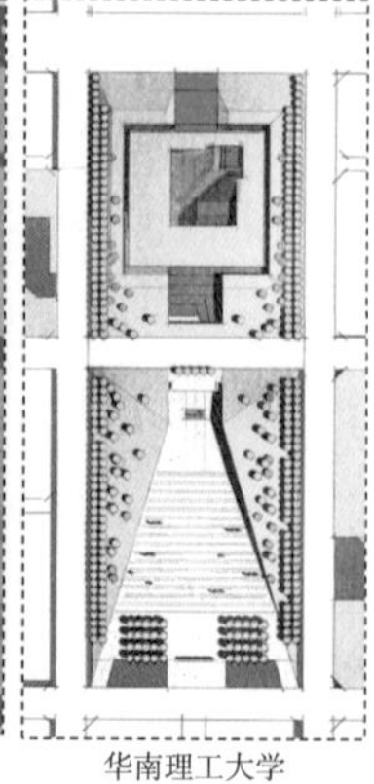
华南理工大学

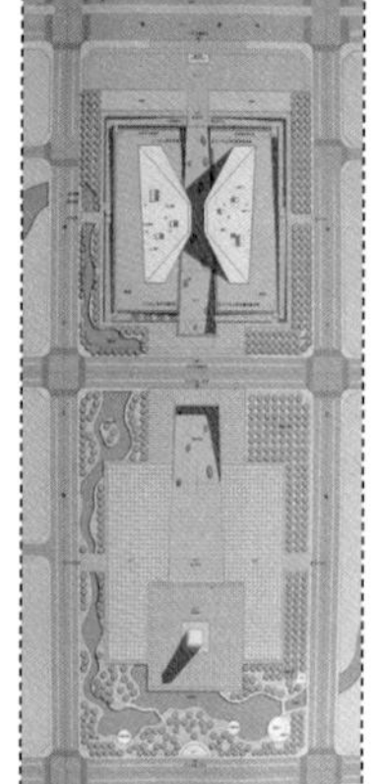
深圳市建筑设计研究总院

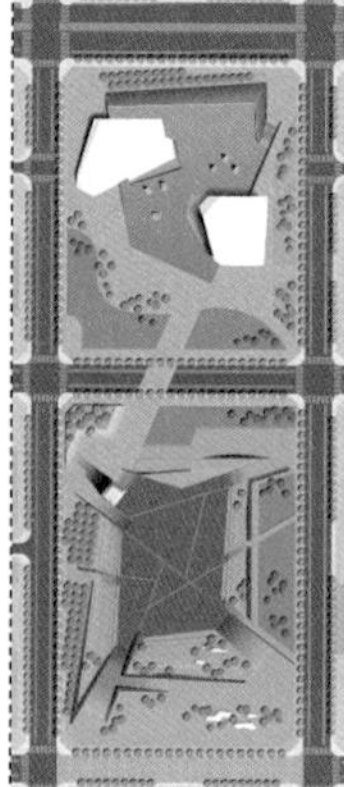
清华大学建筑设计研究院

天津华汇工程建筑设计有限公司

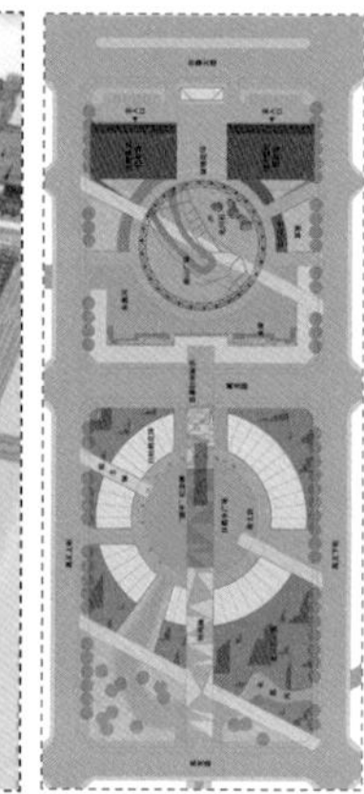
同济大学建筑设计研究院

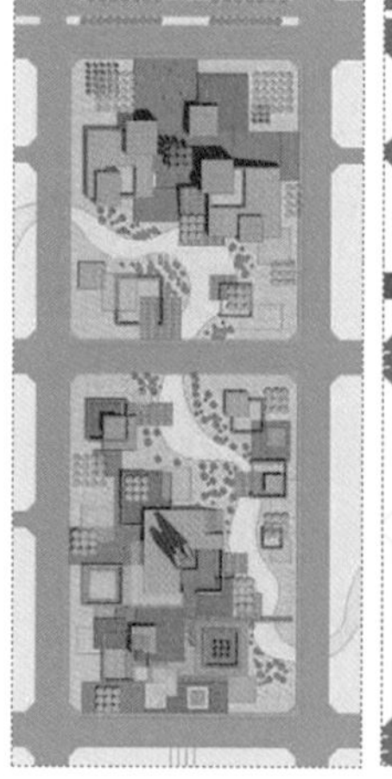
中国建筑设计研究院

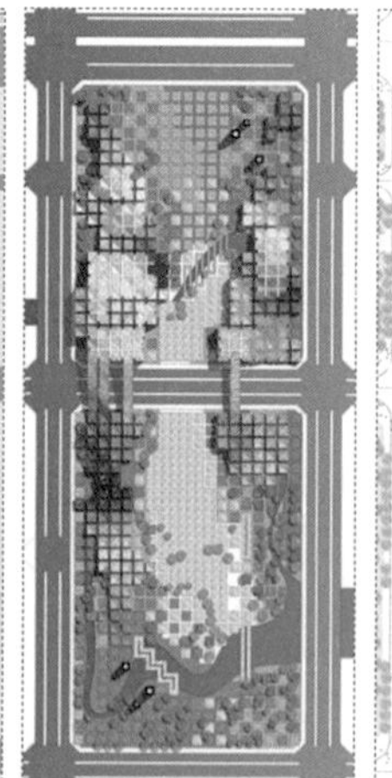
中国科学院建筑设计研究院

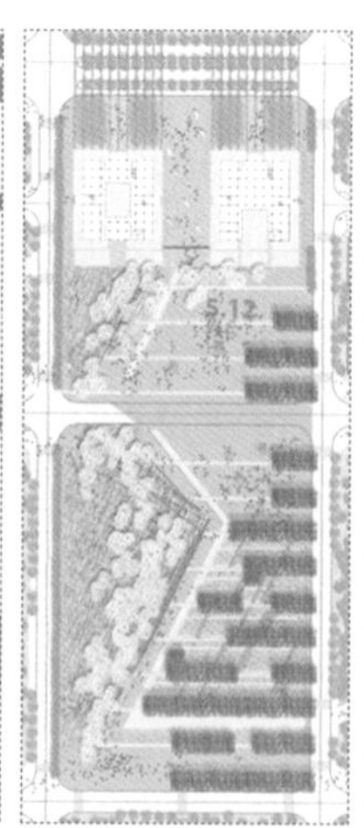

SWA Group

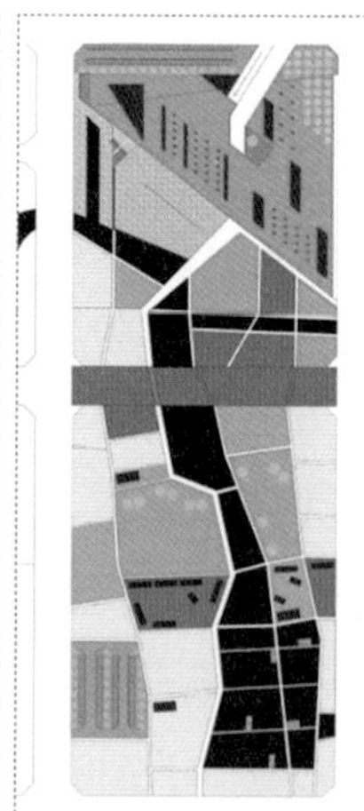
香港大学

图 2-3
北川新县城—城市轴线广场项目的征集方案
图片来源：中国城市规划设计研究院纪念园设计统筹服务工作组

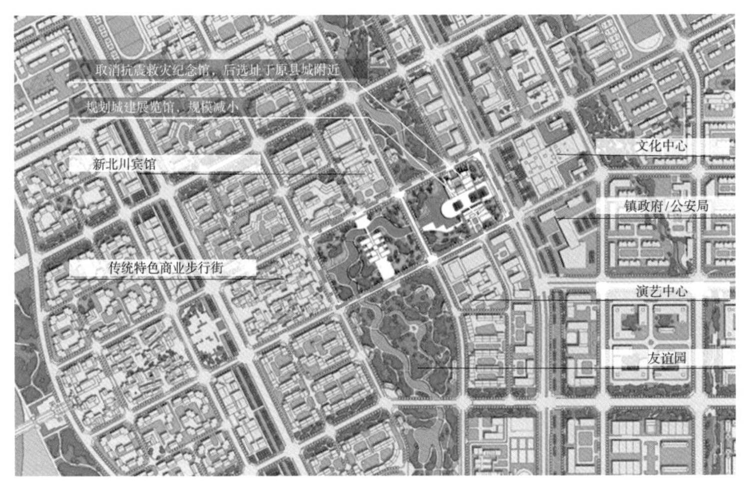

场地周边设施布局及场地设计条件变化情况

空间定位	幸福生活	纪念抗震、展现重建	追思灾害	空间定位
	休闲	过渡+承接	纪念	
空间主题	幸福园	英雄园	静思园	空间主题
空间氛围	活泼、亲切	大气、开阔	安静、幽闭	空间氛围
空间手法	自由、曲折	对称、序列	简洁、现代	空间手法

牢记历史
商业步行街
定位：重生与欢乐
主题：幸福园
主体元素：展示馆
定位：纪念与歌颂
主题：英雄园
主体元素：雕塑广场
定位：记忆与思念
主题：静思园
主体元素：下沉水空间
文化中心
面向未来

技术统筹主体（中规院）基于城市设计视角对场地的重新梳理和判断

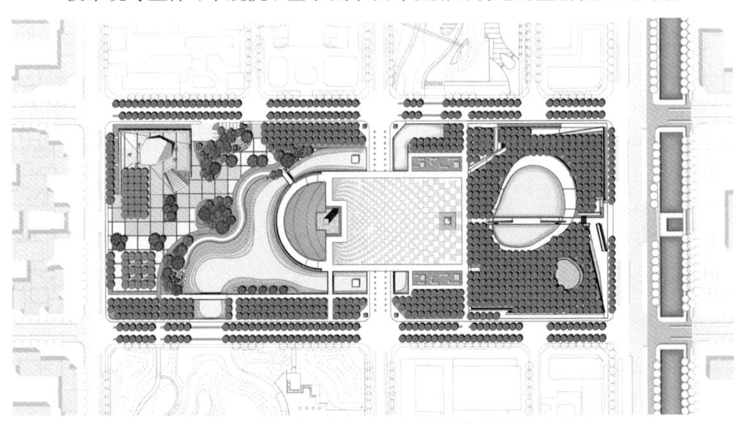

基于城市设计视角引导下形成的最终设计整合方案

图 2-4
北川新县城城市轴线广场项目设计条件变化后，技术统筹主体从城市设计角度重新引导形成的整合方案
图片来源：作者根据北川新县城抗震纪念园项目资料整理绘制

最大限度地整合了不同方案与场地的适应性特征，通过对场地条件的进一步细化调整，完成整体设计的空间架构，将“整体式设计”（total design）转变为“整体分包式设计”（all-of-piece design）[①]，从而最大限度地保证了招标成果的转化利用与城市空间发展的长期适用性。在这之中，城市设计工作发挥的作用是单纯依托具体项目的建筑师、景观设计师很难做到的。而最终能够促成多个设计主体共同参与完成一个项目的建设实施，更离不开技术统筹主体的运作谋划、技术协调和工作组织。当然，在这一过程中，笔者有机会通过实际工作，从设计工作者的角度看到，通过设计导则形成设计条件引导管控与通过设计维护动态服务指导实际建设这两种不同方式推动城市设计实施的效果差异显著。这一重要的实践参考因素也促使笔者所在团队在《北京总体城市设计战略研究》中提出，在原有的设计管控体系上系统性地叠加责任规划师（及责任建筑师）模式，推进城市设计实施，保障高品质城市空间建设。

2.1.3 城市设计伴随日常决策的可行性

在援建时期形成的责任规划师工作探索，主要以“技术总服务团队”“总规划师”“总设计师”为雏形，围绕着大规模快速建设开发，形成了城市设计全面伴随城市建设决策过程的探索。在这一特殊建设背景下，城市建设决策过程中存在的政府、市场、社会之间的利益平衡、分配矛盾被大大弱化，灾难面前的国家、社会责任感促使公共利益和个体利益得到了最大限度的整合、同化。可以说，这一时期的责任规划师工作是在价值理性空前统一的前提下，实现城市设计的工具理性探索，其面对的矛盾核心是系统性空间景观形象与建设工作推进的协调与协同问题。仍然以北川为例，在整个重建的过程中，从规划到建设实施的参与主体可以清晰地概括为四类：一是以绵阳市、北川县为主的地方政府部门；二是以山东省17个地级市形成的援建主体；三是少量捐建、自建项目的资金方和建设方；四是中国城市规划设计研究院、中国建筑设计研究院等51家设计机构。在这样一个决策主体、资金渠道相对简

---

① 朱子瑜，李明.全程化的城市设计服务模式思考：北川新县城城市设计实践[J].城市规划，2011，35（S1）：57.

单明晰的体系内，通过建立“北川新县城工程建设指挥部”“山东援建北川工作前线指挥部”“中规院北川新县城规划工作前线指挥部”，形成了决策主体、资本主体（即建设主体）、技术主体“三位一体”[①] 的规划建设协调、推进工作机制。北川新县城重建工作好比一场大型战役，住房和城乡建设部以及四川省、绵阳市和北川县政府作为决策主体，如同战场上负责确定目标和导向的总司令，山东援建方和捐建方如同部署不同作战方案的指挥官、作战官，而以中规院为首的技术总负责主体和专家咨询委员会则如同参谋部，通过建立“北川新县城灾后重建规划委员会”[②]，实现对北川新县城各类规划设计建设问题、方案、成果的审议，协调统一各部门多方意见，形成了政府组织、专家领衔、多方合作的科学决策体系。在这一实践中，第三方专业设计机构通过规委会和专家咨询委员会直接或间接地参与到重建工作日常决策的全过程当中。同时，中规院作为常态化稳定的规委会成员，进一步广泛聘请高水平的专家作为咨询委员会成员，保证了在各层级的行政决策中预先得到的专家审议结论既能保持对总体规划、总体城市设计的高度延续性，也能充

---

① “三位一体”——北川新县城工程建设指挥部对绵阳市委、市政府和北川县委、县政府负责，统筹协调山东援建方、中规院等规划设计机构、华西集团和其他有关各方，全面推进北川新县城工程建设；山东援建北川工作前线指挥部代表山东省委、省政府，统筹协调17个地级市，全面推进山东援建北川新县城的工程项目和北川委托山东承建的工程项目建设；中规院北川新县城规划工作前线指挥部受市县政府委托，担纲北川新县城总体规划、详细规划和专项规划设计，统筹协调有关规划设计单位，对新县城建设提供规划设计技术支撑和决策参考。贺旺.“三位一体”和“一个漏斗”：北川新县城灾后重建规划实施机制探索[J].城市规划，2011，35（S2）：27.

② 2009年10月28日，住房和城乡建设部、四川省政府联合召开了“北川新县城规划建设工作推进协调会”，会议建立了北川新县城规划建设“部省市县”联动机制，充分动员和发挥住房和城乡建设部、省政府的组织、人才、技术保障优势，加强对北川新县城建设的指导。

绵阳市委、市政府和北川县委、县政府成立了“北川新县城灾后重建规划委员会”，由市委书记担任规委会主任，规委会委员由市级部门、北川县政府、山东援建方、中规院等方面负责人共同组成。

在住房和城乡建设部及四川省建设厅的大力支持下，通过中规院的协调，北川新县城积极利用“外脑”，邀请了国内规划、建筑、市政、交通各领域的专家和大师参与指导，对许多重大工程项目开展专家咨询论证。参与北川新县城规划设计工作的两院院士6名，全国建筑设计大师6名，其他参与设计、咨询和评审的专家有1100多名，召开专家咨询、论证、评审会议共计300余次。

李晓江，等.规划新北川：用责任与理想营建人民美好家园[M].北京：中国建筑工业出版社，2018.

分满足城市建设所需要的复杂多样性。虽然在常规的城市建设过程中，由于利益关系复杂、价值取向各异、建设博弈周期漫长，短期战役式的灾后重建工作体制机制无法完全照搬应用，但是团队仍然在这样具有特殊性的系统城市建设中看到了城市设计作为城市规划、建设、运营的重要技术和政策工具，通过持续性的设计沟通、协调与组织，实现资源、空间、时间的整合与城市建设效率、效能的最大化，这是完整精美但固化不变的设计指引文字说明、设计导则图纸都无法取代的。正如乔纳森·巴奈特所说的："城市设计是由城市建设中一系列的日常决策所组成的……日常的决策过程，才是城市设计真正的媒介。"[①]

2.2 责任规划师制度的建立——用设计做制度

城市设计工作制度化的过程，是在经历了几十年的实践摸索，在政府、市场、学界达成一定共识的基础上，将非正式制度（可以说是共识性操作模式）转化为正式制度的过程，是将设计者、执行者、实施者都已经形成的认知共识、操作共识转变为具有条文化法律的过程，因此具有较高的稳定性和可持续性。而责任规划师相关工作实践在我国尚属起步、探索阶段，与建立广泛共识还存在很长的距离。全国范围内，市级层面全面推广责任规划师制度的地区更是屈指可数，且大多停留在规划设计管理领域，没有系统性地向城乡基层管理主体拓展。因此，目前的责任规划师制度设计无法像城市设计工作一样直接总结阶段性共识，形成制度成果。当前的责任规划师制度建设更类似于体系、平台的搭建，要站在"城市管理"向"城市治理"转变的时代拐点上，从城市、社区建设治理的困境出发，形成具有足够的包容性、开放性和引领性的创新治理平台，并在未来的实践探索中能够持续衔接吸纳新发展、新形

① 朱子瑜，李明.全程化的城市设计服务模式思考：北川新县城城市设计实践[J].城市规划，2011，35(S1)：56.

式、新共识。在责任规划师制度建设的过程中，团队希望避免将其作为政府开展某项具体工作的单纯工作指导，以“应急式”“反馈式”的制度建设方式形成短期风风火火的政治行动，造成不必要的政治、经济、社会成本的消耗。

纵观现有城市体制机制的改革，无论是机构调整、职能归并，还是放管结合、优化服务，或是智能管理、数字平台搭建，其根本都是集约增效、减法创新。在这种制度创新中，新机构、新工作、新技术的产生运作都是为了减少更多低效的、无效的、重复的工作，实现城市整体运行效率的提升，进而实现经济效益与社会效益的双丰收。责任规划师制度的建设也应如此。从政府工作的角度看，好似是增加了一项新的工作，但实则应该通过责任规划师制度建设，实现在城乡复杂多头的建设管理中减少低效、重复工作，提升效能、效果。更应该避免在制度建设中，围绕责任规划师的不同类型、不同工作边界或者是不同的服务主体，形成各自独立的平行制度，造成不必要的工作增加、系统繁冗、权责倾轧，甚至是朝令夕改造成的制度成本浪费。

2.2.1 为什么要用设计做制度

城市设计既是一种城市建设管理工作类型，更是一种解决城市问题的工作方法、思维方式。应该充分地将“城市设计工作”[①]与“城市设计”分开来看，要避免将“城市设计工作”等同于“城市设计”的认知观念。城市设计工作在一定程度上是围绕政府部门的工作职责、管理分工形成的，因此“城市设计工作”中的城市设计常常被定格为塑造空间形态、景观风貌的“技术工具”（即城市设计项目）和具有空间属性的建设管理“政策工具”（即图则、导则、通则、设计条件、标准办法等）。而作为工作方法、思维方式的“城市设计”则具有更广的应用范围。特

① 这里说的城市设计工作泛指城市设计项目：一般指以城市规划为基础，以满足人们在城市生活中的各种需求为目标，通过城市三维形态和空间形体的组织等城市设计方法所进行的塑造城市建造环境（built environment）、提高城市空间质量、完善城市建设管理的项目。根据项目的空间领域范围及内容，城市设计项目一般分为总体城市设计、区段城市设计和专项城市设计三类。这三类城市设计项目基本涵盖了城市建造环境的所有尺度与要素，同时，三类项目的划分也为城市设计与我国城市规划体系的衔接创造了接口与平台。陈振羽，顾宗培，朱子瑜．大力发展城市设计，提高城镇建设水平[J].城市规划，2014（S2）：156-160.

别是城市发展步入减量提质发展阶段，无论是城市更新工作、“城市双修”工作、“共同缔造”工作还是乡村营造工作，都涉及应用城市设计方法指导解决城乡建设发展问题。北京责任规划师制度建立的出发点就是通过责任规划师（责任建筑师）工作的开展实现对城市设计实施体系的完善，应对新时期城市更新、生态修复的建设发展转变，通过运用城市设计方法系统性地实现改善城市风貌、提升城市品质、解决城市病的根本诉求。责任规划师制度建设看似是对责任规划师相关工作的梳理、规范，实则是通过对责任规划师工作的摸索和制度创新，为城市设计实施提供更多样化的途径。因此，笔者认为，对于海淀责任规划师制度建设的研究探索，本质上是超越现有围绕规划审批运行的城市设计工作范畴将城市设计方式方法全面融入城市建设、管理、运营的全过程，利用城市设计的思维范式推动城市在市区、街镇、社区各层级的实际建设运营工作的开展，有序实现现代化城市治理的系统性探索。因此，责任规划师制度建设实际上是城市设计制度建设的发展延伸，仍然属于运用城市设计方法解决城乡问题的范畴。值得注意的是，在这一制度的建设过程中，城市设计作为思维方式，不直接以空间为研究对象，而是以形成城乡空间现象的内在运作机制、运作逻辑为研究对象。研究成果以政策性文件、部门规章、研究指引、行动计划等形式呈现，虽然不涉及任何对空间建设管理内容的直接描述，但是其最终诉求都是为了更好地解决城乡问题、改善人居环境。因此，海淀责任规划师制度的编制探索，实则是对发挥城市设计的“非空间”政策属性能力解决空间环境问题的探索，是城市设计作为“规章的城市设计”①（regulatory measures）发挥其公共干预能力这一基本形式的表现。

2.2.2 设计制度设计的是什么

海淀区作为北京中心城重要的组成部分，南至长安街，西入西山，北过沙河，东达京藏高速。地区城市化进程差异显著，既有建成度高达90%以上的完全城市化地区；也有以园区、村镇为主导，建成度在50%左右，具有典型城乡接合部特征的待城市化地区；更有浅山生态保护区、三山五园历史文化名片区、高校院所、军事机构等特殊政策

① 王玉，张磊.发达国家和地区的城市设计控制方法初探[J].规划师，2007（6）：36.

区。在这样一个涵盖城、镇、街、村、院、园，空间形态、社会形态和管理机制各异的多元形式与制度套叠的地区，海淀责任规划师制度的设计需要满足上述不同区域的建设管理需求，应对从乡村到城市中心地区所面临的截然不同的城市建设发展问题。这就要求责任规划师制度建设不能围绕着规划设计统筹、部门协调、工作范式等无穷无尽的单点问题进行工作组织部署，而必须深入这些问题内部，从形成城市建设运行的内在逻辑出发，从根源上解决运作问题。

1. 以工作行为模式界定

那么何谓制度？简单来说，制度就是人们在社会活动中被要求共同遵守的规章或准则，是涉及社会、政治、经济的行为规则，是将个体行为类型化的集体行为与社会关系的定型化。责任规划师制度的设计是对责任规划师工作相关的各类群体行为进行规范组织，并明确在应对不同工作时的角色关系。在这个过程中，无论是对行为规范组织还是对角色关系进行限定，其前提都是要弄清楚：什么是责任规划师？有着何种行为特征的人可以被称为责任规划师？对“责任规划师”这一名词进行定义的过程实则是将责任规划师群体从以规划设计工作为就业生存方式的人群中分离、界定出来的过程。这一分离的依据应该回归到责任规划师与当前以项目设计运作为主体的规划师（设计师）的工作行为模式比对，通过差异化特征提取形成责任规划师工作行为模式的类型化总结。

所谓行为模式，是指人们的活动目标、方式、形式的规律化行为表现、定型化总结表达。有别于围绕城市设计工作形成的以规划设计编制为核心的行为模式，责任规划师的工作行为模式呈现为：在工作目标上，不以提供规划设计方案为核心，而是以解决现实问题、推动建设工作有序实施为核心；在工作开展过程中，城市规划设计的编制不再是工作的主体部分，非空间的公共政策引导和多主体参与的协调互动治理过程成为工作重点；在工作的成果形式上，常见的图集指引、文本说明不再是核心，而过程性的推进工具，如会议记录、制度文件、活动展览、行动计划，甚至资金报表、工作流程、宣传报道，成为主要工作成果。这就好比我们惯常了解到的编制社区规划的规划设计师并不一定是该社区的责任规划师（学术上，常称为社区规划师，本书中称为社区服务类责任规划师），因为从行为模式上看某一社区的责任规划师，其核心工作目标不是编制完成该社区的规划，核心工作成果更不是提供规划设计文本、说明、指引。社区的责任规划师更多的是在工作开展过程中借由规划设计、建设营造、公众参与等形式的工作，实现维持社区秩序、保障社区活力、提升社区品质的现实需求，推动建立社区协商自治意识，达成社区共建共治认同的长远目标。因此，社区的责任规划师在工作开展过程中参与具体的规划设计工作只是其达成核心目标可以选择的一种技术手段。实际上，为了达成其工作的核心目标，更多的是通过开展制度建设、工作组织、活动策划乃至宣传培训，联合社区居民、社区志愿者乃至社会团体，以参与式的规划、设计、建设来实现实际的营造改善、协同治理工作。

从现有国内外规划设计实践情况来看，有三种以规划设计思维理念为依托，工作行为在工作目标、工作过程及方式、工作成果表现形式上均与责任规划师行为模式具有较高相似性的规划师人群，本书将其概括总结为：设计总师类责任规划师、社区服务类责任规划师（社区规划师）、规划维护类责任规划师。这三类责任规划师呈现出以特定重点地区、社区、控规单元（或行政边界）为服务界限的不同空间范围特征。这在一定程度上反映了其面对的主要服务主体的差异性，而服务主体的差异性将直接影响责任规划师工作的主要内容，如需要设计总师类责任规划师的特定重点地区，一定是城市内具有特殊意义、价值或者能效，需要在一段时期内集中建设、更新的地区。这意味着设计总师类责任规划师将主要以参与该地区建设的各级各类政府部门、开发建设主体、相关产权单位以及各具体项目设计师等群体为服务的主体，其工作的主要内容则是围绕推进地区开发建设具体项目高效有序实施开展的。再比如社区服务类责任规划师，其以社区为边界进行服务，其面对的主体一定是社区居民群众、社区物业、社区居委会等，其开展的工作则势必围绕着满足居民实际需求和减少社区矛盾的建设治理工作展开。这两者看似具有截然不同的工作内容，但实际上在开展工作的过程中，都不再以提供特定的设计方案为根本目标，而是解决服务范围内服务主体所需要解决的主要矛盾。在特定重点地区，可能是具体项目的不同开发主体的建设协调，在社区，可能是居民日常急需改善的停车、环境、养老等问题，但其工作方式上都呈现出通过多方参与、协商共议的方式，制定规则（或方案），改善流程，达成共识，在工作成效上也都趋同于通过持续提供规划设计方法思维指导下的服务，最终实现物质空间的有序建设与社会、经济效益的协调共赢。

因此，海淀区的责任规划师制度设计中没有以特定的工作内容为出发点进行组织，而是以责任规划师群体的工作行为模式为基础，先确立了海淀责任规划师群体的可能范畴，从而实现将已存在的各类责任规划师和未来可能形成的责任规划师类型都囊括其中，为制度的体系化发展及未来演进提供充足的可能性。同时，以工作行为模式研究为基础，先明确了责任规划师群体的核心工作目标、价值诉求，这为后期制度全面建设完善过程中，不同类型责任规划师的工作内容、工作职责的划分界定，以及工作成果的考核评估都起到了目标引领作用。

2. 以服务主体需求设计

基于上述由工作行为模式界定的责任规划师概念，责任规划师不应该是一种单一的类型，或被局限为某一个人或者某一个团队。责任规划师工作应该是一种持续应用规划设计思维方式、理念方法，解决建设、管理、运行中实际问题的技术服务工作。从前文所提到的设计总师类责任规划师、社区服务类责任规划师、规划维护类责任规划师等各类责任规划师的工作运行情况来看，不同的服务主体将直接影响责任规划师的工作要点、工作方式乃至其技术能力的侧重点。因此，责任规划师应该是一个根据服务主体差异形成的多样化类型体系。明确服务主体及其需求，是责任规划师人员架构体系设计的核心出发点。

以海淀区为例，现阶段城市建设管理运营过程中涉及的部门和机构相当广泛，除北京市规划和自然资源委海淀分局外，区住房和城乡建设委、区城市管理委（交通委）、区园林绿化局、区水务局、区文旅局、区商务局等区级部门均涉及城市日常建设、更新工作。一方面，随着深化机构改革、简政放权工作的推进，除原有本就具有规划、建设、管理职责的镇政府外，以北京市《关于加强新时代街道工作的意见》[①] 为代表的政策正在推动作为政府派出机构的街道逐渐承担参与城市规划和城市日常建设更新、管理运营的职责。另一方面，已经建设完成的各独立产权主体，随着社会发展需求的变化、建筑使用寿命的临近、建成空间

① 中共北京市委 北京市人民政府关于加强新时代街道工作的意见. http://www.beijing.gov.cn/zhengce/zhengcefagui/201905/t20190522_61849.html

的衰败，产权主体的再建设诉求逐渐显现，并正在逐步转变为新时期城市建设发展的主导力量之一。其中以居住功能为主导的社区空间，由于其与城市中每一个独立个体都息息相关，因此成了城市中最具有广泛性和多样性的建设发展主体。而社区公共空间及设施所独具的多个产权主体共有的特征，决定了它有别于其他具有独立产权的建设更新主体，以建设更新共同体的形式独立存在。由此可见，在城市日常的建设更新过程中，责任规划师可能面对的服务群体可以分为四类：一是由部门职能圈定的单一系统或特定工作的市区级职能部门；二是由行政区划确定的在某一地域范围内具有管辖权的镇政府或街道办事处；三是以产权（物权）范围为依据，具有合法使用权或所有权的独立主体；四是以产权（物权）范围为依据，具有使用权和共同所有权的松散个体集合。在这四类服务主体中，第三类独立主体在建设更新过程中所需要的设计服务，不论采用传统的规划设计服务方式，还是责任规划师的持续跟踪服务方式，其供给都是具体的市场行为，不属于以政府为主导开展的责任规划师制度化建设范畴。因此，责任规划师制度建设的主要服务主体，在综合主体职权特征和空间范畴后，可概括为：市区、街镇、社区（含村庄）三个层级类型。

市区—街镇—社区这三个层级类型，在建设、管理、运营主体及权责上的差异直接决定了其可能涉及的规划设计相关工作关注重点和服务需求的差异。

1）市区一级政府部门在建设管理运营上，围绕部门分工界定具体的工作职责。

从现阶段的工作组织推进方式来看：在具有一定规模的新建地区或拆迁改造地区，通常采用多规合一、多部门联审等方式，在规划建设审批阶段实现各系统建设要素的协调实施。这种协调多围绕各部门制定的政策法规、技术标准展开，主要实现的是对各部门既定规则的满足。当规则存在冲突时，以主责机构确定的政策标准为依据。围绕整体出发的规划设计优化，则需要依托高水平的城市设计导则和规划主管部门具体经办人员自身的专业素养。这使得城市新建建设项目在落实上位规划意图时，更倾向于可定量、定位的指标或指引，而在城市风貌、全龄友好、混合利用等设计理念的延续上，则呈现出很大的随机性和不确定性。因此，对于特定地区的持续新建或更新来说，上位规划的设计主体如果能够介入多规合一或者部门联审环节，将大大提升规划设计意图持续实施的可行性，这也是欧美在集中建设开发地区多采用总建筑师、总规划师（均属于前文提及的设计总师类责任规划师）负责制的重要原因之一。

在面对建成区域更新，特别是无须再次进行规划审批的建设更新工作时，如对既有道路进行优化、对绿地广场等公共空间进行改善等更新工作，多作为园林、水务、城管、城建等各部门日常工作的组成部分，以条块式管理运营方式实现。在这一类型的更新中，各部门围绕自身职能以各系统诉求最大化为根本开展相关工作，建设目标为实现部门短期政策意图和各自管理监管责任风险最小化。这使得在建设更新的过程中缺少了统筹协调主体，更缺失了以人为本的设计引领，甚至存在将公共空间更新等同于单纯的工程任务，以完成既定工作为导向的情况。这也造成了长期为人们所诟病的诸如市政设施阻碍人行空间、绿地广场阻隔道路与建筑物之间的快速通行、不同权属的地坪高差不利于使用等各种公共空间利用的问题。对于区级规划建设管理主体来说：针对集中新建地区，需要围绕规划实施，开展长期的规划设计跟踪协调服务，实现对规划设计指引的动态解读和设计把控；针对已经完成或大部分完成建设的地区，除了需要上述围绕规划管理部门开展的跟踪服务外，还需要面向那些已经完成规划建设审批程序的城市空间，形成以系统性规划设计理念、方法持续服务各部门，独立开展更新建设工作的常态化设计技术协调机制，以推动规划设计理念持续深入城市建设管理运营的各个阶段。由于这种多头并进的常态化城市建设更新工作缺少固定的统筹主体，所以设计技术协调机制没有可以执行的主体，更无法依托第三方专业技术力量（责任规划师）来具体实现上述技术协调机制。

2）对于街镇一级的建设管理来说，其涉及的城市建设相关工作主要围绕已经建设完成的地区。

这些建设管理乃至运营工作主要围绕在地企业、社区等不同群体的需求展开，结合区级各委办局专项资金或工作计划，展开具体的更新建设。从海淀区街镇实际开展的建设管理工作来看，总体呈现以下四个特点：①建设更新的具体工作任务选择多依托街镇领导的直接决策和区级各部门的任务分解指派，主要行政领导的思想意识对工作开展的影响较大，由于人员变化而导致的政策随机性变动情况突出。②具体开展的更新建设工作涉及街道空间、绿化空间、社区级设施、社区公共空间、运动场地乃至节庆等特殊时期的设施景观布置等，类型、名目多样，口径多元。③有不少工作是直接回应12345的投诉建议或者辖区群体的需求，但并不具有系统性规划设计理念的引领，表现出了个体诉求可能代替了群体需求的片面性，甚至出现了与长远规划目标不符的现象。④更新建设工作的具体建设实施标准经常受到基层管理者最小化管理责任和最低日常维护要求的影响，放弃对舒适、便利、美观等建设品质的追求。可以说街道层面的建设管理实际上承担了问题导向的一般地区各类城市公共活动空间[①]的管理、维护、更新建设工作。然而，由于街道层面推动的建设更新工作是围绕建成地区展开的，大多数不涉及规划行政审批，因此，这一层面的建设更新工作基本脱离了规划部门监管，更在一定程度上远离了规划设计指引范畴，仅遵循具体项目审查主体的相关政策规范要求。这也是为什么总看到城市中各种地方在不停地修修补补，但却总是为人们所诟病，城市品质无法有效提升的关键所在。这一问题与上文提到的区级委办局多头并进的城市更新建设方式息息相关。街道层面开展的各类更新建设工作，其资金的主要来源以及对应实施方案的审查多归属于相应区级委办局，而除规划和自然资源部门以外的各委办局的具体经办人员对于规划理念的认知、认同以及其实际具有的系统性城市设计整合理解能力（非工程设计能力）将直接影响这些散点的日常建设更新成效。很显然，这一能力要求是“超纲”的。绝大部分参与城市日常建设更新的管理人员都不具备这样的专业素养，其认知、判断大多是结合自身的教育背景以及部门政策法规文件形成的，可以说很多城市的日常建设更新工作是彻底远离规划设计理念指引的。但是有别于区一级各委办局多头并进、分散独立地推进建设工作的模式，在街道层面，各类建设更新工作再次实现了由单一主体——街道办事处主导推进的组织模式。这为建立设计技术协调机制提供了必要的责任主体，也为责任规划师以第三方形式服务政府建设更新工作明确了组织统筹、协调互动的主要对象。有别于区级层面对重点地区、重大事项的关注需求和各专业部门的对象特征，在街道层面，责任规划师将面

① 书中“公共活动空间”一词的范畴包含了城市公共空间、私有公共空间以及非限定性进入的公共设施。如政府办公场所中非对外直接提供服务的空间属于非公开、限定进入的公共设施，不属于公共活动空间。

对的是一般地区细碎且多样化的更新建设与管理、治理协同的任务以及全无专业技术能力的主要服务对象——基层管理主体。这使得街道层面对责任规划师的需求，从对具体的建设更新工作进行技术协调，转变为需要在整个街镇建设管理工作中提供常态化的规划设计专业语境以及专业常识，部门政策、法规标准、规划信息的解读、转译，文件起草等。因此，街镇层面实际需要的是可全天候融入日常建设管理、协助组织推动建设更新工作的专业技术人才，以提升基层专业化、精细化治理能力。

3）在社区这一层级，日常的建设更新工作主要围绕社区居民的实际诉求和内在矛盾展开。

对物业失管的老旧小区，街道办事处及社区居委将承担主要的管理、维修、更新工作；而对于具有成熟物管会、物业管理公司的社区，日常的管理、维修、更新工作，则多由物业承担。无论是老旧小区还是新建社区，其在更新建设的过程中，需要面对的核心问题都是各居住个体对共有空间的使用方式和更新建设意愿的差异化诉求和标准。而在实际工作中，无论是街道办事处、社区居委会还是物业公司、物管会，都更善于完成既定的工作任务，缺少同多主体协商治理的意识，更不具备广泛协调个体诉求、引导群体建立共识的专业技术能力。这使得在社区开展的更新建设工作常常缺少社区居民的广泛认同，出现建设投入后反而引发投诉的现象。因此，在社区层面确实需要社区服务类责任规划师（社区规划师），通过规划、设计、建设工作，组织社区活动，促进居民形成参与意识，达成有效共识，建立自治机制。

海淀区的责任规划师制度设计从满足上述不同层级、不同类型的主体需求出发，结合海淀区的实际需求和资源特征，对工作服务主体、工作服务范围、工作服务方式、工作内容侧重进行差异化总结，形成了“1+1+N”的责任规划师类型化梯队体系建构，即：“1”——将规划维护类责任规划师转化成为每个街镇配备的一名全职的街镇责任规划师；“1”——利用海淀区的高校资源，以高校合伙人团队的形式为街镇形成初步的社区服务类责任规划师补充；“N”——在区级层面预留了设计总师类责任规划师的需求衔接接口，在街镇层面预留了形成多专业责任规划师群体的操作空间，在社区层面考虑了社区规划师未来广泛普及的可能性。可以看到，在这一体系的设计中，街镇这一层面的需求被最大化地优先满足。这是因为在市区层面，规划和其他建设相关专业部门可以通过具体项目提供基本的专业技术人才，为规划建设工作提供技术服务；但是，在街镇层面，规划、园林、水务等专业部门缺失，专业人才匮乏，其对专业性技术服务的需求更为迫切。同时，街镇作为向上对接区政府及各委办局，向下联系社区（乡村）的综合性执政主体（派出机构），既要实现对各专业部门工作内容的汇总、统筹、反馈，又要实现与辖区各主要产权主体、社区群众的充分对接，因此，对街镇层面进行专业技术力量强化，能够更大限度地支撑不同层面的城市建设更新工作。在区级层面需要的设计总师类型的责任规划师则需要结合实际工作展开有针对性的探索。因此，在制度体系设计中预留制度接口是更具弹性的恰当选择。

海淀区的责任规划师制度设计处于责任规划师工作起步探索时期。因此，制度设计试图最大限度地实现兼容并蓄与因地制宜，以期提高制度整体的适应性和可扩展性，以及更广泛的规划设计相关专业群体未来参与责任规划师工作的可能性。正如我们所看到的市场经济发展规律一样，一个蓬勃发展的市场环境需要保持广泛的可参与性和自发的竞争优化机制。我们认为这一点在责任规划师制度设计中是必须要坚守的原则之一，只有这样，责任规划师工作才能得到广泛的市场认可，才能保证有充足的优秀人才持续参与这一工作，并通过市场自发的竞争机制，推动责任规划师人才梯队良性发展，使整个责任规划师制度避免形式化的运动现象，成为可以真正良性运行的长效制度。当然，这一目标除了需要上述“1+1+N”的开放人员构架，更离不开符合市场价值规律的合理薪资匹配方式。毕竟制度建设的根本是制定社会、政治、经济的行为规则，只有满足事物客观发展规律的人与价值关系，才能保证制度建设所预期的具有高水平专业技术能力的人才投入充沛的精力，真正推动城市高水平精细化建设治理工作的发展。

3. 以设计体系引领工作

在市区层面，市区主要领导和专业部门作为城市建设更新决策的主要群体，其决策内容在一定程度上是经过专业集群主体的组织、权威确认的，是在满足基本专业保障的基础上展开的。但是，在街镇、社区层面，这样的专业群体、权威人士都是极其匮乏的，常常出现决策主体在没有系统性综合解决方案的情况下，草率地从方案的质询决策方转变为方案的提出方。这种既当“裁判员”又当“运动员”的执政方式带来的最直接的矛盾就是“外行”指导“内行”工作，个人喜好和经验代替专业技术判断，致使城市建设更新水平难以保障。这一问题的根本还是要通过政府职能转变，通过对公共管理职权的限定、决策支撑体系设计和更科学的政绩考核体系建设[①]，引导行政决策与专业评判适度地既分离又紧密联系。除此之外，我们还看到，在管理部门专业化人才匮乏的情况下，规划设计体系、规划设计理念在常态化的城市建设更新中并不具有广泛的认知度。除规划部门和涉及新建项目审批相关工作的各专业部门的少数管理群体外，大多数政府部门的建设管理群体，特别是基层建设实施群体，对规划设计体系如何在城市建设中发挥作用是非常陌生的。因此，在不需要规划审批的建设更新项目实施工作中，规划设计的引领作用可能会成为一句空话，无法真正发挥应有的实际效用。比如背街小巷的建设治理工作，由街镇作为主要的建设实施主体，在责任规划师介入该项工作之前，不少街镇作为实施主体缺乏依据控制性详细规划，按规划道路红线宽度实施建设的基本规划常识，绝大部分整治工程仅就专项工作提出的“十有十无”[②]管理导向的工程化建设要求进行回应。这造成了整治后的背街小巷很有可能未按规划实施需要再反复投资建设，或是因缺少专业规划设计审查而在道路断面的设计上无法保证良好的通行体验或通行安全，更不用提环境艺术化提升、儿童友好、无障碍设施、市政设施隐蔽化等理念的应用与实现。而这样脱离规划设计指引的城市建设，特别是以更新提升为主的建设工作在城市当中极其广泛地存在着。因此，如何将规划设计工作体系进一步渗透不同层级的工作，进而形成建设更新工作与规划设计体系的良性互动，成为责任规划师制度设计在工作组织推进中的重要切入点。

---

① “政府职能的转变要求政府从过去的‘运动员’兼‘裁判员’角色中摆脱出来，专职做好‘裁判员’。要按照公共服务和公共管理的政权职能，重新设计市县级领导政绩的指标考核体系、考核办法和考核程序。把为官一任的政绩取向，用科学的指标、办法和程序引导到为民办实事上来。”吴远翔.基于新制度经济学理论的当代中国城市设计制度研究[D].哈尔滨：哈尔滨工业大学，2009.

②《首都核心区背街小巷环境整治提升三年（2017—2019年）行动方案》提出“十有十无”整治标准，“十无”包括“无私搭乱建、无开墙打洞、无乱停车、无乱占道、无乱搭架空线、无外立面破损、无违规广告牌匾、无道路破损、无违规经营、无堆物堆料”。北京发布核心区环境整治方案：“十有十无”标准史上最严[N/OL].（2017-04-11）. http：//news.youth.cn/sh/201704/t20170411_9450247.htm

为什么一定要将规划设计体系引入不同层次的城市建设更新工作当中呢？除了我们常说的“发挥规划设计的引领作用”外，更因为规划设计，特别是城市设计，以人为本，跨系统、多要素地统筹整合思维方式是对基于条块分割的政府部门管理逻辑的有效补充。在政府部门科层化的管理模式中，每个管理人员都是基于其所属职位完成职权范围内的指令性工作，也就是俗话常说的“在其位，谋其政”。这就造成了政府管理人员仅就权限范围内，上级指令性要求的工作内容进行思考。比如上述背街小巷的工作，作为由各区级城管部门主导，各街镇城管部门进行实施的建设整治类工程，在实施上，具体的执行主体需要完成的核心指标就是围绕城管部门的主要职责，制定“十无”建设环境整顿管理内容。从工作职权和思维习惯上，具体执行主体均不具备实施规划，开展视觉美化、功能优化、品质提升相关工作的必要性和可能性。然而，无论是政府决策主体还是市民，对于每一项建设实施工作的要求都是综合的，都希望一次性实现高品质的综合建设整治成效，而不会分离地将某一项建设工作框定在具体主管部门的职权内进行评价。这一矛盾恰恰可以通过设计体系、设计思维进行改善。无论是设计体系还是设计思维，不仅能够满足行政管理逻辑上分层、分级、分类的工作组织习惯，更善于透过单一现象、问题、工作，协调潜在的相关要素和多元主体需求，实现高品质的综合建设整治成效。这就好比对于地铁站前公共空间的治理，如果由城管部门组织开展，则主要考虑如何通过栏杆限定自行车停车位置和进站人员排队组织；由园林部门组织开展，则主要考虑的是绿化达标、植被搭配、环境耐受度的问题；再若先由城市设计介入，则会通过设计思维体系，综合考虑如何优化绿化布局，提升地铁站与周边主要建筑进出口之间的联系，优化人流组织线路，并利用合理的植被或设施界定自行车停车、人流集散、等候等不同的空间，甚至结合站点周边人群的需求选择合理空间布设无人售卖设施或导引设施、标识符号等要素，进而再由各具体主管部门对相关措施进行联合审查、决策，最终可以最大限度地实现综合社会效益。

在海淀区的责任规划师制度建设中，对于责任规划师的工作组织始终围绕如何将规划设计体系带入城市实际建设实施主体、融入实施工作而展开。为此，海淀区从设计传递、设计统筹和设计流程三个维度分别探索了如何利用设计体系引领城市建设、更新工作有序组织开展。

首先，在设计传递上，通过将上位规划分解，建立以街镇行政边界为单元的设计导则指引工具，为深入街镇开展日常服务的责任规划师提供基本规划建设依据，形成责任规划师引导基层管理者按上位规划认识辖区并开展工作的初步媒介。进而结合责任规划师对所服务辖区的日益熟悉和不断摸排，形成对辖区范围内街镇、社区级设施要素，街镇建设更新要素，工作时序等信息的年度动态更新，为与市区法定规划、专项规划、综合实施方案进行反馈协调提供基层的一手信息。同时，为街镇层面逐渐积累起具有地理信息要素的可视化建设更新工作信息总图和台账，既可从增强区级层面对年度建设更新工作落位的盘点、统筹，又可以引导加强基层管理人员认识规划基础信息的能力，更避免了基层建设更新工作信息随人走的弊端。

其次，在设计统筹上，结合责任规划师的系统性设计认知能力和统筹组织能力，对街镇年度的建设管理现象进行分类总结，形成除宏观数据外更具微观现象表达能力的体检画像。一方面，为区级城市体检工作提供更具精细化颗粒度的表达参考；另一方面，能够为区、街镇领导提供第三方专业化的系统总结评价，改善政府内部上报材料不够全面和专业性、系统性不足的弊端。进一步组织责任规划师针对上述评价，结合区级各部门专项工作、实际建设改善需求和可行性，联手基层管理主体，共同谋划形成具有针对性的系列化建设更新种子计划，引导基层建设主体从系统化角度组织散点项目，实现聚沙成塔的综合建设更新整治效应。

最后，在设计流程上，引导责任规划师结合各街镇的实际建设工作体系，对方案比选、公众参与、设计审查等设计工作开展程序进行制度化机制建设，从而为基层建设更新工作中设计工作的有序融入明确清晰的操作步骤，为基层建设管理工作走向精细化、科学化提供程序上的保障。

上述对责任规划师工作的系统组织，实际上是将规划设计的分级传导、动态维护、评估反馈体系，在以街镇行政区划为边界的区段级设计单元内进行联系应用，进而增强法定规划、专项规划、建设规划等在街镇层面的工作衔接，通过加强面向多口径建设更新工作的设计组织、设计参与、设计审查，实现多元需求、多种资源、多维理念的整合。

这一系列以责任规划师为主体的工作组织，没有规定具体的规划设计编制工作，而是通过强化责任规划师自身所具有的设计分析、统筹组织能力，围绕如何促进基层政府有序依规开展日常城市建设更新工作，利用行动计划、信息文件、机制政策等形式展开的技术性服务工作，这仍然是一种城市设计工作。这种没有进行实质性城市空间设计组织、方案编制的城市设计，实际上是利用城市设计的思维方式，以更多样的事务性工作形式实现的“城市设计实施阶段”的城市设计，结合从市区级总体层面到街镇区段层面的设计层次变化形成：总体对区段的实施控制，再到区段实施策略的制定和对区段实施的控制，进而再通过区段实施的反馈，指引总体设计的调整和区段实施策略的优化。这一过程实现了实施策略制定、实施控制以及实施反馈与修正这三个城市设计实施步骤①循环往复的城市设计实施运作模式。

整个责任规划师制度的设计过程，从开始利用设计的思维方式，到对人（不同层级政府部门）的行为和需求进行溯源剖析，再到结合需求的资源（设计人才）组织配置，最后推进规划设计引领实施建设工作，实际上不仅仅是一次以设计思维开展的政策制度研究工作，更是一次透过责任规划师工作模式的建立，探索以城市设计提升城市品质的多元实施路径，使城市设计在规划主管部门之外能够更广泛地发挥其公共政策属性，深入城市建设管理运营的各个阶段，切实满足更高品质城市建设的诉求。

① 庄宇认为：“城市设计运作是依据城市设计目标确认城市形态环境的设计概念和原则，通过相关的政策、图则、指导纲要和管理政策等工具加以实现的过程。”“城市设计的编制和城市设计的实施是城市设计完整运作过程中的两个相对独立的阶段。”具体来说，“城市设计的编制”可以划分为调查分析和预测、设计目标的形成、概念设计与评价、编制实施设计四个阶段，它们相互依据、相互交织成一个完整的程序；“城市设计的实施”实质上是一个既要统领又要分层次的综合管理过程，它可以划分为实施策略的制定、实施的控制、实施反馈与城市设计修正三个阶段。庄宇.城市设计的运作[M].上海：同济大学出版社，2004：59.

2.3 责任规划师制度的运行——推设计伴治理

2018年12月，北京市海淀区政府正式向全区发布了《海淀区街镇责任规划师工作方案（试行）》，并在2019年启动了全区29个街镇的责任规划师人员梯队建设和责任规划师制度实施探索。这一制度实施的探索工作有别于政府部门其他的指令性工作，虽然同样具有清晰的工作方案、工作计划、目标诉求，但是责任规划师制度的实施运作并不是一项特定建设工作的实施完成，更不是围绕工作考核审查要求开展的特定事务性工作。因此，海淀区责任规划师制度的实施很难仅仅依托一个政策性文件或者一个系列的制度说明文件，就实现运行或推动工作清晰准确地落实。制度实施的初期，责任规划师这一名词还处于缺乏统一认知的阶段，哪怕是参与责任规划师工作探索的专业人士也处于一个探讨、摸索的状态。责任规划师工作的推行更是需要其服务主体——市区规划设计行政主管部门、区级城市建设工作相关部门、街镇社区基层管理者，乃至利益相关群体——辖区内企事业单位、社区居民等各方对责任规划师的工作内容和工作方法形成共同认可。无论制度文件如何细化，都无法替代制度运行参与各方在面对具体工作时，自身摸索、体会产生的经验性认知。正如前文所说，制度是对人的行为模式的规范，人必须先有相关的行为，体会到各种行为之间的差异，才可能理解制度中描述的规范行为到底是什么，哪些超出规范，哪些是共同认可的行为模式。

在海淀街镇责任规划师制度落地之初，无论是规划设计主管部门、作为制度设计者的笔者团队，还是“试吃螃蟹”的首批责任规划师，大家都觉得通过调研发现问题，以规划设计思维“指导”街镇有序实施规划、展开建设工作，并以专家的角色“指导”各个实际建设项目方案，是责任规划师工作的核心。然而，随着海淀的首批责任规划师（含全职街镇责任规划师和高校合伙人）到岗上任，这一想当然的共识被迅速颠覆。这种颠覆，一方面是工作方式，另一方面是工作内容。在面对没有任何规划、设计、建设专业知识的基层行政管理主体时，无论责任规划师曾经在专业领域内获得何种程度的认可，都只是被贴上“专业人士”标签的“工作介入者”。街镇工作人员无法理解各种设计师们已经习惯的专业词汇和语境到底说的是什么事情，更看不懂各种系统分析、数据图解到底能解决什么实际问题。甚至会有基层管理者潜意识地认为，责任规划师工作是一种上级部门派发的新任务，责任规划师则被视作介入其工作的外来“找事儿”者，会增加工作的复杂程度，拖慢进度，制造麻烦，而规划设计工作者习惯性地以专业精英的姿态挥斥方遒、坐而论道的工作方式，更是与基层工作开展的习惯和需求不匹配。责任规划师们基于行业惯性在通过调查研究后提出的大手笔建设发展意见，或者建设方案修改意见，对于基层的建设管理者来说，他们既不知道如何着手实施推进，亦可能超出其工作职权范畴，还可能因缺乏专业判断、决策的能力而游移不定，无法决策。

有幸的是，海淀区的责任规划师制度设计与实施是伴随海淀分区规划的编制和实施同步推进的。通过这一契机，海淀区的责任规划师工作推进牢牢抓住“分区规划以区为实施统筹主体，以街镇为实施单元，统筹建设更新中的相关资源要素”的规划方向，在责任规划师工作管理主责机构的统一谋划下，责任规划师全面参与到协助区级规划编制主体向街镇解读分区规划编制要点、北京新版城乡规划条例，以及服务街镇梳理汇总三大设施现状、建设发展需求，盘点可利用低效用地、机遇用地等系列工作中。这使得街镇从对规划设计专业知识一知半解甚至是零基础摸索，转变为能够初步理解规划中各类专业名词的实际意义，快速适应如何参与规划编制；更使得街镇基于实际工作对责任规划师的专业性、工作方向有了初步认知。责任规划师也借由这一系列的规划编制配合工作，进一步熟悉了街道的基本情况，更深入地了解了以街镇为单元的整体规划编制思路、编制要点，既获得了至关重要的专业技术文件支撑又初步融入了街镇的实际工作。而在这个过程中，曾经被我们认为是责任规划师顺带手的“上传下达”“培训宣传”工作职责，实际成了这个阶段责任规划师工作的敲门砖，甚至是点金棒，贯穿在所有工作当中。责任规划师通过对专业信息、文件的查询、解读、宣讲，甚至文件回复等具体而细微的工作，让基层工作主体逐步认识到了在工作上有无专业规划设计人员协助的差异，进而逐步了解了规划设计工作到底能解决什么样的问题，发挥什么作用，从而建立了对于“规划设计”本身的认知，并逐渐通过具体事件或建设工作探索出第三方“工作介入者”在工作中的实际分工和职责。这从根本上使责任规划师有别于一般以项目为基础的规划师，他们不是通过合同明确工作的需求共识，而是通过各种形式的影响和沟通，以潜移默化的陪伴方式，达成各服务主体对规划设计服务工作的共识。

同时，责任规划师工作又有别于传统的政府指令性工作。责任规划师的相关工作，不仅仅围绕政府管理主体或特定事务执行群体（直接利益主体）展开，更可能会涉及广泛的非直接利益群体和非利益群体的第三方专业人士、公益组织等多元群体。如社区公共空间营造，城市街巷、广场等空间的参与式设计，停车空间的优化组织等，基于责任规划师工作模式开展的城市小微空间更新建设工作都充分展现出了在超脱于决策主体和建设执行主体这种简单的二元工作模式后，由多元主体协商推进形成的共同更新建设成果，远远超越了空间建设更新所带来的物质需求满意度提升，更从心理认同感、归属感上实现了多元主体的共同建设提升。因此，责任规划师制度实施的探索，更像是以空间为载体，针对特定的建设更新工作，让多元主体通过责任规划师这一具有专业性的沟通交流平台，以不同形式参与其中，达成共识，实现利益的协调和最大化。因此，海淀的责任规划师制度实施探索过程实则是一次执政群体、第三方专业人士、单位机构、公益组织乃至社区居民，以城市、社区、公共空间的建设、更新工作为纽带，在规划师的陪伴下进行的一次广泛、长期、螺旋式深入的现代化城市治理探索。

2.3.1 以设计为伴的政府治理

1. 治理模式改变

责任规划师制度的实施，本质上是在政府行政决策、执行体系内嫁接专业第三方服务，以优化政府部门在决策和执行中的科学性和实效性。这种第三方服务的融入有别于政府目前惯常采用的针对部分公共服务工作的外包服务，或者基于特定目标和项目的知识成果、工程服务采购，比如常见的规划设计项目的服务咨询项目化采购。海淀责任规划师制度希望建立陪伴式的第三方服务模式，实现政府对高水平专业技术能力的采购，在常态化的政府事务性工作中实现具有高适应可变性的技术伴随能力，形成专业技术能力在政府公共政策制定过程中的即时应用转化，以推动政府治理能力的提升。这就好比在政府以前进行的服务采购中，购买的是固定电话，是脱离于主体独立操作的，提供特定时间、特定目的的成果服务，是有限度的“外挂”服务、“硬件”(成果)工具。而政府对责任规划师的服务采购，特别是对全职街镇责任规划师的服务采购，实现的则是如同智能化移动电话般的平台化的即时服务购买。这种服务不再脱离于主体独立运作，而是依托专业能力和对主体的全天候伴随，提供因时因事的多样化、智能化“贴身”服务。同时，基于责任规划师对各部门政策法规的不断学习、熟悉和对政府决策执行模式习惯的适应，还能提供持续的“适应性服务升级”。这种从分离服务到伴随服务看似简单的转变，带来的却是从固定电话到智能移动电话所形成的全面而深远的革新。这一变革将推动参与其中的各类群体在认知模式、行为模式等方面不断发生适应性转变，最终所实现的信息与资源整合效率将会是呈几何倍速增长的。

这种深度的服务购买，实则是对政府治理[①]模式的一种改变。随着城市化、现代化建设进程的进一步加快，“单位制”“街居制”“公社制”逐渐松动瓦解[②]，市场机制下，人口、资源、资本的时空高速流动使当代中国社会处于传统向现代过渡的转型期。这种复杂的社会变动已经大大超出了以科层制为核心的行政一元化治理模式的承载限度。政府治理主体遵循的“化繁为简”“以不变应万变”的内在逻辑[③]，逐渐显现出因层级固化而形成的纵向职能分割、沟通不畅，横向部门壁垒、协作失灵等能力短板和治理空白。同时，这种一元化行政主导的治理模式与现代化进程中分化出的多元治理对象、社会流动性引发的碎片化治理结构以及市场化进程加剧的分散化治理资源之间，难以实现在治理需求上的匹配[④]。

---

① “政府治理”是指在中国共产党领导下，国家行政体制和治权体系遵循人民民主专政的国体规定性，基于党和人民根本利益的一致性，维护社会秩序和安全，供给多种制度规则和基本公共服务，实现和发展公共利益。在具体内容上，它指向政府对自身、市场和社会公共事务进行的全方位、综合性治理活动。王浦劬.国家治理、政府治理和社会治理的含义及其相互关系[J].国家行政学院学报，2014(3)：13.

② 田毅鹏，薛文龙.“后单位社会”基层社会治理及运行机制研究[J].学术研究，2015(2)：48-55；赵军洁，范毅.改革开放以来户籍制度改革的历史考察和现实观照[J].经济学家，2019(10)：120-125.

③ 柳亦博.由“化繁为简”到“与繁共生”：复杂性社会治理的逻辑转向[J].北京行政学院学报，2016(6)：76-83.

④ 吴越菲.迈向流动性治理：新地域空间的理论重构及其行动策略[J].学术月刊，2019(2)：86-95.

这一问题和矛盾随着信息化的加速发展而进一步加剧。高度信息化社会中，越来越多的成员可以脱离传统社会组织，以原子化的形态，游离于体制结构之外，成为被科层化治理模式“简化”裁切掉的繁冗细节[①]，形成治理体系中的盲区、盲点，诱发不稳定的风险因素。科层组织体系的制度惯性、制度刚性等结构性缺陷所形成的治理困境[②]，“根本出路在于组织模式的变革”，即推动官僚制组织向合作制组织转变[③]。而这种系统性、根本性变革是一个复杂而长期的过程，与快速发展前进中所需要的“短平快”的即时性治理能力提升[④]难以兼容适应。

而在海淀区街镇责任规划师制度实施的过程中，首先，通过公开发布招聘公告和媒体宣传，利用市场机制选聘全职街镇责任规划师。这一选聘的过程实际上是政府内部通过治理思路进行的一次跨部门需求统筹，通过责任规划师主要管理组织部门——规自委海淀分局组织第三方专业人才机构开展遴选聘用工作，由区人大、区政协、规自部门、区委组织部、各街镇相关工作科室共同形成招聘考核团队，对符合条件的专业应聘人员进行面试打分，择优双向选择录用。这一过程充分整合了不同部门对人才考核的重点和实际用人街镇的需求，既避免了单纯重视专业技术能力忽略其他服务政府部门所需的关键素质，又兼顾了实际主要用人机构的需求倾向。这种多元碰撞下的人才选聘，使录用人才更满足政府内部的多元需求，并且能够使专业化技术人才更加精准地投放到基层政府内部，也为第三方社会治理主体被接纳融入基层政府，奠定了基础。其次，结合北京的街道机构改革，将责任规划师工作融入街道城管部门三定职责中，明确了全职街镇责任规划师在科层制组织架构中日常工作的协同对象，使第三方社会治理主体在传统的基层政府组织体系中有了明确的互动、归属群体。同时，为了充分发挥规划设计专业人才的系统性整合能力和全局意识作用，需要在科层制的体系当中适度超脱科层制的桎梏，海淀区进一步任用全职街镇责任规划师为街镇主要领导干部助理（无行政职级）。这使得责任规划师具有参与所在街道主任办

① 吕青.行动构建：共同体的超越与赋义[J].甘肃社会科学，2017（2）：123-128.

② 布劳，梅耶.现代社会中的科层制[M].马戎，时宪明，邱泽奇，译.上海：学林出版社，2001：139.

③ 张康之.论社会运行和社会变化加速化中的管理[J].管理世界，2019，35（2）：102-114.

④ 汤彬，王开洁，姚清晨.治理的“在场化”：变化社会中的政府治理能力建设研究[J].社会主义研究，2021（1）：101.

公会的权限，降低了科层制对责任规划师造成的信息壁垒和沟通阻力，使其能够充分发挥规划专业所特有的统筹组织能力。在这个过程中，全职街镇责任规划师的引入没有直接推动科层制组织结构的改变，而是利用规划设计行业从业人员所独具的系统性思维方式、合作式工作习惯、信息整合沟通能力等专业素养，以具体的事件为切入点，实现对建设及更新相关特定工作治理模式的即时转变，进而引导、带动参与该工作的政府治理主体、社会治理群体逐渐走出“只看眼前一亩三分地”的局限性认知模式，破除政府治理主体与社会治理群体之间的惯性隔阂，改善其认为多主体协商会降低效率的错误认知，转而认同“事前、事中、事后”多阶段的反复沟通能提升治理实效的工作模式。责任规划师工作引发的这种因事即时性的政府治理模式的改变，如同“药引”，在板结、僵化的科层制中率先推动了直面基层治理矛盾的“一线”综合治理方式。

2. 治理能力提升

这一听起来让人激动的模式逻辑，实现的每一步都着实不易。在海淀区街镇责任规划师制度实施实践过程中，我们充分体会到，由制度制定的决策主体将制度文件印发到下级（派出）机构，再把聘用好的责任规划师委派到这些机构的一系列尝试只是完成了“智能移动设备”的配发到位，还无法真正有效地使这一服务模式运行起来。在实践中，团队发现，除了基本的制度文件、责任规划师以及配套资金到位外，真正开启这一服务模式的核心是要实现参与各方的认知统一，从而逐渐推动行为模式的适应性转变。这就好比人们对“智能移动设备”融入日常生活所形成的认知转变一样，人们从使用固定电话到全面接受智能移动电话经历了近20年的科技衍生及群体认知过程，才逐步发展到现在绝大多数社会群体都可以接受智能移动设备所带来的行为模式的革新。而对于责任规划师制度的实施，实际上也需要这样一个“研发群体”“使用主体”和“参与群体”[①]共同实现对新事物的认知、认同、适应、再调整的过程。对责任规划师这一“新事物”的认识、适应过程，不是仅仅通过对这一新职位的定性描述、职责介绍所能实现

① 研发群体：这里指责任规划师制度编制群体、决策主体及参与制度执行的规划、建筑、景观、社会学等方面具有特定专业背景的工作者（含高校教师、学生）；使用主体：这里指参与责任规划师制度执行的各部门、街镇公职人员及公务相关人员；参与群体：这里指广泛的社会群体、社区组织、企事业单位。

的。对于很多市区非规划设计相关工作的管理群体、街镇基层管理群体、社会群体来说,“规划设计”本身可能就是一个“熟悉的陌生词汇”。熟悉，是因为绝大多数人可能都通过新闻、报纸、网络乃至在培训中听说过规划设计，见到过规划设计相关成果图纸；陌生，则是因为这种认知仅仅停留在对“规划设计”这一词汇或者主管部门的知悉上，对于真正专业的规划设计工作内容、工作体系乃至现实的价值意义都是全然陌生的。可以说，对于“责任规划师”的认知统一，需要通过“研发群体”“使用主体”和“参与群体”共同就“规划设计”到底是什么，如何发挥作用，能实现哪些现实价值，寻找到特定事件、特定工作作为切入点，并使各方群体都切身体会到“有设计介入”的工作行为变化和工作成效改善，进而推动各方形成各自认知视角下的责任规划师定义，从而真正实现责任规划师这一“新事物”在多元治理主体中的实质性认可和存在。

这看似是对新制度、新工作的客观认识过程，但实际上它更是对政府治理能力的一种整合提升。

从表面上看，这种治理能力的提升是通过引入专业化人员，使之参与到具体的基层治理专项工作中实现的。这就好比现在比较流行的网格化管理，通过专业化技术设备优化了信息采集、传递、沟通、监测乃至反馈的速率和准确性，从而实现政府治理效率的提升，即通过专业技术设备对基层治理者的基础认知能力和转化能力进行提升和强化，进而增强治理主体与治理对象之间信息传递的效率和精准度，以进一步影响治理目标、治理路径的设定。同样，责任规划师在建设更新相关工作中，较一般基层治理群体具有更加专业的问题认知、识别、归纳能力，其可以大大提升社区居民群体与街道、街道内部、街道与各专业部门之间的信息沟通反馈的准确性与实效性。同时，责任规划师职业所特有的系统性整合思维，可以通过调查研究、意见研提、信息反馈等形式，直接提出具有专业性的跨系统资源整合认知信息，改善受限于科层制桎梏而造成的局限性思维，提升治理政策制定的整体性。可以说责任规划师工作的开展推动专业规划、设计工作走出了传统意义上的规划建设主管部门，走向了更广泛的基层建设治理主体。从长远实践的理想角度来看，城市总体规划所制定的各类政策目标，不再是某一个部门努力实践的“一张蓝图”，而是通过责任规划师参与的各项工作，逐渐渗透到各级各类主体主导的城市建设更新工作中，进而实现跨部门、跨层级的协作目标统一，政府治理的整体性能增强。目前，海淀区的全职街镇责任规划师就通过参与街镇次年度建设更新项目计划的提研反馈工作，将分区规划、街区规划等确定的建设更新重点，结合实际可建设条件、市场主体及社会群体意愿，逐年反馈上报给发改、住建、园林、城管等各相关专业部门，实现了自下而上地推进各部门按“一张蓝图”协同推进建设更新工作。

从纵深影响来看，责任规划师制度实践带来的政府治理能力的提升，除了上述基于个体专业能力嵌入实现的错位互补性治理能力改善外，还通过引领政府基层治理主体参与、体会合伙人式治理模式，实现了对基层治理主体认知惯性的扭转和工作模式的渗透式改变。科层化制度下的政府建设管理主体，大多遵循着根深蒂固的模式化、标准化认知方式和工作方式。这些基于“权责意识”“满意原则”的“有限价值理性”是从其参与工作的第一天就开始被灌输，并逐渐强化、固化的，想改变这些根植于科层化组织模式中的“基因”缺陷，不是通过简单的宣讲式课程培训、督查考核就能够实现的。这就好比让一个已经具有完整社会认知体系、工作行为模式的成年人，在智能移动通信设备走下生产线的第一时间就迅速地接受并全面掌握所有功能一样，仅仅通过其自身对说明书的阅读和外界的使用抽查，只能够让该成年人利用新设备实现他原本就理解和掌握的功能，无法让其发挥新设备的全方位功效。我们在各种新电子产品发布会上、产品体验店里看到的体验式教学，则是通过参与或半参与的方式，引导参与者提升改变认知能力，进而形成与新事物匹配的行为能力。相应地，在海淀区的责任规划师实践中就有不少责任规划师选择组织学生群体或社区居民开展“墙绘”活动作为初步开展公共空间环境更新共建共治的破冰行动。首先，墙绘的成本低，便于操作，在基层管理者的眼中属于能够理解具体工作内容、想象工作成果，且“可控的，不会出错的”常见环境整治事项。因此，墙绘是在责任规划师与街镇接触初期比较容易被街道接纳的协同工作探索事项。其次，墙绘对引入社会群体参与来说，具有技能需求较低，吸引力较高，容易形成社会参与热情和氛围的特征。在实际的墙绘活动过程中，基层管理者由建设工程管理者转变为责任规划师引导下的建设活动组织者和亲历者，社会群体由建设工程的被告知者转变为建设活动的参与者。在这个过程中，基层管理者大多会史无前例地感受到与社会群体打交道不再是无休止的问题、麻烦，而是能收获认同与赞誉，并认识到经专业指导的墙绘效果远超于以往的工程化的建设。社会群体也会因参与城市建设而收获满足感、自豪感，并体会到城市建设管理工作的艰辛，从而实现对基层管理主体及城市管理工作的认知改观。多元化的治理主体通过这一工作，破除了“管理”与“被管理”的对抗性认知心理，实现了肩并肩的伙伴式认同。

这种通过亲身实践形成的认知转变，既改变了治理主体的认知惯性，又会持续影响双方再次面对相关建设更新工作时的表达方式、行为方式选择。我们甚至欣喜地发现，在海淀区责任规划师制度推行的过程中，越来越多的基层管理人员从反感、抵触与社会群体沟通转变为乐于、主动在工作推进的不同阶段开展多样化的沟通互动，从一开始由笔者团队向参与责任规划师工作的基层管理者介绍共治协作的方法、优势转变为这些基层管理者能够就共治共享的经验侃侃而谈。自此，我们看到，责任规划师工作对政府治理能力的提升并不在于提升某一工作的执行能力，而是从根本上渗透性地改善基层治理主体的认知习惯和工作惯性，从而实现自下而上的现代化治理能力补足。

2.3.2 以设计为媒的社会治理

1. 以空间为链接搭建治理体系

在海淀区街镇责任规划师制度实践的过程中，我们发现街镇责任规划师一年参与的项目中有近2/3是具体的城市更新类建设治理项目。这与主要服务于规划设计主管部门的一般意义上的项目类规划设计师的工作成效截然不同。由于规划设计主管部门的工作职责主要是组织规划设计的编制审批和依规进行建设项目的规划建设审查审批，因此围绕着规划设计主管部门服务的一般项目类规划师更多的是通过推动各级各类型规划设计成果融入法定规划，与建设审批联动，来实现规划设计的有效实施。受限于主导职能部门的主要职能和审批权限，一般意义上的项目类规划设计师很难真正地接触到实施型城市更新建设工作。而街镇作为政府派出机构或一级政府，担负着开展具体的城市更新建设的实际职能。特别是随着简政放权、管理重心下移的进一步推进，北京市委市政府印发的《关于加强新时代街道工作的意见》中明确指出，应“以街道为平台……完善配套服务设施……统筹推进街区更新”。由此可见，街镇作为“一线”治理主体，将在未来越来越多地承担城市日常建设更新、运营维护的具体实施工作，这为责任规划师真正融入城市更新建设工作提供了必要的主体平台。随着城市化进入新阶段，人们对于生活环境、设施供给水平的要求，已经从解决从无到有，向便捷性、多样化、文化性、艺术性等高品质方向转变。因此，对于有限空间的创造性复合利用成了满足复杂多变的社会需求的必然选择。由此可见，从基层政府的工作重点到社会需求的矛盾焦点，在很大程度上都离不开潜力空间、存量空间的优化利用。

此外，随着市场经济的发展，个体经济的蓬勃，以“单位制”为核心的社会治理结构逐渐瓦解，特别是1998年“房改”后，随着商品房小区的兴起，中国原有的围绕血缘、地缘、业缘等形成的传统社区治理结构逐步消解，以政务管理为核心的“街居制”模式无法促进现代化社区治理结构的形成，而高速发展的信息化技术再一次削弱了社会群体在现实世界中的联系，加速了社会群体向原子化个体的转变。因此，原子化个体重新寻找、建立社会群体现实要素上的联系，成为重新梳理、搭建社会治理结构的重要一环。而空间恰恰是这样一个无论是政府、企事业单位还是社会组织、社区居民都必然会发生互动的现实要素，更是会切实影响到各方利益诉求的关键性资源。

在海淀区街镇责任规划师的工作当中，城市、街区、社区的更新工作，特别是公共活动空间的建设更新，不再仅仅是一项实现功能完善升级、品质优化提升的工程建设工作，其更是政府管理者取信于民、企事业单位重塑社会责任、社区居民提升市民意识的重要契机，是多元主体培育协商对话意识、探索资源资本流转共享路径、实现社会群体共同价值的重要微观“治理场域”[①]。在治理场域中，责任规划师的设计思维和设计能力成了重要的引发、引导、促进因素。以城市设计能力为基本素养的责任规划师能够在日常的街镇、社区调研走访中，精准地发现潜

---

① “治理场域”是“社会多元行动主体为了处理公共事务而建构的、其关系和行为模式受到普遍认可和接受的制度生活领域”，其结构包括：由政府、市场组织、社会组织与市民个体所构成的多元主体；基于地理空间或社会议题而形成的场域属性；规范能动者行为边界和互动关系，维持治理场域运转所依凭的规则、惯例等制度要素。李姚姚.治理场域：一个社会治理分析的中观视角[J].社会主义研究，2017（6）：153.

在问题、发掘潜力空间，在社会矛盾积蓄和爆发之前就引导基层政府问政于民，探索推动相关建设更新工作从“接诉即办”走向常态化的“未诉先办”。在更新工作开展过程中，责任规划师主导的更新行动有别于传统工程性的建设工作，其以践行城市设计专业以人为本的核心理念、协同合作的工作方式，带动政府管理群体与多元治理主体协商探讨治理目标，推动城市日常建设维护项目从机械式地套搬建设标准，部门权责泾渭分明的条块式建设更新逐渐回归到针对各方利益群体诉求，形成跨越部门思维桎梏的整合提升策略和精准共赢的优化方案。城市设计作为一种建立“公共契约”①的组织媒介，通过单次空间建设更新的组织运作，实现了更大限度的公共利益最大化和更广泛的公共产品供给。

更为重要的是以设计为引领的空间建设更新行动，相较于传统工程化的修修补补，看似会加大一次性投入的时间成本、人力成本甚至资金成本，但是这种更新能够使一般地区的城市公共活动空间更具有文化性、艺术性、前瞻性和归属感，能够更大限度地适应更长时期的社会多元需求，并且更擅长激发非正式社会交往契机，更好地激活多元主体的创新创造能力，从而实现现代社会治理化解社会矛盾、促进社会公平、推动社会有序和谐发展的核心目标。

2. 以活动为纽带的治理组织孵化

在海淀区责任规划师制度实践的过程中，我们发现，责任规划师工作有别于规划师工作的另一个特征是以活动为重点的工作组织推进模式。这里的活动包括正式的会议交流，也包括非正式的交流互动活动，如特色主题的节市活动、圆桌会议、学习培训、参与式设计研讨等（图2-5）。责任规划师作为串联多元主体协作的组织者，无法像传统规划设计师那样仅靠走访、座谈逐一了解各主体需求，提供系统性解决策略，就能实现复杂现实问题的高效协调。

一方面，逐一走访、座谈后提供解决方案，再征集意见修改方案的工作形式，在主体繁多的更新类建设工作中，反复推进的进程将极其漫长。另一方面，很多相互冲突的矛盾问题是无法通过“问题收集—转达—反馈—再转达”的“中转站式”沟通进行解决的，更需要通过多方

---

① 通过公众参与，实现不同利益群体的多元化利益表达、利益聚合、利益分配，使城市规划成为一种由相关者达成的“公共契约”。范德虎，谢谟文.公共管理视角下的城市规划变革[J].中国高新技术企业，2012（30）：125-128.

四季青镇：闵航南里18号院社区营造公众参与活动

香山街道：三山五园文化体验活动

羊坊店街道：科技部社区公众参与系列活动

曙光街道：金雅园南区宅间绿地改造活动

图2-5
以活动为重点的工作组织推进模式——非正式交流互动活动
图片来源：作者拍摄

面对面的协商实现矛盾的消解。活动恰恰是这样一个更适应多元主体共同参与的有效形式。活动在一定程度上会削弱不同主体之间的认知隔阂，使各主体处在相对平等的视角，心平气和地表达诉求，特别是非正式交流类的活动，更有助于提高多元主体参与的积极性，并能更好地激发不同主体发挥自身特长，实现资源共享。

在海淀区的责任规划师实践中，我们看到，有的街道通过年度性的设计节事活动，吸引在地院校科研机构、企事业单位、社区群众参与其中，表达各方对街道建设发展的意愿和诉求。基层行政管理主体能够破除管理视角的局限性，切实了解地区的普遍性需求和问题，甚至能通过这种非正式性交流寻求对接意想不到的社会资源、资本，以自愿、无偿共享的形式提供给社会，以解决多方的共同诉求。有的街道则通过具体工作事项开展圆桌畅谈、义务劳动等党建活动，有针对性地对接多元主体，实现先统一观念、明确需求，再研究施治路线的高效模式。在这个过程中，党建引领成为这类活动形成实效的关键。在党建活动深入各级各类主体的今天，责任规划师工作为此类党建活动提供了一个具有专业引导的参与地方建设治理的平台，使多主体通过腾退用地、改善绿化、社区营造乃至停车治理等党建活动，走出了单纯的理论学习和参观模式，身体力行地参与到地区环境提升、社会治理的持续建设运行过程中。党建引领走出主体内部，走向外部社会，在践行其社会责任、使命的同时，更能持续激发地区认同感和自豪感，促进多元主体共治实践常态化。还有街道通过活动，组织利益相关主体参与到更新建设工作中来，或参与设计选择，或参与方案制定，甚至参与具体的建设工作。这些活动虽然广度不同、深度不一，但是基本上都触动了对城市、社区有想法、有情怀的群体，使其有契机结合自身情感、实际需求及自主意愿，参与到特定的城市建设管理工作当中。活动推进过程中，除了解决问题、化解矛盾外，更促使具有相近的认知共鸣、行为能力的群体，或因参与体验形成认同感、归属感的群体凝聚到一起，使其对特定类型的工作或特定空间产生自发的介入热情并持续参与。比如学校学生及家长共同参与的校园门前空间营造、社区居民参与的社区花园建设等，都促使参与群体具有极强的建设后期运营、维护、管理意愿，为社会治理组织的自发建立提供了基本的共同意愿和目标共识。在活动参与过程中，多元社会主体持续接触的多主体协商沟通方式、体验到的建设更新流程、学习到的植被养护常识等相关知识，都进一步为这些自发形成的社会治理组织提供了长期开展相关活动的基本技能。

这种以特定空间为载体，以活动为纽带形成的治理组织，可以将原本可能毫无联系的社会个体重新连接起来，在共同目标、持久情谊的激励下形成更具正向积极引导能力，更具有稳定性的社会群体。例如："新清河实验"中，通过社区花园的营造，重新建立了现代社区的治理结构，使趋于个体化的居住人群通过专业人员指导开展的社区花园营造、维护活动，重新形成了基于花园空间的紧密社区自治主体。随着对这种自组织模式的适应、议事规则的稳定和社区信任度的增强，这一社会自治主体逐步走出单纯的花园营造管理运营，走向了卫生环境、居家养老等全方位的社会治理介入。这种充分发挥市场组织、社会群体的自主性、能动性的治理组织，虽然看似体量微小，且通常大多仅能吸引"一老一小"的相关群体，但是其在一定程度上可以对与特定空间发生关系的广泛人群形成合力约束，并在一定程度上推动"共建共治共享"

理念真正地深入人心。这种通过更新建设活动孵化形成治理组织的过程，体现了治理的过程性和持续互动特征，是责任规划师工作从单纯的城市空间设计向基于空间的设计治理转化的重要成效。在这个过程中，设计不再局限于单纯的空间改造，更多的是对整个事件进行统筹谋划。这种过程设计在一定程度上更接近于社会学的社会参与沟通组织。在责任规划师的工作当中，当空间作为目标要素时，设计本身成了这种社会性参与活动的连接媒介，人们通过“设计”实现参与对话协商。“设计”这种极具创造性的活动，在充分释放社会群体多元意愿的同时，还能很好地激发社会群体在参与过程中的自豪感和认同感，进而培育社会责任感和自治意愿，促进现代社会治理体系逐步健全完善。

第3章 从城市设计到设计治理的中国选择

无论是城市设计的适应性转变需求研究，还是通过责任规划师工作实践的体验分析，我们都看到了城市设计除了作为特定项目工作外，在现阶段的城市建设、更新、治理实践中，正逐渐成为一种特定的专业思维方式，以更深入的陪伴式服务模式发挥其过程属性和公共政策属性，推动城市建设走向与城市治理协同伴生、互促共赢的“设计+治理”发展路径。城市设计工作不再局限于空间方案的编制，而是直面曾经介入乏力的城市建设运行、城市更新工作，走出了基于用地规划、建设工程许可的单一规划建设管理的实施路径，走进了住建委、城管委、交通委、园林局等城市日常建设更新实施主体，并通过融入街镇、社区、乡村这些城乡基层行政主体，实现了对城乡实际建设、更新、运行工作的深度设计指引，在实施方式上走向了制度政策完善、工作组织运作、行为激励引导的全过程参与陪伴。

这一转变不是突然发生的，它在一定程度上顺应了经济、社会发展的内在需求，更是对新型城镇化发展，国家现代化治理体系建构的有效回应与适应性发展。作为世界第二大经济体，虽然我国人民生活水平得到了普遍提高，但是收入分配的两极化特征日益明显，社会阶层分化趋势难以抑制地逐步扩大[①]。这种社会阶层分化引起的社会、经济、生活方式等的差异性，将引发社会群体在发展方式、认知需求上的畸变和冲突，社会公平公正矛盾凸显。“事实证明，当人们强烈感觉到不公正的时候，治理困境就会出现，社会问题就向政治问题转化，怨气就会迅速指向政治，社会成员对于维护社会公正的寻求，就会转向对国家体制乃至政治体制的改造要求。”[②]这也正是党的十九大提出的“进入新时代”，中国社会的主要矛盾已经转化为“人民日益增长的美好生活需要和不平衡不充分的发展之间的矛盾”的关键所在。这种矛盾在中国城市逐渐进入大规模扩张发展的尾声阶段时，表现为快速建设遗留的公共服务设施供给不均衡、居住环境差异显著、生态环境恶化等问题。与此同时，随着城市开发边界的确定，城市无法进一步无限制扩张，空间要素的稀缺性进一步凸显。而作为公共性与自利性的矛盾统一体——地方政府，在前一时期让权放利的改革指导下，通常把发展经济、增加地方财政收入作为其主要工作目标，致使市场分配机制在城市建设过程中占据了主导地位，公共服务设施、公共空间、生态环境这些公共产品、公共利益让渡于经济利益、政

---

① 江帆.当代中国社会阶层研究的新成果：介绍《当代中国社会阶层研究报告》[J].理论参考，2002(1)：49.

② 张静.社会治理：组织、观念与方法[M].北京：商务印书馆，2019：7.

治利益。因此，进入新时代的政府作为人民授权行使公共权力的组织，必须要主动承担建立健全社会各类群体参与公共选择的机制这一职责，通过制定符合各个利益主体的游戏规则来化解利益冲突。“政治社会学研究证实，国民对于国家体制的服从及认同，与国家体制保护社会公正的能力有关，即它能否有效公正地解决各种问题，使不同的人享有平等的受保护机会。”[①] 对于普通民众来讲，现行的制度让权力、资本、少数精英在城市环境的建构过程中占主导地位，而作为城市真正主人的民众，虽然拥有亨有均等的公共产品、公共服务和表达建设主张、使用需求的权利却得不到切实有效的保障。因此，公众渴望通过新的体制机制，行使平等的权利，有效公正地获得“潜在利益”；政府也越来越重视公共产品提供、公共问题解决等以调节经济、社会、环境发展职能。

城市设计作为政府针对空间资源进行调节分配的重要工具，正顺应时代的需求走出单一的城市形象价值塑造模式，发挥其公共利益属性和空间利用创新能力，以社会综合发展效益最大化为前提，统筹解决社会、空间、环境、管理等问题，争取公众利益，平衡不同主体利益之间的矛盾，达成社会公平。同时，城市设计发挥其开放属性和过程属性，在相关工作开展的各个阶段叠加公众参与，以不同的方式接纳民众乃至各方利益主体的参与、创作、监督，实现各利益群体在动态过程中的利益诉求整合、协调，进而减少矛盾冲突，稳定社会秩序。城市设计通过其公共政策属性，以社会公平为基本价值取向，以城市公共产品、公共利益提供为根本，建构新的体制机制，通过不同层面程序和规则的制定，确保公众选择的基本权利。在这一系列城市设计的不同属性发挥作用的过程中，城市设计走出了传统的设计产品供给模式，走向了城市设计结合城市治理的公共利益博弈服务供给，并通过提供深度、持续的专业服务，改善了政府对治理行为的认知理解，提升了沟通协商能力，实现了自上而下的管理型政府向上下互动的服务型政府的转变。

从治理层面上看，这种转变下的城市设计可以作为一种公共管理手段，将城市发展与市场经济、商业活动相结合，通过对不同社会力量的引导改造，使之在自身发展的同时，维持良好的秩序，并有效地推动国家力量的增长，实现基于国家理性的现代治理方式[②]。由此可见，城市设计与治理结合形成的设计治理必将成为新时代新型城镇化过程中现代城市治理体系建设不可缺少的必然选择。

---

① 张静.社会治理：组织、观念与方法[M].北京：商务印书馆，2019：6.

② 马翠军.“公共管理”的真相[J].读书，2020(8).

3.1 设计治理理念的缘起与发展

城市设计结合治理形成的设计治理理念，能够使城市设计从物质空间的设计管控走向对社会空间乃至经济空间的组织协调；使城市设计走出单纯的精英式项目设计、蓝图式成果提供，走向参与式公共政策、公共产品定制，过程化引导组织服务供给。这种演进方式并不是基于责任规划师工作探索的生硬提炼，更不是近几年在中国突然形成的，它的发展和形成可以追溯到由黑格尔提出、马克思亦曾探讨过的“公民社会”(civil society)的概念[①]。随着第二次世界大战结束，西方国家民权意识的加强，参与权、共同决策权得到广泛的重视，西方国家逐渐形成了广泛的公民民主性基础[②]，以英国为首的执政政党逐步达成了“社会民主主义”共识。随着1960—1970年前后大规模战后重建进入尾声，规划设计领域迎来了对“乌托邦式综合规划”与“理想城市秩序追求”的批判与反思浪潮[③]，设计治理相关设计理念开始蓬勃发展。

3.1.1 设计治理理念的发展背景

设计治理理念的产生可以追溯到“二战”以后，三条相互并行又层叠演进的规划设计理论发展线索。

1.20世纪40—70年代，“民权运动”“社会平等”思潮下倡导城市规划与公众参与理念的发展

在第二次世界大战结束后的近30年中，“社会民主主义”作为政治共识被以英国为首的西方国家广泛接受。社会各阶层、各种族，特别是诸如无产阶级、妇女、少数族裔等弱势群体在这一过程中始终争取获得在法律权利、政治权利和社会权利上的平等，这种对“公平的正

---

① 孙施文，殷悦.西方城市规划中公众参与的理论基础及其发展[J].国外城市规划，2004(1)：15-20，14.

② 孙施文.现代城市规划理论[M].北京：中国建筑工业出版社，2007：552.

③ 泰勒.1945年后西方城市规划理论的流变[M].李白玉，等译.北京：中国建筑工业出版社，2006：24-27，29-33.

义”的争取主要体现在对“发言权、有差异的权利和生存发展（human flourishing）权利”① 的争取上。这一点在规划设计发展中，最早体现在英国《城乡规划法案》(1947年）的确立上，通过对规划设计的查阅、提议、监督等细节过程实现初级公众参与。但是由于这种“代议制”民主机制反应迟缓，政府作为城市设计运作的绝对管理核心，使规划设计具有明显的“政治性色彩”。因此，20世纪60年代，保罗·大卫杜夫（Paul Davidoff）提出规划师应保持明确的价值观念，代表弱势群体和公众利益诉求，作为倡导者，利用自身专业知识影响、教育公众②，即开展倡导式规划（advocacy planning），并呼吁加强公众在决策中的发言权、参与权③。1965年英国政府设立的规划咨询小组（PAG）在报告中首次提出：“规划体系既作为执行规划政策的工具，又作为公众参与规划过程的手段，并且应该确保为这一目标的实施提供满意的服务。”他们在1969年环境部发布的《斯凯芬顿报告》中提出了在制定开发规划的初期阶段保证公众参与规划的相关方法，改良了信息交换模式以及规划人员与公众开展磋商的过程。这一报告提出的公众参与仍然是一种“代议制”民主模式下的有限度参与，政府“必须仍然”拥有制定规划的义务和责任以及最终的决策权。这种参与在美国学者谢里·阿恩斯坦（Sherry Arnstein）看来仍然属于“象征性参与”，仍达不到“市民权利”的体现（图3-1）。

图3-1
谢里·阿恩斯坦市民参与的阶梯（ladder of citizen participation）
图片来源：作者自绘

① 孙施文.现代城市规划理论[M].北京：中国建筑工业出版社，2007：552.

② 于泓. Davidoff的倡导性城市规划理论[J].国外城市规划，2000（1）：30-33，43.

③ DAVIDOFF P. Advocacy and pluralism in planning[J]. Journal of the American Institute of Planners，1965，31（4）：331-338.

2. 20世纪50—80年代，对蓝图式规划的批判引发的理性过程规划理论发展和基于实施理论的行动规划迭代

随着“二战”后第一代建设发展规划的完成和实施，人们发现实现规划的整体建设意图至少需要20～30年，但是在这样一个城镇持续快速发展变化的过程中，“固定”的蓝图式规划很难维持长时间的普遍适应性，更无法实现为每一个阶段的发展预留最大的可发展空间。因此，1963年，美国学者梅尔文·韦伯提出，规划是一种达成决策的过程方法，决定具体目标、措施方法等；这一理念，进而引发了针对规划过程的程序性规划理论研究，形成了涉及“目标问题界定—政策方案比选—政策方案评估—政策方案实施—效果跟踪”五个主要阶段的规划理性行动过程的理想模型（图3-2）。在这个理性过程规划理论中，规划的过程没有停留在规划设计方案确定或决策阶段，而是延续到了规划设计实施阶段，通过效果反馈形成持续不断的连续规划设计过程。然而，这样的过程模式所引起的关注，绝大部分集中在规划设计前期的研究、构思、评估、决策阶段，对“后期”的实施和监督环节明显关注不足，这也使得规划的理性行动模式停留在理性决策阶段，无法实现真正的持续不断的设计。美国学者约翰·弗里德曼（John Friedman）就指出，规划和实施是两个可以分离的，截然不同的阶段的思想认知，极其顽固，因此致使相关规划设计研究实践呈现出编制有余和实施不足的态势。同时，他还尖锐地指出，由于理性过程规划理论的理想模型表达为一系列具体步骤依次执行，这使编制与实施呈现完全分离的状态，而没有结合实施进行的规划设计，很可能无法真正实现规划设计意图。同时，在规划实施的过程中，分解出来的任务可能处于不同阶段，很难以线性的方式简单推进。进而，约翰·弗里德曼提出了“行动规划”的理性模型，认为规划在编制的过程中必须将规划设计和实施行动融合起来同步

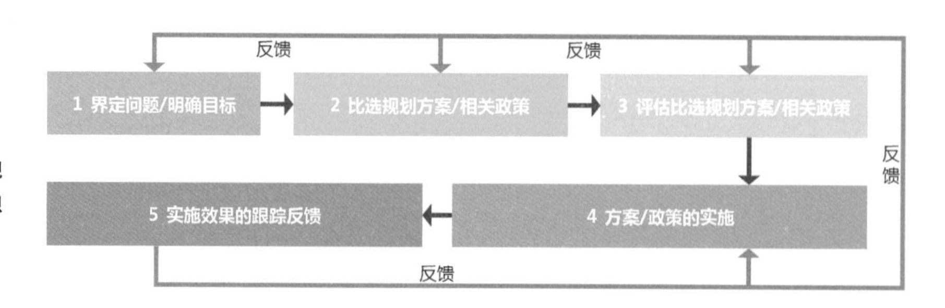

图3-2
梅尔文·韦伯提出的规划理性行动过程的理想模型
图片来源：作者自绘

编制，而不是将规划与行动按先后顺序分开设计。整个20世纪80年代“以行动为中心”的规划观实现了长足的发展。

3. 20世纪70年代至20世纪末，社会漠视的批判下成长起来的多元主义，伴随治理模式变革催生出沟通式规划、协作式规划

20世纪50—60年代以物质空间决定论为主导的大规模综合重建虽然实现了更高品质、更好环境的新建住宅供给，但是人们却在这样的社区中丧失了原有的社会环境，社会组织结构崩坏，人们仅在私有住宅内部活动，公共活动消失，社区生活不复存在。这一现象引发大量社会学家对于规划设计仅注重物质空间塑造，忽视社会环境的形成进行了批判，并指出在大规模拆除重建过程中，设计者与居民之间缺少沟通，不同群体的多样化意愿被统一结果所取代。在20世纪70年代西方后现代主义学者对现代主义进行批判的过程中，不同群体、不同文化的差异性、复杂性被认可、放大。人们认为社会不应该由一种价值观、一个民族、单一群体构成，而应该是一个互动、包容又彼此竞争的多元化复杂组织结构。在“多元主义”(Pluralism)的影响下，桑德科克以基层民众和社区为基础，建立起了非政府主导的自下而上的社区规划范式，旨在教导、协助社区及边缘群体发声。[①] 德国哲学家、社会学家哈贝马斯(Habermas)的“交往理性”思想体系应运而生，他认为社会秩序的和谐与社会制度的稳定，与现实生活中的交流对话、沟通交往息息相关，合理化的交往行为可以在思想上促使人们相互理解、包容，在行动上实现友好合作。与此同时，西方各国政府也逐渐意识到需要在市场之外寻求建立一种政治团体与市民社会之间良性的合作互动关系，实现对市民普遍福利的有效提高，进而增强国家竞争力。“治理” [②] 作为有别于传统政府统治概念的制度创新，以美国的比尔·克林顿政府提出

① 孙施文.现代城市规划理论[M].北京：中国建筑工业出版社，2007：554.

② 1995年全球治理委员会在《我们的全球之家》(*Our Global Neighborhood*)行动纲领中提出了获得广泛认可的“治理”一词的定义，即：治理是各种公共的或私人的个人和机构管理其共同事务的诸多方式的总和。它是使相互冲突或不同的利益得以调和并且采取联合行动的持续过程。这既包括有权迫使人们服从的正式制度和规则，也包括各种人们同意或符合其利益的非正式的制度安排。它有4个特征：治理不是一整套规则，也不是一种活动，而是一个过程；治理过程的基础不是控制，而是协调；治理既涉及公共部门，也包括私人部门；治理不是一种正式的制度，而是持续的互动。

的“第三条道路”[①] 为代表，迅速成为20世纪80年代在西方各国推行的“社会政治变革”。在这一变革中，政府管理职能和权限逐渐下放至基层，社区将成为社会事务的组织主体，市民及社会团体将成为重要的构成主体，承担自身责任，发挥选择权，参与公共物品、公共服务的供给、生产等各个相关环节。在思想体系积淀和政治浪潮的推动下，20世纪80—90年代，“沟通式规划”（或交往式规划，即communicative planning）理论成为重要的发展潮流。约翰·弗雷斯特（John Forester）作为这一理念的重要倡导者，认为规划师的日常工作应该是“沟通性”的，规划当中“倾听”和“设计”这两项重要的核心活动没有得到广泛的重视。“设计”不应该仅仅是一项专业技术工具，它更应该成为与市民群体、社会团体寻求共同价值的一种过程性工具，这是城市设计的核心社会价值所在。1994年，萨格·托雷（Sager Tore）总结了“沟通规划的理论”[②]，是在多元主义的思想前提下，通过沟通过程实现“政府—公众—开发商—规划设计人员”的相互理解和多边合作。在这一规划理论的发展下，规划设计人员不再仅仅是政府和开发商的技术顾问或代言人，更应该成为引导推动者（facilitator）、解决纠纷的斡旋者（mediator）、专业语境翻译者（interpreter）、统筹整合者（synthesiser）。同一时期，帕齐·希利（Patsy Healey）和英尼斯（Innes）将“沟通行动的理论”总结概括为“协作式规划”（collaborative planning），从实施和执行的角度探讨了如何让规划设计更加有效。

上述三条规划设计理论发展线索，无论是在批判目标、思想原型还是在社会背景、发展时序上都不是分离独立的，在很多时候是相互促进、叠加并生的，甚至很多理论之间都存在着兼顾传承的意味，比如线索三中的“沟通式规划”，既是对线索一的“倡导式规划”中公权发展、公众参与理念的进一步发展，又是对线索二以行动为主导的过程性规划进行的有侧重的改良演化。总体来看，上述理论（仅限于文中提及的相

---

① “第三条道路”（The Third Way）是顺应资本主义的变迁，区别于西方政治体制中左派和右派相对立的一种政治力量，主张确立能够团结各种政治力量的新政治中心，立足于多元化的思想观点，使更多的利益集团的要求都被涵盖进来，扩大制度的包容性，建立起一种合作包容型的新社会关系，使每个人、每个团体都参与到社会之中，培养共同精神。详见：孙施文.现代城市规划理论[M].北京：中国建筑工业出版社，2007：552.

② SAGER T. Communicative planning theory：rationality versus power[M]. UK：Avebury，1994.

关理论，不包含同时期的其他相关理论）从三个方面推动了规划设计理论实践与城市治理的逐步交互融合：首先是在学科范畴上，改变了规划设计只重视“艺术性”和“政治性”的传统，强调了“社会性”方面的发展实践；其次是在目标定性上，改变了规划设计作为“终极蓝图”的认知，转而将其视为一种持续的过程，实现了从规划设计自身理性过程的研究到结合社会结构组织发展过程的研究；最后是在人员角色上，改变了规划师、设计师作为“技术专家”的单调认知，实现了其在多元主体中作为“沟通者”“协调者”的形象转变。

3.1.2　设计治理理念的提出与探索

进入2000年以后，越来越多的学者指出，城市设计与城市治理息息相关，如：史蒂文·蒂耶斯德尔（Steven Tiesdell）就指出，城市设计的有效实施离不开居住、就业、教育等社会福利的相关配套政策的制定与实施，更需要有正式的途径使政府能够吸纳所有利益相关群体参与其中，并达成共识。戴维·亚当斯（David Adams）认为，城市设计对场所的营造能否成功，取决于能否有效协调参与这一场所塑造和消费的不同行为主体，这一任务本质上就是一种治理工作。与此同时，在当代城市的不断扩张中，越来越多的人受到后现代主义追求多元化、多样性的价值观点的影响，以空间实际实现的生活质量作为衡量标准，开始批判在城市中心的新建地产、城市外围地区、新扩张郊区出现的大量符合规范标准，但是毫无场所感可言的低品质城市空间，特别是缺乏吸引力和特色的城市公共空间。在土地所有权、经济利益、邻避[①]压力以及多元主体预期差异的影响下，政府和开发商对于什么是好的城市设计、如何判定城市设计的好坏、如何实施优秀的城市设计缺乏认知和耐心。为了适应快速的城市建设进程，降低建造成本，他们选择放弃了以场所营造为核心的长期持续设计（指从方法到实施），取而代之的是通过粗略的标准和规范[②]来对城市空间进行“高效”的生产。面对这一现象，学者们

① 邻避：指相邻设施、用地之间在建设开发、使用运营中要相互避免造成利益纠纷或者冲突的事项。

② 粗略的标准和规范：任何细致精美的标准规范都是类型学的概念模式产物，都无法媲美因地制宜的场所设计所能实现的特色化和吸引力，更不用提大量的标准规范在编制时完全没有城市设计意识（以人的行为视角出发，以宜人为目标），更多的是以不产生致命性错误或不良城市环境影响为目标就事论事的数据罗列。

普遍认为可以通过更为有效的城市设计带来改善，这需要把城市设计的运作过程从“黑箱子”中解放出来，使各利益相关者能够在不断变化的外部条件关系中，参与到场所塑造的过程中来。

1. 设计治理的核心理念及价值观

基于以上西方城市建设发展背景和城市规划设计理论的发展，2016年英国著名城市规划与城市设计学者马修·卡莫纳（Matthew Carmona）[①] 在《设计治理：城市设计子领域的理论化》一书中正式提出了“设计治理”（design governance）这一概念。他认为，设计治理是对设计过程的治理，是不受特定项目设计周期限制的连续性设计决策环境塑造过程，可以涵盖从塑造构思、决策环境，到影响设计和开发过程，还可以指导如何在建设完成后发展成熟[②]；卡莫纳还将设计治理定义为：“在设计建成环境的方法及其过程中，多元主体介入的政府认可的干预过程，旨在塑造的环境无论是在过程还是结果上都更符合公共利益。”[③] 从这一定义中我们可以看到，设计治理理念涵盖了设计治理的设计方法和过程行动两个维度，延续了规划设计的过程属性和多元主体参与特征，并以最大限度地追求公共利益为根本价值目标。可以说设计治理较之前的规划设计理论提出了更为鲜明的核心价值主张。其根源在于市场性行为虽然可以提供一定的满足公共利益的公共产品，但是市场代表着效率，只会从短期利益出发分配资源，不会考虑那些并不能产生经济价值的公共产品，或提供不具有经济效益的无差别公共服务，因此，以市场为绝对主体的建设发展模式看似提供了多元的公共产品，但实际上也可能削弱了社会的基本公平。特别是当人们受到后现代主义思潮影响，将生活品质作为一种标准时，人们是否能够更好地享有高品质的公共空间也就成了公共利益是否得以保障的一个基本评价要素。而这一公共利益的实现，无法单纯依靠城市设计的过程属性和政策属性，更多时候需要结合治理，高举公众利益的道德大旗，实现与社会治理体系的结

---

① 马修·卡莫纳教授执教于伦敦大学学院（UCL）和诺丁汉大学，长期致力于城市设计方法、理论、管理与治理的研究，在全世界的城市设计研究领域享有盛誉，著有《城市设计的维度：公共场所——城市空间》《城市设计读本》《公共空间：管理的维度》等代表作。

② 卡莫纳，等.城市设计治理：英国建筑与建成环境委员会（CABE）的实验[M].唐燕，等译.北京：中国建筑工业出版社，2020：21.

③ CARMONA M. Design governance：theorizing an urban design sub-field[J]. Journal of urban design，2016（6）：720.

合，推动优质公共空间作为公共产品的公平供给。与此同时，为了纠正或避免因市场失灵不断加剧而导致的公众利益遭受侵害，把分配正义视作国家政治目标的各级政府理应承担这样的责任。但政府管理者不是万能的，政府的监管更不可能做到完美。面对这种国家资源和权力的有限性，在设计治理框架中除了政府和市场外，也需要引入非政府组织（含私人组织）来谋求“公共利益”，推动实现“更好的设计”①，并使其能够在其影响范围内“有效地”承担代表公共权力的角色。这种有效性，既应包含通过对公共权力代表者赋权来实现参与权的合法有效，又应包含政府对于公共权力代表者的监督和制约。因此，卡莫纳认为，无论是正式的还是非正式的设计治理过程，首先都需要基于政府的认可，设计治理是政府责任的一部分。

2. 围绕“工具箱”形成的设计治理理论建构

马修·卡莫纳认为，由于参与设计治理的群体的多元特征，致使没有一个地区可以复制其他地区的社会组织关系。因此，实现设计治理的现实途径是多种多样的，没有绝对的普适模式。同样地，即使表面上看起来很相似的设计治理流程，其实现的设计治理结果质量也可能截然不同。因此，卡莫纳放弃了诸如“沟通式规划”或“协作式规划”这类特定设计治理的流程、形式理论研究，而是从更务实的角度出发，以设计治理的工具为核心，以类型学的方式探讨了设计治理中所需要的工具体系构成、应用流程、影响作用及其在城市设计中直接或间接存在的形式及现实效果，以期通过对工具箱的研究，实现对关注过程和决策环境形成更加长远和持久的影响。这一设计治理工具箱（图3-3）分为正式工具和非正式工具两类：正式工具主要指政府可直接利用的法定化工具，由引导工具、激励工具和控制工具这3个介入强度逐层递进的类型化工具箱构成；非正式工具则是在政府的许可下多元主体可以参与使用的非法定化工具，由证明工具、获知工具、推广工具、评价工具和支持工具这5个介入强度逐一增强的工具类型构成。②这两大类共8个强度不同

① “更好的设计”在这里指“通过粗略的标准和规范”生产的空间，正如马修·卡莫纳在《城市设计治理——英国建筑与建成环境委员会（CABE）的实验》中所说：“好的城市设计基本上是符合社会整体利益的，它避免了那些已经描述过的场所低于应有标准的问题，好的设计渴望创造‘可持续品质’而不是‘适当品质’。”

② 卡莫纳，等.城市设计治理：英国建筑与建成环境委员会（CABE）的实验[M].唐燕，等译.北京：中国建筑工业出版社，2020：29-63.

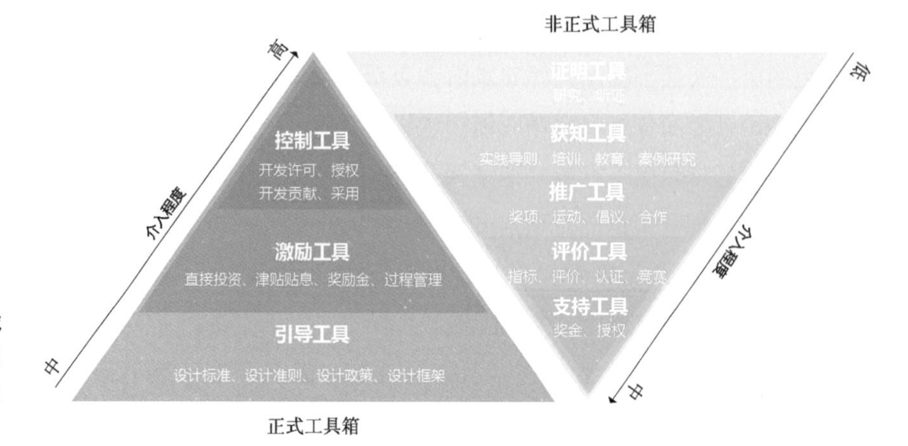

图 3-3
马修·卡莫纳提出的城市设计治理中的工具箱
图片来源：作者整理绘制

的工具，可以通过针对具体的设计项目实现直接的设计治理，也可以通过导则、认证、培训等公共干预手段，间接引导、辅助，营造有利的决策环境，协调市场行为，实现对特定行为的规范或激励效应，进而促进设计治理的实现[①]。进一步，卡莫纳认为世界范围内正在发生的设计治理仍然主要依赖于控制工具（开发许可、授权等）的流程来定义，介入的几乎全是正式工具，如各种开发奖励政策设置、设计准则标准编制等。设计治理在大多数情况下，还停留在政府、市场、技术专家三者之间，围绕设计监管、业主强制、权威干预三种传统设计管理模式运作。打破这一桎梏，实现设计治理的关键，应该是充分抓住非正式工具，精心设计一个基于第三方的公共权力运行体系，使非政府主体或代政府行为主体能够有效参与、影响决策，与政府共享一定的公共权力要素[②]。比如：一方面，社区缺乏积极介入设计治理正式工具的高效途径；另一方面，各个社区的差异性和复杂性也使其难以完全被具有法定效力的高普适性的正式设计治理工具兼顾。而非正式工具，诸如社区营造的培训、绿色社区的认证等，明显更适于应对多元主体利益冲突多样的社区设计治理进程。如何在这个过程中设计建立一个第三方群体，推动非正式工具的应用就成了设计治理实现的关键所在。

---

① CARMONA M. Design governance：theorizing an urban design sub-field[J]. Journal of urban design，2016（6）：723-724.

② 卡莫纳，等.城市设计治理：英国建筑与建成环境委员会（CABE）的实验[M].唐燕，等译.北京：中国建筑工业出版社，2020：61-62.

3.1.3 设计治理理念的成效与实践

1. 坚守城市设计原点问题的崭新次级交叉研究领域

我们可以看到，设计治理理论不是骤然产生的，可以说它是基于西方战后规划设计发展理论流变、衍生、迭代而来的产物，是符合不同阶段政治、城市、社会乃至意识形态发展变化的适应性产物，是在民权运动、多元主义的基础上依托治理理念，围绕空间产品，针对公共权力提出的一种再分配理念。这一理念希望通过促进和保障不同主体合法、合理、可持续地参与城市设计过程，发挥多元优势，扭转单一大政府管理的行动失效问题，并借助政府实现在法理上对建成环境中权力、利益、责任三者之间适时适度的权责调整，进而完善多元主体利益关系平衡的可持续治理体系[①]。这一具有典型社会学诉求的城市设计理论，仍然是围绕如何形成"高品质空间"、如何实现"好的设计"这一城市设计原点问题展开的理论思辨。在理论内容的建构上，马修·卡莫纳走出了"倡导式规划""沟通式规划""协作式规划"这类规划设计形式的探索，运用类型学的方式对与城市设计运作相关的各类特定动作、活动进行梳理，建构了政府、社会均可使用的设计治理实践"工具箱"。由于这一"工具箱"可以覆盖城市设计运作的各个环节，且工具箱中各类工具具有独立性，使得马修·卡莫纳的设计治理理论成果在实践中具有较高的适应性和服务能力。从设计治理理论的定义上看，马修·卡莫纳将设计治理理论视为一个完整的学科分支研究领域，而不只是其着重描述建构的"工具箱"部分。设计治理应该包含从设计方法到行动理论等更为广泛的内容体系，以实现设计治理从设计开始之前的决策环境到设计推进中的引导管控，再到设计实施乃至完成之后运行维护的全过程实践运用。因此，设计治理理论可以作为城市设计学科的一个新的次级交叉研究领域，探索城市设计与社会学、管理学、政治经济学等学科的融合，成为新的独立前沿分支理论体系。

2. 理论发源地探索的辉煌与没落

1998年，英国城市工作组（Urban Task Force）在针对城市衰落的原

① 祝贺，唐燕.评《设计治理：CABE的实验》[J].城市与区域规划研究，2018，10（3）：247-249.

因与前进方向的报告《走向城市复兴》(*Towards an Urban Renaissance*)中提出了“城市更新必须由城市设计主导”和需要政府领导两个核心建议，并据此关闭了“皇家艺术委员会”(RFAC)，转为由政府通过资助建立半官方的国家机构“建筑与建成环境委员会”(Commission for Architecture and Built Environment，简称CABE)进行替代转型，自此正式开始了设计治理理论的英国实践。这一具有实验性的实践，由新工党执政领导下的英国政府通过中央及多个部门的注资扶持，使CABE在1999—2010年迅速成为权威并持续发展扩张。CABE以解决所有建成环境中专业设计的“孤岛”问题为战略核心，与英国皇家建筑师学会(RIBA)、皇家城市规划研究所(RTPI)、景观协会合作，以城市设计联盟(UDAL)的形式，将全方位利用城市设计链接专业设计作为发展目标，通过创建、运用五大设计治理工具，实现对政治群体、专业群体以及公众的有针对性的影响。逐渐地，CABE在社会上确立了作为政府建成环境设计问题“代言人”的权威地位，在政府内部则扮演着“设计斗士”这一角色，不断说服政府认同良好的设计等同于良好的政绩这一观点，并通过2005年《清洁街区与环境法案》(Clean Neighborhood and Environment)成功确立为法定机构，成为国家治理体系中该领域的支柱，履行“促进教育的高标准化，理解和欣赏建筑以及建成环境的设计、管理、维护”的职能。由于CABE接受了副首相办公室(ODPM)，文化、媒体和体育部(DCMS)，环境、食品和乡村事务部(DETR)，社区与地方政府部(DCLG)等多方的资金扶持，因此其工作范畴逐渐扩展到可持续社区、住房增长与住房市场更新、社区再生计划、绿色空间与技术、低碳发展、儿童社区教育、专业技能培训等方向，通过建立公共空间领域分支机构“CABE SPACE”、设置评价体系“公园绿旗”、培训社区营造辅导员“空间塑造者”、推出儿童教育计划“引人入胜的场所”、出品线上工具箱“绿色基础设施健康检查”等方式，实现将设计治理融入更广泛的建成环境治理当中。直至经济危机爆发，2010年，英国保守党重获执政大权，CABE作为代表新工党执政策略的半官方机构，被取消了官方资金扶持。至此，半官方机构CABE走向消亡。英国的设计治理走上了市场化和公益化两条探索之路。转型商业化运营探索的设计理事会(CABE)、设计网络(The Design Network)、建筑与建成环境中心网络(ABEC)作为市场化的设计治理机构，发展道路极为坎坷，商业化运作能否被市场真正接受，还有待长期观察。与此同时，志愿者、公益机构成为设计治理发展的重要有生力量，诸如皇家城市规划协会、市民声音、城市设计小组、王子基金会、城市设计联盟、人民住房论坛以及卡莫纳作为主席的场所联盟，以行动计划、议程宣言等形式，成为政府公共服务缺失下的补充替代方案。

3.2 设计治理在中国

从西方城市设计治理理论演进来看，设计治理是在西方发达国家城市发展和经济发展逐渐步入持续性缓慢发展的大时代背景和相应的矛盾下逐步衍生并开展实践探索的。西方发达国家在完成战后重建后，经历了城市人口、产业逐渐郊区化、逆城市化[①]，逐渐进入了城市化后期的相对稳定阶段；城市经济则经历了高速发展、经济危机到挣扎复苏的发展进阶，也已经进入增长率相对较低的缓慢发展阶段。例如欧洲在经历了20世纪60年代的经济发展“黄金时代”后，接连迎来了70年代的经济危机和80年代的发展迟滞。90年代整个欧洲通过欧盟一体化进程推进和新千年前启动的区域统一货币——欧元，实现了地区政治、经济的全面一体化，以期迎来再一次的蓬勃发展。然而，进入21世纪，发展了近20年的欧元区GDP增速从未超过4.0%，这期间其年均GDP增幅仅在1.4%左右。美国则同样在经历了战后20年的经济发展“黄金时期”之后，与欧洲社会同步进入70年代的经济萧条时期和80年代的经济复苏时期，在90年代克林顿倡导的“新经济”主张下，以信息技术为引领，在自由资本主义和福利国家之间的“第三条道路”上，美国实现了经济再次繁荣，占据了世界经济霸主地位。新千年后，美国GDP

① 郊区化和逆城市化是发达国家在第二次世界大战以后出现的城市化现象，它是通过四次人口和产业向郊区及城市外围转移的浪潮逐步实现的，即20世纪50年代人口的郊区化浪潮、60年代制造业外迁浪潮、70年代批发零售业转移浪潮，以及80年代中后期以来办公用地外迁浪潮。叶裕民.世界城市化进程及其特征[J].红旗文稿，2004（8）：38.

增速也逐渐从4.0%向2.0%～3.0%滑落。近20年美国的年均GDP增幅在2.1%左右，同样进入了缓慢发展阶段。在这样的时代发展背景下，西方发达国家普遍进入优渥的社会生活常态，人们开始持续对资本主义制度中存在的深层次问题进行反思和抗争。这种反思和抗争在社会、文化层面上表现为对于民权的不懈追求、对于社会公平的持续建设、对于多元主义的多维度认同。实际上，这些社会和文化思潮都是为了推进经济社会持续螺旋式前进发展（可持续发展）而展开的社会发展改良运动。这些社会和文化思潮也反作用于经济政治层面，由世界银行率先提出的"治理"理念，迅速地在世界范围内转变为政治变革发展的普适性新理念。这使得具有公共政策属性、发展引领作用、自适应特征的城市设计学科，在新千年后的西方发达国家学术界逐渐形成了城市设计与城市治理结合发展的理论与实践。然而，我们看到，现阶段设计治理理论与实践，诸如前文所描述的英国实践，主要是基于西方资本主义国家的政治体制及其所衍生的城市建设、社会发展主要矛盾而形成的理论。马修·卡莫纳在其设计治理理论的描述中就曾强调，设计治理需要政府将分配正义视作合法政治目标，政府要站在公众利益的角度，推动为公共利益进行设计优化。对于这一观点的强调，根本原因在于资本主义国家本质上是以资本利益为国家核心利益的，公共利益是资本逐利、上位统治的博弈工具。设计治理理论则针对这一特征提出"设计治理过程在很大程度上仍然是国家的责任"，希望设计治理脱离政党执政理念博弈的斗争束缚，上升为普适性的国家意志。显然，这样的初衷在实践中并没有被接纳，这也直接导致英国以CABE为代表的半官方设计治理机构随着布莱尔在英国的执政生涯同步消亡。

相较之下，首先，从城市发展阶段上看：我国在经历了改革开放40年的高速发展后，已经实现了"从乡村型农业社会向城市型工业社会的转型"和"从指令性经济向市场经济的转型"①，实现了第一个百年奋斗目标，全面建成了小康社会，迈向了全面建设社会主义现代化国家的新征程②。在这一时期，中国常住人口城镇化率已经超过60%，其中北京、上海、广州、深圳、天津、杭州、厦门等发达地区常住人口城镇

① 高路易.2020年的中国[J].世界银行中国研究论文，2010（9）：9.

② 中共中央党史和文献研究院.全面建成小康社会大事记[EB/OL].（2021-07-27）. https://wap.peopleapp.com/article/6262694/6159635

化率已经率先超过75%，沿海诸多发达地区已经提前进入了人口、产业、商业及办公的郊区化发展扩张过程。江苏、浙江、广东三省更预计“十四五”末期全省可实现常住人口城镇化率达到75%的目标，进入与发达国家接近的城镇化后期阶段。这一时期，城市快速扩张结束，郊区化带来的交通拥堵、功能缺失、社区文化活力消失等问题日益显著，环境改善、城市更新、旧城复兴等工作逐渐成为城乡建设发展工作的主要方向，这与“设计治理”理念在西方发达国家逐渐开始孕育并发展的阶段相似。

其次，从经济社会发展需求上看：我国经济飞速发展的起步阶段已然结束，经济发展速度逐步减缓的特征日益显现。特别是在2019年、2020年连续两年全国人均GDP超过1万美元大关，我国已经正式向人均GDP 2万美元的经济发展阶段迈进。在这一经济发展阶段，我国经济发展将面对潜在的经济增长停滞，落入中等收入陷阱的困境。因此，我国经济发展从高速增长向高质量发展转型，以突破上述经济发展瓶颈。同时，新时期无论是“人民日益增长的美好生活需要和不平衡不充分的发展之间”的社会主要矛盾，还是中国迈向现代化的必由之路——以人为本的高质量新型城镇化的发展路径选择，我们都看到，现在及未来的很长一段时间，在经济、社会、城乡的建设发展中，高质量都将成为主题。这种高质量发展需求的实现，不仅仅需要资源、资本、技术，更需要创新。这种创新不仅仅围绕着科学研究、技术研发、生产制造等物质及环境塑造的发展，更应激发、促进物质上的“高质量”发展向文化及社会环境的“高品质”发展，使人们在实现物质富足的同时，在社会及精神层面也实现对“美好生活”的广泛认同。这种充满“获得感、幸福感、安全感”的“美好生活”，是涵盖物质空间、人文美学、社会环境等诸多方面的普遍社会认同，无法单纯依靠政府推出某一系列政策制度、法规标准或行动纲领就实现的。因此，“美好生活”的实现既需要正确的顶层政策路线引导，又需要广泛的市场组织、社会群体的认同与参与，更离不开在政府、市场、公众之间反复传导政策、反馈信息、修正行动的政策机制、组织机构、技术方法和专业人才。设计，特别是城市设计，正是这样一种具备专业技术方法与特性，擅长在政府、市场、公众之间建立沟通途径，进行统筹协调，完成穿针引线工作的行业。因此，城市设计必将成为中国“高品质”发展道路上探索以人为本、文化复兴、社会公平、民主法治不可或缺的重要技术手段和政策工具。面对现有城市设计的实施现状、实施困境和潜在发展需求，我们应该走出现有围绕法定规划、土地出让限定的城市设计运作定式，从策划—建设—运营—更新建设—再运营的城市物质空间持续建设运行全周期出发，思考如何通过制定新政策、探索新模式、建立新工具来实现城市设计对城市建设发展的伴随式运作，在通过新的城市设计运作促进城市设计实现“高质量”物质空间建设的同时，通过城市设计对物质空间建设—运行—更新全过程的设计实践，实现社会认同的“美好生活”，这才是现代城市设计真正追求的运作实施。这一新时期城市设计运作的追求，恰恰是“设计治理”理念探索的根本命题。可以说我国城市设计走向设计治理是顺应城市发展规律、符合社会经济需求的自适应性发展转变。

最后，从政治体制改革上看：2013年党的十八届三中全会《关于全面深化改革若干重大问题的决定》首次提出“推进国家治理体系和治理能力现代化”这一重大命题。2017年，中共中央、国务院发布的《关于加强和完善城乡社区治理的意见》提出了基层党组织领导、基层政府主导的多方参与、共同治理的城乡社区治理体系。2018年，中共十九届三中全会《关于深化党和国家机构改革的决定》和《深化党和国家机构改革方案》为推进国家治理体系和治理能力现代化提供了有力的组织保障。至2019年，中国共产党第十九届中央委员会第四次全体会议审议通过《中共中央关于坚持和完善中国特色社会主义制度 推进国家治理体系和治理能力现代化若干重大问题的决定》，“治理”理念逐渐成为党和国家应对社会主义阶段性发展，全面深化改革的关键性理念，更成为发展社会主义民主政治，建设社会主义现代化的核心执政方式[①]。“设计治理”理念的系统发展与实践，无疑将有助于我国治理能力的现代化和国家治理体系的不断建设完善。更为幸运的是，由于中国特色社会主义制度的优越性，“增进人民福祉、为人民服务”始终放在党和国家执政的首要地位。同时，在中国共产党领导下的国家机器将实现“高品质”作为统一的国家意志，成为各地各级政府的发展目标和首要责任之

① 马翠军认为，现代化治理就是在国家理性目标的基础上，对不同社会权利进行维持、分配、重建，使所有的社会力量在自我扩充的同时，实现国家力量的增长与良好秩序的维持。马翠军.“公共管理”的真相[J].读书，2020（8）.

一，在未来一个阶段将在全国范围内持之以恒地贯彻执行。这一基于政治体制、执政方式、执政特征的“国家整体意志”和“社会主义公平公正追求”与基于西方政治体制特征发展出来的“设计治理”理念在“在国家领导下”的先决条件和“符合公共利益”的价值诉求上不谋而合。其差别在于：在西方国家，卡莫纳所建构的“设计治理”是为了与统治阶级博弈，为公众争取公共利益；而在我国，“设计治理”理念所追求的将高品质发展（卡莫纳将其描述为“好的”场所）和公共利益作为国家、政府的责任，是中国共产党和中国政府始终坚持并一以贯之的执政目标。可以说，卡莫纳所定义的“设计治理”理念在中国具有先天的发展实践优势，也使得“设计治理”在中国的实践探索不会受到类似英国实践中出现的政治化因素的干扰，沦为政党利益博弈的政治化工具。正如卡莫纳所说：“所有形式的设计治理本质上都是政治性的，是对‘良好’设计本质进行判断的政治过程的一部分。”因此，中国的设计治理必然有别于西方发达国家的实践，需要探索出适于我国政治体制、行政体系、决策模式和符合市场发展变化需求、社会关系组织、地域交往特征的本土设计治理理念、实践模式以及工具方法，或者形成基于西方已有理论实践的本土化改良应用。

3.2.1 现阶段我国的研究及探索

1. 以公众参与为基础，从管治到治理的规划设计研究基础

从中国知网检索“设计治理”相关研究文献的结果来看，与设计治理理念相关的研究最早主要以“公众参与”这一代表规划设计科学民主化的用语为关键词，在20世纪90年代初出现在我国的规划设计研究领域。刘奇志的《公众参与与城市规划》[①] 是第一篇以公众参与为题的核心期刊文献。随后，关于外国的公众参与制度经验和社会民主公权维护等意识思想的研究逐渐涌现，如梁鹤年的《公众（市民）参与：北美的经验与教训》[②] 、吴缚龙的《利益制约：城市规划的社会过程》[③] 、张庭伟的《社会资本：社区规划及公众参与》[④] 等。“公众参与”研究涉及的实

① 刘奇志.公众参与与城市规划（摘登）[J].城市规划，1991（1）：40.

② 梁鹤年.公众（市民）参与：北美的经验与教训[J].城市规划，1999（5）：48-52.

③ 吴缚龙.利益制约：城市规划的社会过程[J].城市规划，1991（3）：59-61.

④ 张庭伟.社会资本：社区规划及公众参与[J].城市规划，1999（10）：23-26，30-64.

践范畴逐渐从法定规划、城市更新、专项设计向社区规划、乡村规划扩展，如孙骅声的《深圳市法定图则的探索与实践》就阐明了法定规划中的公众参与是对城市规划法治化、民主化的有益建设[①]；田力男则从总体规划公示宣传的角度介绍了公众参与的探索[②]；钱欣通过对我国城市更新现象及特点的总结，提出了开放的公众参与系统建立、运行及制度保障思路[③]；薛莹认为旅游规划应提倡公众参与[④]，唐军则介绍了景观规划设计中的公众参与与社会关怀[⑤]；张斌等透过深圳龙岗的实践阐述了村镇规划中公众参与的方式方法与管理实施的价值[⑥]。在新千年前后，“公众参与”出现了第一轮研究高潮，关于公众参与的制度机制及方式方法成为研究的热点，如：何丹、赵民的《论城市规划中公众参与的政治经济基础及制度安排》[⑦]，陈锦富的《论公众参与与城市规划制度》[⑧]，王兴平的《听证制度与城市规划》[⑨]，周建军的《公众参与：民主化进程中实施城市规划的重要策略》[⑩]，邹丽东从上海实践出发对城市规划编制过程中的“公众参与”方式方法的研究[⑪]等。

新千年伊始，governance这一概念被译为“管治”开始进入城市规划设计领域的研究范畴。张京祥、顾朝林等从社会隔离、社会整合的社会学视角切入，剖析了社区建设管理、城市更新的内生因素、发展趋势和国情研判，强调了规划设计的社会属性与其通过公众参与可以实现的社会作用，并建议开展城市管治研究以提高政府运行效益，促进非政府组织参与城市运行管理[⑫]。其后，张京祥和庄林德又撰文阐述了空间资

---

① 孙骅声，周劲，陈宏军.深圳市法定图则的探索与实践[J].城市规划，1998(3)：29-30.

② 田力男.公众参与的探索：青岛市城市总体规划宣传引发的思考[J].城市规划，2000(1)：50-51.

③ 钱欣.浅谈城市更新中的公众参与问题[J].城市问题，2001(2)：48-50.

④ 薛莹.旅游规划应提倡公众参与[N].中国旅游报，2001-08-10(C03).

⑤ 唐军.从功能理性到公众参与：西方现代景观规划设计的社会脚印[J].规划师，2001(4)：101-104.

⑥ 张斌，张春杰.村镇规划：如何建构有效的公众参与机制[J].规划师，2000(4)：11-12，24.

⑦ 何丹，赵民.论城市规划中公众参与的政治经济基础及制度安排[J].城市规划汇刊，1999(4).

⑧ 陈锦富.论公众参与的城市规划制度[J].城市规划，2000(7)：54-57.

⑨ 王兴平.听证制度与城市规划[J].规划师，2000(6)：106-107.

⑩ 周建军.公众参与：民主化进程中实施城市规划的重要策略[J].规划师，2000(4)：4-7，15.

⑪ 邹丽东.“公众参与”城市规划编制过程探索：以上海长宁区为例[J].规划师，2000(5)：70-72.

⑫ 张京祥，顾朝林，黄春晓.城市规划的社会学思维[J].规划师，2000(4)：98-103.

源分配作为政府能够行之有效地调控社会各发展单元的互利方式，应结合我国政治体制在区域规划及管理中探索通过“空间资源管治”实现“广泛社会管治”下的政府、社会、个人权利再分配[①]。黄光宇、张继刚则从依法治国、社会主义法治观念和科学民主的管理体系建设角度阐述了政府行政管治垂直体系、政府与非政府组织间协作的水平管治体系的现实问题和创新建构，强调了我国公众参与尚处于起步阶段，应通过建设规划专家委员会制度、完善公众参与程序、增强法律法规中的执法者义务与被管理者权利，实现全流程渗透的公开公正规划设计管理[②]。罗小龙等则更为聚焦，将管治作为一种规范化的自组织协调机制，并基于此探讨了在不改变行政体系和机构设置的前提下，通过建立非官方的城市规划公众参与委员会这一组织形式，能够实现的公共利益最大化下的多重现实价值和与之匹配的保障体系建构[③]。与此同时，governance被译为“治理”成为行政管理、宏观经济、社会学领域研究的重点，并逐渐透过经济学对“城市化”[④]“城市经营”等命题的研究和社会学对于“社区治理模式”“居民参与”[⑤]等内容的探讨，使“治理”一词逐渐被规划设计领域接纳，如罗震东的《秩序、城市治理与大都市规划理论的发展》[⑥]、汤芳菲的《义乌城市治理发展与空间重构研究》[⑦]都是较早在规划设计领域运用“治理”一词的研究。在中央全面深化改革的政策纲领指引下，2013年以后，关于“治理”的研究以年均增加300～400篇文献发表量的态势持续增长，“治理”一词逐渐替代了“管治”一词，在规划设计领域被广泛应用。

2. 具有“治理”特征的规划设计及制度建设探索实践

随着治理理念被规划设计领域广泛接纳和中国城镇化在2012年整体步入第二个阶段的发展需求的影响，具有“治理”特征的各类规划

---

① 张京祥，庄林德. 管治及城市与区域管治：一种新制度性规划理念[J]. 城市规划，2000（6）：36-39.

② 黄光宇，张继刚. 我国城市管治研究与思考[J]. 城市规划，2000（9）：13-18.

③ 罗小龙，张京祥. 管治理念与中国城市规划的公众参与[J]. 城市规划汇刊，2001（2）：59-62，80.

④ 侯凌. 经济学新视角下的城市化与城市治理：评《城市化与经济发展：理论、模式与政策》[J]. 经济评论，2005（3）：127-128.

⑤ 万鹏飞. 社区治理与居民参与：城市生活质量的标尺[J]. 社区，2005（16）：21-23.

⑥ 罗震东. 秩序、城市治理与大都市规划理论的发展[J]. 城市规划，2007（12）：20-25.

⑦ 汤芳菲. 义乌城市治理发展与空间重构研究[D]. 北京：中国城市规划设计研究院，2008.

范式实践日益增加，如武汉市基于倡导式规划理论开展的公众参与实践[①]，中国城市规划设计研究院在玉树抗震救灾规划建设中开展的沟通式规划实践[②]，沟通式规划在乡村建设实践中的应用与反思[③]，澳门开展的“全民参与、以人为本、利益平衡”的“共享规划”实践[④]，中关村西区建设中开展的协同规划实践[⑤]以及2018年起围绕旧城改造、城市更新、社区更新、小微空间营造等日渐兴起的参与式规划设计实践。从这些规划设计范式的实践中我们可以看到：在规划建设领域，治理主体已经从单一政府部门向多部门横向扩展，并越来越多地走出政府作为主体的垂直治理体系，走向与市场、社会组织甚至个人进行衔接扩展的网络化治理体系；公众参与作为主要治理手段，也正在逐渐走出以展示、公示为主的告知式公众参与模式，通过相关利益群体直接参与或利用互联网、大数据等网络平台“微参与”到规划设计过程之中。这种具有“治理”理念的规划探索实践，在2018年以后逐渐呈现为基于规划师角色、工作模式转变和结合治理体系建设的制度化探索，如成都（2013年）、嘉兴（2017年）、杭州（2018年）、宁波（2018年）纷纷开始推进的驻村规划师、乡村规划师制度实践；成都（2017年）、上海（2018年）、深圳（2018年）、南京（2019年）开始试点推进的社区规划师制度建设和社区营造探索；北京（2018年）、武汉（2021年）开始试点并全面推进的责任规划师工作探索及制度建设；深圳（2018年）、珠海（2019年）开始探索并已经形成多点实践的重点地区总设计师制度。这一类实践从城市、街镇、社区、乡村的不同空间尺度，围绕不同的多元服务协调主体，形成了涵盖新建、更新、管理、运维、制度等不同维度的探索。相较于前面提到的范式类探索，这类探索可以说是将“治理”作为方式和目标的规划设计领域实践。这类实践进一步改善了我国现阶段规划设计

---

① 刘卓君.基于倡导式规划理论的武汉市城市规划公众参与[J].农业科技与信息（现代园林），2012（2）：32-36.

② 胥明明.沟通式规划在玉树地震灾后重建中的应用研究[D].北京：中国城市规划设计研究院，2012.

③ 王立舟，陈佳，陈旭斌，等.沟通式规划在乡村建设中的应用：从群众基础的构建出发[C]//中国城市规划学会.新常态：传承与变革：2015中国城市规划年会论文集.北京：中国建筑工业出版社，2015.

④ 罗子盈，王锦莹.咨询时代，共享规划[J].城市规划，2014，38（S1）：117-120.

⑤ 杜宝东，董博，周婧楠.规划转型：基于中关村科学城协作规划的思考[J].城市规划，2014，38（S2）：125-129.

工作大多停留在项目化的策划、规划、设计、评估模式的现状，促进了规划设计以服务模式走进规划设计前的组织谋划、规划设计后的实施落地以及持续的跟踪反馈阶段，并逐渐开启了从城市到乡村，各级政府与非政府组织（或专业群体）、非政府组织与社会群体（或市场机构）之间，由政府认可并参与的合作互动式探索、工作模式总结以及制度化、法治化建设，形成了一定规模的物质环境改善与社会环境改良相协同的实践探索，初步形成了设计治理在规划设计领域的发散性、适应性的自主研究趋势。

3. 设计治理理念的引入与发展

2018年，北京建筑大学马克思主义学院的秦红岭教授从城市伦理的角度率先在期刊中引用并介绍了马修·卡莫纳的“设计治理”理念、定义和特征，阐明了城市设计作为一种引导性公共政策和城市治理工具的作用日益突出，提出了坚持保障公众利益、以人为本、公众参与的设计治理原则，并认为设计治理将超越传统城市设计管理，实现“善治”“共治”“法治”的三重目标[①]。该研究首次系统性地将英国的设计治理理念与我国城乡建设的现实问题、政策目标、制度环境、运作特征相结合，是具有中国特色设计治理理念的初次建构。同年，清华大学的祝贺和唐燕对2017年马修·卡莫纳教授出版的有关英国CABE城市设计治理实验一书进行了评述，使读者透过对全书五大章节的概述和要点总结，初步了解设计治理在英国产生、发展的背景、理论要点以及实践特征，并指出这一著作在经验普适性和制度建设的探索方面尚未破题[②]。其后，二者通过对英国建筑与建成环境委员会（CABE）的组织架构、工作内容、工具库应用及相关业务案例进行剖析，展示了这一非政府组织在英国的城市设计运作过程中起到的监督、促进、协调三大作用，强调了其目标在于促进英国塑造重视设计质量的国家文化，改善设计治理运行的外部环境[③]。在2020年，二者完成了《城市设计治理：英国建筑与建成环境委员会（CABE）的实验》的翻译并在国

---

① 秦红岭.城市设计治理：一种伦理视角的阐释[J].北京建筑大学学报，2018，34(3)：73-80.

② 祝贺，唐燕.评《设计治理：CABE的实验》[J].城市与区域规划研究，2018，10(3)：247-249.

③ 祝贺，唐燕.英国城市设计运作的半正式机构介入：基于CABE的设计治理实证研究[J].国际城市规划，2019，34(4)：120-126.

内发行，该书成为国内规划设计领域在设计治理方面的首部译著[①]。这一系列的工作为国内学者认识了解设计治理理论及实践提供了详尽的素材。

在这期间，对设计治理的理念解读与实践探索也逐渐增加，如李青青提出，生态文明建设实际上是一种设计治理的过程[②]；唐燕从精细化治理的角度探讨现有城市设计运作机制的转变，提出我国城市设计在方式演进上正逐渐从“设计控制”迈向“设计治理”[③]，其后从增权的视角对北京责任规划师制度及实践进行梳理分析，提出责任规划师相对传统规划师而言实现了从技术专家向协调者的角色转变，实现了基层规划治理体系的建构和分权[④]；笔者则通过对海淀区街镇责任规划师制度建立背后的实施主体、监管协调主体的剖析和对国外不同类型责任规划师组织方式、工作内容的总结，阐述了海淀区建构多类型结合的责任规划师组织构架的初衷以及其在政府治理、社会治理和市场治理三个维度下实现的实效性、专业性、多元性和开放性治理特征，强调了多维度专业人才以“补位”的形式，通过正式或非正式的设计引领，促进了多元主体在决策和行动中同步实现物质环境与社会环境共同治理的效用[⑤]；冯倩晶以设计治理理念为切入点，在其硕士论文中以珠海为例，总结了珠海城市设计运作四个阶段的发展历程，以2016年珠海市城市工作会议为标志，界定了珠海市进入设计治理初级阶段，并通过横琴十字门中央商务区于2019年开始的城市总设计师制度、金湾航空新城核心区的金山公园以儿童友好为理念开展的参与式设计及议事制度建设为例证，论述了非政府组织在传统规划设计管理过程中实现的设计治理效能[⑥]。

---

① 卡莫纳，等.城市设计治理：英国建筑与建成环境委员会（CABE）的实验[M].唐燕，等译.北京：中国建筑工业出版社，2020.

② 李青青.生态文明建设中设计治理问题探索[C]//同济大学，湖南科技大学，国家社科重大项目《中华工匠文化体系及其传承创新研究》课题组.中国设计理论与技术创新学术研讨会：第四届中国设计理论暨第四届全国“中国工匠”培育高端论坛论文集，2020：9.

③ 唐燕.精细化治理时代的城市设计运作：基于二元思辨[J].城市规划，2020，44（2）：20-26.

④ 唐燕.增权视角下的社区更新与规划师转型[N].建筑时报，2021-08-30（6）.

⑤ 王颖楠，陈朝晖.北京现代化城市治理体系中的设计治理探索：基于海淀街镇责任规划师组织架构的研究[J].北京规划建设，2021（2）：114-118.

⑥ 冯倩晶.设计治理视角下的珠海市城市设计研究[D].广州：华南理工大学，2020.

值得一提的是，除了上述在规划设计领域以城乡建成环境为范畴的设计治理（即城乡设计治理、基于空间要素的设计治理或围绕城乡各类建设行为的设计治理）探索外，设计治理概念在国内已经出现了更广义范畴的系统性研究。同济大学设计创意学院的邹其昌先生在2019年11月的“中国设计理论与技术创新学术研讨会”上就“设计治理理论与技术创新”议题，提出应该将设计治理作为一个专业的学科范畴，并在国家社科基金重大项目《中华工匠文化体系及其传承创新研究》（16ZDA105）的支持下，以广义设计[①]为范畴，对设计治理概念、体系、战略等方面进行了研究。他认为设计治理在中国古已有之，中国人自古就通过渗透在空间、器物、色彩等体系中的设计秩序[②]表达“存在的秩序”，建构政治秩序，实现社会治理；因此，广义的设计治理的本质是实现人类世界的秩序性价值，本质上是一种善治；他还呼吁设计治理应作为社会设计学[③]研究领域的核心内容引入中国当代设计理论体系，探索其理论体系、实践系统以及设计行为与社会之间的相互联系，

① “设计科学”（the science of design）的概念是美国科学家、诺贝尔经济学奖获得者、“人工智能之父”赫伯特·西蒙（H. A. Simon，1916—2001）在其《人工科学》（*The Sciences of the Artificial*，1969年第一版、1981年第二版、1996年第三版）一书中提出的。他将设计科学作为建构和探索人工科学的复杂性系统的核心问题加以探讨与研究，对设计科学的建构与发展做出了重大历史贡献。由此，设计科学成为与科学学、技术科学相并列的又一基本科学维度（亦称为“第三种科学”），更重要的是开创了探索设计自身的存在方式问题的向度。“设计学”（Designology）的概念在西方首次出现是在加什帕尔斯基（Gasparski）和奥廖尔（Orel）编辑出版的《设计学——行为规划研究》（*Designology: Studies on Planning for Action*）一书中。2011年，中国进行学科调整，“设计学”首次成为一级学科。邹其昌.理解设计治理：概念、体系与战略：设计治理理论基本问题研究系列[C]//同济大学，国家社科重大项目《中华工匠文化体系及其传承创新研究》课题组.中国设计理论与国家发展战略学术研讨会：第五届中国设计理论暨第五届全国“中国工匠”培育高端论坛论文集，2021：19.

② 邹其昌认为，设计秩序与社会秩序、政治秩序等并列，共同构成存在秩序系统。设计秩序是以设计的方式，包括设计的结构、符号等要素来促进和建构秩序系统的。设计秩序主要包括视觉设计秩序系统、行为设计秩序系统、思维设计秩序系统等。

③ 邹其昌认为，当代设计理论体系至少包括三大基本板块：基础设计学（元设计学/Meta-Designology、设计的设计学）、实践设计学（应用设计学/Prax-Designology）和产业设计学（社会设计学/Social-Designology）。依据目前的研究，社会设计学体系建构的基本范畴主要是大核心范畴：设计资本和设计治理，一般而言，这个范畴的确立都是基于设计产业——设计市场而展开的。其中设计资本范畴的内涵在于设计驱动社会创新，改造社会，实现设计价值的内生性增长（endogenous growth）。

以设计完善社会创新，实现社会改善[①]。从这一讨论中，我们可以看到，设计治理在规划设计领域刚刚兴起之际，就迅速地得到了其他学科，或者说是"原学科"的认同，并已经呈现出与中国本土文化结合进行根源性探索的趋势。同时，这一议题已经迅速超脱于卡莫纳定义的"设计治理"理念所限定的"建成环境"这一主要研究范畴，发展出了以广义设计为对象的研究领域，并随着社会设计领域的实践，逐渐通过对建成环境的空间改善实现持续性的社会改良，如地瓜社区的周子书就在成都曹家巷社区党群服务中心的启动、设计、实施和运营中探索了如何运用社会设计学理论实现对地域性文化记忆的保护与再现，通过空间环境建设诱发社会心理、社会行为的自发改良以及通过持续性的运营和对非政府组织的培育、运作实现与更广泛的社会、市场群体的连接，激活社会自治能力。由此可见，无论依托哪一门学科的理论体系或价值起源，"设计治理"这一设计实践行为本身都展现出了符合现阶段政府、市场、社会需求的现实能力，并在一线城市中获得了一定的由不同层级政府主导的探索契机。同时，无论是涉及物质空间的建设运营实践，还是基于管理的制度建设探索，均呈现出通过空间要素优化、重构、运行的全过程设计服务，以实现融合市场治理能力，激发社会自治能力，提升政府治理效能的实践目标。

当然，本书研究的"设计治理"并非广义设计范畴下的设计治理，仍然是在城乡规划设计学科体系内，以城市设计为主要方法，对"城乡建成环境"进行的设计治理讨论，可以视作对广义"设计治理"中"城市设计"领域的治理研究。研究的根本是围绕城乡建设行为的全周期开展城市设计运作，开展对城乡空间环境与社会环境协同治理的理念方法、制度政策、技术工具等的研究实践。本书讨论的"设计治理"与前文提到的"空间治理"不同，前者强调的治理对象是各类、各级空间资源要素，强调资源的统筹配置，而"设计治理"则是以城市设计本身，或者说城市设计的运作为研究对象，强调的是城市设计的实现途径、现实目标的协调，是以不同主体为研究对象的政府治理、

① 邹其昌.理解设计治理：概念、体系与战略：设计治理理论基本问题研究系列[C]//同济大学，国家社科重大项目《中华工匠文化体系及其传承创新研究》课题组.中国设计理论与国家发展战略学术研讨会：第五届中国设计理论暨第五届全国"中国工匠"培育高端论坛论文集，2021：19.

市场治理、社会治理在涉及城乡建设行为时的一种有效的治理工具、治理方法。

3.2.2 设计治理在中国的现实意义

当前，我国社会的主要矛盾已经转为“人民日益增长的美好生活需要和不平衡不充分的发展之间的矛盾”。我们可以清晰地看到人民对生活的要求，不仅仅要好，更要美。这种“美好”标准下的高品质，不仅需要城乡建成环境在物质空间层面有“质”，更要在精神文化层面有“品”。那么，什么是“美好”的、“高品质”的呢？是我们要在城乡建成环境中力所能及地用好的、贵的材料？或是遍布各种高大上的智能电子设施？当然不是。好的、贵的材料可能是稀有的，但并不一定适用、耐久，或者并不低碳、环保、可持续。比如沿人行道设置阻车桩，本意是希望人行道能够保持原有的通行功能。但是我们经常可以看到，在狭窄的人行道上出现粗大的甚至球形的大理石质地的阻车桩，这些昂贵的抛光大理石产品，就其自身而言是符合“高品质”特征的，但是在实际使用中却成了行人，特别是老年人、儿童、残障人士的“绊脚石”，体验毫无“美好”可言，更何况在道路交通设施中大规模地使用大理石可能引发的开山采石会对生态环境造成不必要的破坏。再比如在城市公园绿地的建设中，为了视觉上的美好，选择大规模种植银杏成树，由于银杏树生长缓慢，直接种植的大型银杏成树很多都需要从自然山林中攫取，这是一种牺牲异地自然之美好，换取本地人工之美好的做法，并非真正的美好。

那么，“美好”“高品质”的标准到底是什么呢？其实，“美好”“高品质”是无法用标准规范限定、管理出来的。就如国家制定的各类商品质量标准，只能用于证明合格、安全、有效，但并不能证明品质高。城市建设当中的各类标准规范亦然，也是用来确保底线，实现基本的公平和安全，无法标定城市品质是否达到“高水平”。无论是“美好”还是“高水平”，实际上都是一个相对概念，一个与时俱进的相对概念。然而，在城市规划建设当中，由于标准编制、修订的周期长，更新速度慢，在很多时候无法适应社会需求的快速变化、技术的高速变革，有时甚至会成为高品质的阻碍，如建筑师陈忱在“一席”上分享的高品质学校设计与规范之间就存在着诸多矛盾。她认为在深圳的小学校园建设中普遍存在着一种现象，即：本来是为了学生健康着想，规范规定冬至日满窗日照不得低于两小时，却和现今大量使用电子设备的教室使用需求发生了明显的冲突，为了保证在充足的日照下教室内的电子设备仍然清晰可见，很多时候，教室上课都需要拉着窗帘，开着灯进行教学。出于健康考虑的日照条款在现实使用中非但没能提供健康，反而增加了能源上的浪费[①]。但是，当设计师提出一个适当减少教室内日照，从而避免设备使用中的眩光，并通过增加学生活动空间的日照来满足学生健康需求的“更高质量”学校设计方案时，在常规的设计审查、施工图审查制度下，这种方案是无法通过设计审核而得以实施的。规范标准本来是用于保证“基本达标”的规定要求，却在使用中常常成为唯一的标准答案。很多建设项目的“审查”好像考试判卷一样，只存在和答案一致时打钩和答案不一致时打叉这两种选项。有时甚至专家评审会审议通过的，有利于实际使用或城市建设发展的设计方案，也会在图纸的强制审查时难以通过。“审查人”既无权限在标准规范的条文与方案的优劣之间进行评价，可能更无能力进行相关判断，或是不愿承担判断后潜藏的责任风险。例如在2016年，国家对道路设计规范进行修订时，考虑到我国道路宽度远大于许多国家的状况，故在规范修订时，在条款中规定时速不大于60km/h的车道、大小车混合通行的车道宽度为3.5m，小客车专用道为3.25m。然而，很多城市在道路设计建设中，为了避免设计审查过程中“不必要的解释”，或后期管理过程中的潜在责任，或追求“更好”的交通通行水平，则统一将车道宽度取3.5m，甚至按大于60km/h时速的3.75m车道宽度作为统一标准进行设计审核[②]。这种缺乏判断能力或者不愿承担判断责任的审查机制，使得很多城市即使是支路也都采用3.5m甚至3.75m宽度的车道。这种选择高标准修建的宽马路，使本应该通过窄车道实现慢速通行的地区，车辆仍然可以高速通行，看似提高了机动车行驶效率和驾驶体验的“高质量”设计，实则是对慢行者权利的损害。这种做法在无形中增加了慢行者的安全风险、过街难度，与“美好”的慢行优先理念背道而驰。这种“宽马路”的修建标

① 陈忱.我走访了很多深圳的中小学，几乎每间教室都这样：大白天的开着灯，然后拉着窗帘[EB/OL].(2021-10-14).https://mp.weixin.qq.com/s/oDo9LxuSIiyjUWCIBMXd4Q

② 指标参考：城市道路工程设计规范：CJJ 37—2012(2016年版)[S].北京：中国建筑工业出版社，2016.

准，不仅影响了“少数步行者”的体验，更是对于城市土地资源的一种浪费，甚至是对城市风貌的彻底改变，影响了中国很多历史地区的城市肌理和空间特色。比如：北京平安大街扩建之后达到了双向8车道，虽然实现了对高峰时期大量东西向穿越交通的承载，但也彻底破坏了道路南北两侧1至2层的古都风貌建筑形成的亲切空间尺度。这种在局部空间上基于标准规范和城市某一时期运行效率的需求进行的“正确建设”，实际上损害了更具长远价值、更具历史意义的古都风貌整体性。令人欣喜的是在最近完成的平安大街改造工程中，设计通过减少车道数量和局部缩小车道宽度，在道路中间增设种植高大乔木的绿化带，局部拓宽人行道，实现了中央隔离带的高大乔木与沿街建筑对街道尺度的重新塑造。改造后的平安大街没有因为减少车道、缩小车道宽度而降低通行效率，反而因为更加紧凑的车道排布，促使车辆在行驶过程中减少了反复超车、并线等不良驾驶行为，改善了整体行车秩序，使平安大街的通行效率得到了一定的提升（图3-4）。

1. 空间设计改良推动城市治理、社会治理

那么我们要如何才能塑造“美好”“高品质”呢？首先，“美”是需要人文和艺术积淀而成的，是需要具有一定专业能力的人进行塑造的。每个人都可以去欣赏“美”、评价“美”，但并不一定能创造“美”，这也是为什么画家、雕塑家、产品设计师、建筑师、园艺师乃至城市设计师能够逐渐形成独立行业的原因之一。这些不同行业的人群都有一个共同特征，那就是他们都在特定领域掌握了塑造“美”的能力。当这种塑造“美”的能力脱离单纯的视觉追求，转而追求与人及人的思

图3-4
“正确的建设”
图片来源：作者拍摄

平安大街改造前

平安大街改造后

想行为相契合时，这种能力被称为“设计”。可以说“设计”的本质就是以人为本地发现问题、解决问题，并赋予“美”感[①]。因此，在新型城镇化的发展进程中，我们追求“以人为本”的高品质发展，实际上是追求基于良好设计的品质塑造，落实在城乡建成环境中，则是要通过好的城市设计指引实现好的建筑、环境、景观等设计，进而实现城乡建成环境品质的提升。“美”的城市及生活一定是充满了精心设计的。因此，“好”的城市设计才是实现这一“高品质”诉求的关键工具和重要途径之一。

在我国，1950年前后开展的城市建设工作中就已经提及城市设计工作的重要性和必要性（参见第1章）。1980年，正式开启了中国的现代主义城市设计之路后，城市设计理念、方法在城市建设领域内逐渐普及，随之而来的是全国各地实践探索的不断扩大。这一时期的城市设计围绕快速城镇化阶段的发展需求，以大规模新建为主要方向，形成了不断完善的城市设计编制及运作体系。但是由于这一时期文化自信的缺乏和对以经济发展为主的政绩追逐的影响，城市设计缺失、失效现象大量存在，城市中“贪大、媚洋、求怪”的乱象愈演愈烈[②]。为此，2015年的中央城市工作会议做出了“要加强城市设计”“全面开展城市设计”的工作指示[③]。城市设计不再仅仅是推进新城新区宏大场景塑造的空间塑造工具，它更是从城市的时间和空间的整体演进出发，持续改善空间立体性、平面协调性，实现风貌整体性、文脉延续性的系统性调节管理工具。这种对于城市建成环境的系统性协调改善，实则是一种对城乡人居环境运行秩序的不断梳理和完善，是对人们的生活方式、文

---

① 这里的“美”感，是超越视觉的，比如力学之美、数学之美，或是程序之美等，可以说这种“美”感是人对万物的“秩序”展现的感知体验。

② 习近平指出，城市建筑贪大、媚洋、求怪等乱象由来已久，且有愈演愈烈之势，是典型的缺乏文化自信的表现，也折射出一些领导干部扭曲的政绩观，要下决心进行治理。建筑是凝固的历史和文化，是历史文脉的体现和延续，要树立高度的文化自觉和文化自信，强化创新理念，完善决策和评估机制，营造健康的社会氛围，处理好传统与现代、继承与发展的关系，让我们的城市建筑更好地体现地域特征、民族特色和时代风貌。

③ 要加强城市设计，提倡城市修补，加强控制性详细规划的公开性和强制性。要加强对城市的空间立体性、平面协调性、风貌整体性、文脉延续性等方面的规划和管控，留住城市特有的地域环境、文化特色、建筑风格等“基因”。……要提升规划水平，增强城市规划的科学性和权威性，促进“多规合一”，全面开展城市设计，完善新时期建筑方针，科学谋划城市“成长坐标”。引自让城市更宜居更美好：学习贯彻中央城市工作会议精神[EB/OL].（2015-12-23）.http：//www.gov.cn/zhengce/2015-12/23/content_5026892.htm

化价值的引导与培育，是一种通过空间改良设计实现的城市治理。比如面对机动车拥堵这一现代城市病，很多地方都通过大规模建设地铁、设置公交专用道的形式鼓励“公交优先”，但是我们看到，在我国，人们对于“公交”的态度很多时候仍然是“不得已”的选择，对于拥有私家车“才更方便”的认知并没有发生转变。而在欧洲的许多国家，人们已经将私家车出行视作可有可无的选择。在欧洲，人们通过城市设计对用地布局、设施分布的调节，使步行前往地铁、公交的距离可能远远小于前往停车场存取车辆的距离，进而形成了公共交通更为便利的切实体验。同时，通过城市设计不断引导提升轨道站点周边的慢行可达性，改善提升骑行、步行环境体验，进一步使人们感受到可以通过慢行很安全、很便利、很舒适地到达轨道站点，从而认同“公交+慢行”的通行效率和体验远优于自驾车出行。而对轨道交通站点周围商业业态的调整和公共设施的供给，进一步强化了人们在忙碌之余利用必要的通勤路径就可以完成逛街购物、吃饭交流、休闲健身等必要生活需求的认知，实现了现代人更容易接受的紧凑、高效的生活模式，进而促进“绿色出行”文化的深入人心。这种生活方式的形成不是单纯建设大规模轨道交通就能实现的，它需要通过城市设计不断地对轨道站点及其周边已建、在建项目进行梳理，优化慢行衔接组织路径，提升慢行体验，并最大化地对有需求、有特色的地区进行串联衔接或有目标地推动功能业态更新。这种不断对轨道站点周边环境运行秩序的梳理，实际上是遵循人本需求，最大限度地连接与整合了现代人的追求高效、健康、高品质的生活需求，进而通过对人们内在需求的匹配与满足，建立行为趋同和价值共识。这种物质环境品质提升过程中实现的社会价值体系改良，正是城市设计走向设计治理所具有的现实意义之一。这种在城市中持续不断发生的设计治理过程，更能够将设计改变生活、创新引领发展的意识潜移默化地埋在政府、市场、市民的心里，产生引导人民持续自发建构美好生活的内生动力。这也是为什么卡莫纳在建构其“设计治理”理念时强调希望通过设计治理重新改变设计文化在英国的地位。

2. 物质空间再分配推进社会公平、正义

2017年党的十九大报告进一步指出：“人民对美好生活的需要日益广泛，不仅对物质文化生活提出了更高要求，而且在民主、法治、公平、正义、安全、环境等方面的要求日益增长。”这使得这一阶段城市、政府、市民对“好”的城市设计的需求进一步发展演进。城市设计在塑造和改善城乡物质空间环境时，不单要注重物质上的文脉延续、特色塑造等要求，更要注重在物质环境塑造过程中，完善、实现民主、法治、公平、正义等方面的社会环境塑造。例如在快速城镇化时期，很多更新改造都是通过大拆大建实现的。这种更新改造确实可以快速地实现建成环境在物质层面的“质”量改善，但随着诸多历史要素的清除一空，城市成为工业化产品堆砌的场景，全无时间积淀下的韵味可“品”。更可悲的是，这种焕然一“新”的过程，往往是通过一张张“漂亮”的效果图推进的，开发商、政府乃至专业规划设计人员通过勾画的虚拟场景，达成了所谓带动地区发展、环境品质提升的“美好”共识。这种与历史挥别的“美好”共识，实则是一种“你妈觉得你冷”的大家长做派。这种城市公共产品供给模式往往忽略了历史文脉的延续，忽视了在地群众最切实的建设更新诉求，甚至是斩断了地区原有相对稳定的社会结构，加剧了社会关系的离散与原子化。因此，面对新型城镇化的发展诉求和城市更新逐渐转变为主要建设发展方式的时代要求，以人为本的发展在城市建设方面不是单单由政府或市场提供高品质的物质空间环境或公共产品就能实现的，更重要的是通过“好”的城市设计不断协调、平衡，实现人民群众在空间利用权利上的平等：这既包括公共资源配置及分布上的公平性和正义性，又包括这种配置与分布在实现过程中的民主性与法治性。空间权，作为市民的基本权利应该得到有效的保障，应避免因权力化、资本化而导致城市公共空间异化为少部分人掌控驱动，或因建造设计缺陷影响弱势群体的使用，使部分群体的基本、正当权利被挤压[①]。例如公立学校作为公共服务设施，在我国为国有划拨用地，其产权为国家所有，即全民所有。公立学校[②]是承担教育职能的公务

① 秦红岭.城市设计治理：一种伦理视角的阐释[J].北京建筑大学学报，2018，34(3)：73-80.

② 国家开办的事业单位一般包括公办高等院校、幼儿园、中学及卫生部门所属医院等。魏振瀛.民法[M].北京：北京大学出版社，高等教育出版社，2017：261-262.

法人[①]，可以行使校园空间的自治权，但是公立学校是利用财政经费开办，由全体社会成员共同承担的，即承担公共职能的公物，并非仅由在校职工、在校学生独占独享的私产。因此，在城市建成地区公共资源配置短缺，且很难寻找新增建设用地的地区，或出于节地紧凑发展、减少公共资源浪费、提高公共服务设施使用效率的目标，公立学校中的体育设施、运动场地作为非排他性消费品，可供多人多次使用，应遵从共享性优先权[②]，在优先满足受教育者需要的条件下，允许公众使用[③]。在未来的城市更新过程中应通过设计治理推动政府、学校、社会群体达成共治共享共识。在保障安全、教学工作的前提下合理调整封闭管理边界、出入路径乃至空间布局，实现物质空间的设施共享，并通过制度建设与CIM、城市大脑等数字化监管运维系统的介入，打通分时分区的共享共治管理运营路径，从而维护社会公众对公共资源的合法平等使用。而随着城市建成率的逐渐攀升，城市空间日渐被不同群体所有，这使得城市

---

① 公立高校在我国具有特殊的法律属性，对此，我国学术界和实务界有不同的认知，主要有三种观点：第一种是公立高校是事业单位；支撑理由是1998年10月25日国务院制定的《事业单位登记管理暂行条例》(2004年6月27日修订)第2条：本条例所称事业单位，是指国家为了社会公益目的，由国家机关举办或者其他组织利用国有资产举办的，从事教育、科技、文化、卫生等活动的社会服务组织。第二种是公务法人说；支撑理由是高校作为事业单位不仅享有民事上的法人资格，同时还承担制定校园管理规定、学生纪律处分条例、颁发学位证书等职责，这种法律地位有别于一般的民事法律主体地位，而更近似于行政主体的法律地位。第三种是"第三部门"说；公立高校的举办设立是政府履行法定职责的延伸，为了更加准确地反映公立高校这类组织或单位的特性，社会科学界提出了"第三部门"的概念。"第三部门"是政府履行公共服务职能的补充，其主要特征表现为非营利性、自主性、专业性。为了充分保障这类组织独立自主地履行职责，法律法规一般采取授权模式授予组织一定的公法权限。参考：郭胜习.开放或封闭：公立高校自治权限制[J].西部法学评论，2019(5)：73-81.

② 在法学视域之中，优先权至少可以分为两种：一种是共享性优先权，即不同权利主体与权利客体并不构成相互排斥，仅仅在使用顺序上具有优先权地位的权利人能够获得权利的优先实现；另一种则是排他性优先权，即对于特定物或者资源的占有使用，仅能够满足优先权人的权利实现需要，一旦优先权人行使优先权，则其他权利人无法获得权利实现，这种排他性的优先权一般存在于对消耗品的占有使用中，一旦特定物或者资源被优先权人消耗，则无法再提供给其他权利人。参考：郭胜习.开放或封闭：公立高校自治权限制[J].西部法学评论，2019(5)：73-81.

③ 这一设施共享的法律依据辨析较为复杂，且尚具有一定的学术探讨空间，文中论述参考了郭胜习的《开放或封闭——公立高校自治权限制》，对相关详细法理辨析内容有兴趣或有质疑的可以查阅此文。就个人观点而言，公共服务设施的社会共享在探讨其法律依据以外，更多的是一个公共事务管理思维的认知标准问题，是政府、公共事务管理者、社会群众的开放、共享意识形态的真实反映，可以看作一种变相的城市乃至国家现代化治理的表现。

更新工作在一定程度上将有别于大规模征收集体土地的新建过程，需要协调更为多样、零散的产权主体。而以市场为主体的更新建设将仍然围绕着效率提升、价值增长展开，这势必会加剧空间资源、公共产品的不平等分配。“好”的城市设计则需要协助政府在市场、产权主体、利益相关主体之间进行博弈，以实现为人民群众提供更多的公共利益和更具公平性的公共产品。这一城市设计的持续协商、博弈乃至实现的过程，正是城市设计的治理过程，是设计治理推动的空间资源和公共产品的再分配过程[①]。在再分配的过程中，除了空间使用权、设施服务供给等常规要素外，物质空间环境品质也被作为一种特定的公共产品成为改善分配结构，共享改革红利，改善不平衡、不充分的发展矛盾，实现人民美好生活的重要方面。

3.2.3 设计治理的中国释义

任何一项新兴事物从产生到发展壮大多需要不断适应地域人文特征，顺应时势变化，满足人们的物质或精神需求，才能持续存在并发展下去。正如现代城市设计在中国的产生与发展一样，始终是在与时代发展需求的不断适配中发展前进的。设计治理作为城市设计发展的一个方向，虽然其概念缘起于西方，尚未以一种正式的形式得到推广，更未形成广泛的非正式认知认同，但是就近期的城市设计发展实践来看，已经有越来越多的城乡地区在自身社会经济发展需求的推动下，开始以各种形式开展相关的探索。虽然这一类的探索才刚刚开始，但是我们可以预见中国的设计治理势必有别于西方学者提出的设计治理释义及其相关的运行方式和路径工具。因为无论是“以人为本”“为人服务、满足人的物质和精神需求”[②]的城市设计，还是“以最大限度增进公共利益

① 洪亮平认为，城市设计是“人居环境的三维立体设计”，其内涵与广义的建筑设计基本是一致的，本质上还是一个“设计问题”，而城市规划学者则认为城市设计是对城市三维空间形态的管控，其本质是一项城市公共政策。对于业界而言，城市设计是针对不同对象和具体的经济、社会和环境问题所采取的某种空间策略，因而也就有了所谓的紧凑城市设计、存量城市设计等；对于社会公众而言，城市设计实质上是公共利益与私人利益的划界问题。因此，设计治理就是在协调利益问题，而其最终的目标是尽可能地推动公共利益最大化。特别是公共财政支持的城市环境品质提升，实际上是国家经济发展下的一种潜在的转移支付和利益分配方式。详见：洪亮平，乔杰.“体用之辩”：对中国城市设计学说及话语体系的讨论[J].城市规划，2019，43(4)：48-52.

② 朱自煊.对我国当前城市设计的几点思考[J].国际城市规划，2009，24(S1)：210-212.

为目标，协调城市内各种公、私主体共同管理组织公共事务”的城市治理[①]，都需要立足于中国人的物质精神需求，中国的公、私主体运行的正式制度和潜在规则，以及中国不同城市的经济、社会、文化特征，这样才能最大限度地保障公共利益。因此，无论是将设计治理视作城市治理的城市设计方法路径，还是作为城市设计的治理探索，都不再单纯以人和物质空间环境为探索研究对象，而是需要广泛地联系政治经济形势、正式建设运营管理制度、非正式公私运作方式、社会发展需求乃至地区文化习惯等方面。这使得设计治理在中国开展实践之初，就必须切合中国国情、符合中国特色、走中国道路。这是设计治理在中国能够落地生根、发展壮大的内生需求，也是新时期中国的文化自信、文化自觉的外在影响，更是建设符合中国特色的现代化国家治理体系的必然选择。

1. 治理的西方语义

“治理”一词作为西方自20世纪90年代开始在经济学、政治学、管理学领域流行起来的概念，已经逐渐发展成为可以和任何事物联系起来的“时髦词汇”[②]。治理，governance[③]一词源于拉丁文和古希腊文，意为控制、引导、操纵，后由世界银行率先引为术语，旨在在全球化、区

① “治理”一词的基本含义是：官方的或民间的公共管理组织在一个既定的范围内运用公共权威维持秩序，满足公众的需要。治理的目的是在各种不同的制度关系中运用权力去引导、控制和规范市民的各种活动，以最大限度地增进公共利益。引自：俞可平.全球治理引论[J].马克思主义与现实，2002（1）：20-32.

② 杰索普.治理的兴起及其失败的风险：以经济发展为例的论述[J].国际社会科学杂志，1999（2）.

③ 世界层面重要的“治理”文献：世界银行1992年度报告《治理与发展》（*Governance and Development*），经合组织（OECD）在1996年发布的《促进参与式发展和善治的项目评估》（*Evaluation of Programmers Promoting Participatory Development and Good Governance*）；联合国开发署（UNDP）1996年度报告《人类可持续发展的治理、管理的发展和治理的分工》（*Governance for Sustainable Human Development*，*Management Development and Governance Division*）；联合国教科文组织（UNESCO）1997年提出的文件《治理与联合国教科文组织》（*Governance and UNESCO*）；《国际社会科学杂志》1998年第3期关于“治理”（governance）的专刊。在前社会党国际主席、德国前总理勃兰特的倡议下，瑞典前首相卡尔森（Ingvar Carlsson）等28位国际知名人士鉴于在海湾战争中所树立的威望，于1992年发起成立了“全球治理委员会”（Commission on Global Governance），并在1995年联合国成立50周年时，发表了题为《我们的全球之家》的行动纲领，该报告已经被翻译成多国语言在世界范围内广泛流传。该委员会在1999年再度发表报告，进一步阐述了公民社会和改善世界经济管理对于全球治理的重要意义。

域一体化时代，引导国际社会从摩根索式“强权政治”的现实处境中，走向协商、对话的治理模式，实现“为寻求某种新的办法来界定国际关系而做出的努力的一部分”①。governance（治理）理论迅速受到追捧，则是由于“二战”后西方福利国家政府成为“超级保姆”，等级调解制度失效，政府过度增长，造成机构臃肿、效率低下、服务参差、信息失真以及财政危机等一系列问题。这促使西方各国政府必须寻求新的政府运作模式与公共事务处理方式，以解决广泛的政府管理失效问题。与此同时，在经历广泛重建后，社会组织结构断裂逐渐加剧，而过度依赖市场机制进一步加剧了市场垄断、分配不公、失业率激增等社会问题。随着西方民主制度的全面运行和20世纪90年代后现代主义思潮的文化影响，代表不同社会（种族）、经济、政治利益的社会组织集团迅速成长。这些社会组织成为将分散的个体集结以争取集体利益的政治行动单元。这些政治行动单元为治理理论倡导的多元网络化管理体系提供了重要的构建基础。这使得governance（治理）与government（统治）成为一对代表政治变革的对应词汇，如克林顿、布莱尔、施罗德等主张“第三条道路”的代表人物就提出了“少一些统治、多一些治理”（less government，more governance）的政治目标②。统治代表着政府作为唯一的管理权威，只能由公共机构进行公共事务管理，象征着中央集权。其权力运行向度只能是自上而下，通过政府的法规政令实现。而治理则意味着公共事务的管理权威不仅仅是政府机关，还可以是私人机构，是分散权力下政府与非政府、公共机构与私人机构、国家与私营部门的合作，这使得治理可以通过合作、协商、伙伴关系、共识等实现上下互动、横向跨辖区的多向权力运行。因此，全球治理委员会在《我们的全球之家》报告中将治理（governance）定义为：各种公共的或私人的个人和机构管理其共同事务的诸多方式的总和。它是使相互冲突或不同的利益得以调和，并且采取联合行动的持续过程。它既包括有权迫使人们服从的正式制度和规则，也包括各种人们同意或符合其利益的非正

① 赵景来.关于治理理论若干问题讨论综述[J].世界经济与政治，2002(3)：75-81.

② 张文成.德国学者迈尔谈西欧社会民主主义的新变化与“公民社会模式”[J].国外理论动态，2000(7).

式制度安排[①]。因此，卡莫纳将设计治理定义为："通过重塑国家许可前提下的设计干预，使建成环境的塑造过程与空间结果符合既定公共利益的过程"[②]他在2016年指出，设计治理是围绕场所营造的连续过程，通过对决策环境的连续营造，对设计决策的制定和最终发展成果发挥积极作用。其强调的国家许可下城市设计干预的重塑过程或决策环境的连续营造，实际上是围绕建成环境、场所，由公共的或私人的机构和个人，通过正式或非正式制度实现利益调和的治理过程。卡莫纳所描述的设计治理实则是将管理公共事务限定为建成环境、空间场所的塑造与实现过程范围之内进行的治理。设计治理的概念完全是20世纪90年代以后，在全球化背景下，基于西方国家政治、经济、社会背景及发展需求逐渐兴起并确定的治理的概念建立的。

2. 治理的中国传统语义

"治理"一词，在中国的政治、经济、社会发展历史中已经存在了上千年，如《荀子·君道》云："至道大形：隆礼至法则国有常，尚贤使能则民知方……然后明分职，序事业，材技官能，莫不治理，则公道达而私门塞矣，公义明而私事息矣。"那么"治理"是什么意思呢？《康熙字典》记载，"治"在《说文》中为水之名。《汉书·地理志》雁门郡阴馆县："累头山，治水所出，东至泉州入海。"《周礼·天官·大宰》："大宰以九职任万民，七曰嫔妇，化治丝枲。"[③]以上记载中的"治"字，其意同"理"。"理"字在《说文》中记载为"治玉也"。戴震在《孟子字义疏证》中论述："理者，察之而几微必区以别之名也，是故谓之分理。在物之质，曰肌理，曰腠理，曰文理；得其分则有条而不紊，谓之条理。"《易·系辞》中"俯以察于地理"，疏云："地有山川原隰，各有条理，故称理也。"许慎则认为："知分理之可相别异也。……天理云者，

---

① 全球治理委员会.我们的全球之家[M].英国：牛津大学出版社，1995：2-3.转引自：汪向阳，胡春阳.治理：当代公共管理理论的新热点[J].复旦学报，2000（4）.

② "The process of state-sanctioned intervention in the means and processes of designing the built environment in order to shape both processes and outcomes in a defined public interest." CARMONA M，MAGALHÃES C D，NATARAJAN L.Design governance：the CABE experiment[M]. New York：Routledge，2017.

③ "七曰嫔妇，化治丝枲。"贾公彦疏（注解、解释）："嫔妇谓国中妇人有德行者，治理变化丝枲以为布帛之等也。"这句话的意思是：大宰通过九类职位管理民众，就如同有本事德行的妇人，将丝枲理顺治化为布锦一样。

言乎自然之分理也。”清代段玉裁的《说文解字注》中解释说：“战国策。郑人谓玉之未理者为璞。……而治之得其鰓，理以成器不难。谓之理。”由此可见，“治”和“理”是具有相近释义的，故《说文》徐注中，“治玉治民皆曰理”，《荀子·修身》亦云“少而理曰治”[①]。同时，我们也可以看到，由于“治”出于水，用于“治水”“化治”，都隐含了使之安顺调达的意味，而“理”注重分辨微差结构，所以隐含了使之有条理、使事物秩序清晰的意味。因此，前面提到的《荀子·君道》才会说：划定明确的职责分工，理顺事务工作秩序，按技术特长安排工种，按能力匹配官职，“莫不治理”。这里的“治理”就包含了遵循事务的秩序实现安顺调达的意味。中国传统哲学一直讲求尊重自然秩序，并希望通过效仿自然之秩序（如效天法地）保障、实现安顺调达的古代社会经济持续发展。《易·系辞下》：“黄帝、尧、舜垂衣裳而天下治，盖取之乾坤。”它实际上就是描述黄帝、尧、舜效法（仿照秩序法则）乾坤（天地），从推广衣冠鞋帽等服饰开始建立道德伦理、制度规则、文明体系，进而使普天之下都实现安顺调达的治理气象。因此，中国传统文化中的“治理”与governance不同。首先，中国传统文化中的“治理”描述了一种古人追求的管理组织成效的最高境界。这种境界既包括《诸葛忠武侯文集》中所述的“圣人之治理也，安其居，乐其业”，更包含了《隋书》中所希望的“拯兹涂炭，安息苍生，天下大同，归于治理”。可以说，孔子在《礼运大同篇》中描述的“大道之行也，天下为公，选贤与能，讲信修睦，故人不独亲其亲，不独子其子，使老有所终，壮有所用，幼有所长，鳏寡孤独废疾者皆有所养；男有分，女有归，货恶其弃于地也不必藏于己，力恶其不出于身也不必为己，是故谋闭而不兴，盗窃乱贼而不作，故外户而不闭，是谓大同”是中国传统文化向往的治理的终极境界，“是之谓天理，是之谓善治”[②]。其次，“治理”在中国传统文化中描述的组织管理过程更强调基于存在秩序（order of

① 《荀子·修身》：“少而理曰治，多而乱曰秏。”可以解释为：政策措施少但是能够有秩序、条理清晰、安定就是治，而政策措施过于繁多反而使得秩序混乱，则为秏（眼睛看不清楚，引申为“糊涂”）。

② 清代段玉裁《说文解字注》中记述：“凡天下一事一物，必推其情至于无憾而后即安。是之谓天理，是之谓善治。”

being）[①] 的政治秩序、社会秩序、空间秩序乃至行为秩序的建构。中国人对于秩序的追求可以追溯至贯穿文化发展全过程的天人合一传统哲学观，“天”即象征着自然万物，人与之相合的“一”即是“道”[②]、是“法”、是世间万物运行的自然规律，即秩序。因此，无论是道家的“道法自然”，还是儒家的“礼法为纲”，或是易理堪舆遵循的“象天法地”，实则都是中国传统文化中人们对于“秩序”的遵循、建构。而这种对建立良好秩序的不懈追寻表现在管理组织过程中即中国传统文化中的“治理”。

3. 中国历史上的设计治理

在这一“治理”含义下的传统“设计治理”[③] 亦存在了上千年，其遵从的是通过国家许可的设计干预，使建成环境的塑造过程与空间结果呈现出某种空间秩序设计，以暗示、引导、规范行为秩序，实现政治秩序在物质空间与社会空间的统一。这种中国历史上的“设计治理”包含两个要点。

一是传统的“设计治理”干预手段（工具），包括：通过国家许可流通的政治思想、管理学说经典，如《周礼·考工记》《管子》等在管理者思想意识中建立符合政治意图的空间范式，借由经史子集从思想认识层面将政治意图、社会构想与空间范式绑定，并延续至历朝历代；而后衍生出官方颁布的建设标准和图集，如《营造法式》《清式营造则例》《清工部工程做法》等，这些正式的设计干预，通过对建设样式、材料、工序等进行标准化规定将阶级统治的秩序需求与建筑范式相对应，如：“职官一品、二品：厅堂七间九架……正门三间五架，门彩油及兽面锡环。三品至五品：厅堂五架七间……正门三架三间，其门黑油，兽面摆锡环。六品至九品：厅屋三间七架……正门一间三架，黑门铁环。庶民所居堂舍，不过三间五架……”[④] 它们进一步对建设质量保障、奖

---

① 邹其昌.理解设计治理：概念、体系与战略：设计治理理论基本问题研究系列[C]//同济大学，国家社科重大项目《中华工匠文化体系及其传承创新研究》课题组.中国设计理论与国家发展战略学术研讨会：第五届中国设计理论暨第五届全国“中国工匠”培育高端论坛论文集，2021：19。

②《庄子》：“道一也，在天则为天道，在人则为人道。”

③ 中国传统文化在对建成环境、场所塑造的描述中，并没有出现过“设计”这一概念，而是通过“堪舆、营国、规画、营造”等，在不同层面实现了城乡建成环境的各层次“设计”。

④ 怀效锋.大明律[M].北京：法律出版社，1999：250.

惩制度措施等做出了严格要求，从而促进对建设环境品质实现既定的保障。此外还有堪舆、造园等专业研究论述、实践经验记载，如《黄帝宅经》《管氏地理指蒙》《园冶》等书籍，结合建设专用的度量衡工具，如鲁班尺、营造尺等（图3-5），将山川、地质、水文、林木等构成建成环境的各类要素自身的安全适用程度，各要素相结合构成的适用模式等，以适用于任何文化阶层的趋吉避凶方式进行概括表达，形成对于理想人居环境建设的暗示、引导，建立不同认知人群在建设中的空间模式认知共识，进而实现非正式的设计干预。

二是传统的“设计治理”是以空间秩序反映、表达实现政治秩序、社会秩序的。《周礼·天官》云：“惟王建国，辨方正位，体国经野……”继而在《周礼·地官》中进一步描述“经野”为：“乃经土地而井牧其田野，九夫为井，四井为邑，四邑为丘，四丘为甸，四甸为县，四县为都，以任地事而令贡赋，凡税敛之事。”也就是说，古人在确定城市选址后，必须辨明空间方位。这是因为在中国古人的水平（扁平）宇宙观中“上下四方谓宇，古往今来谓宙”。东、南、西、北四方定义了二维的平面空间，是空间秩序化的初始。因此，建立国都辨明空间方位，建立四方坐标就代表着遵循天地秩序。而后对于田地的划分实则是在这种空间方位坐标下进行均等网格式划分。其中，每九块地刚好组成“井”字形

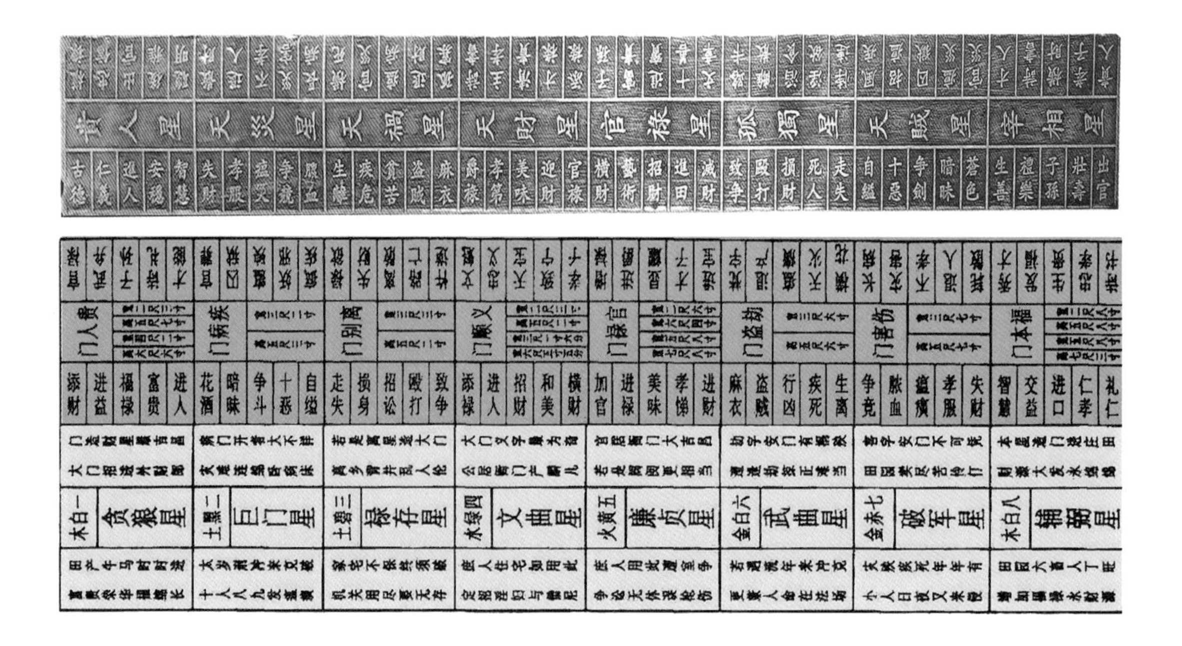

图3-5
基于人体尺度附会吉凶思维的度量衡工具——鲁班尺
图片来源：作者整理

最小单元，之后以四倍递增形成邑、丘、甸、县、都五级累进的土地规模等级模式（图3-6）。《谷梁传·宣公十五年》记述：“井田者，九百亩，公田居一。”那么，每一井田面积是九百亩，共有八家分别各自耕种一块，中间那块则是由八家共同耕种，作为税赋。这样，空间单位转换为人口单位、赋税单位乃至兵役单位，进而转变为不同层级的行政管理单位①，从而实现了建成环境模数、社会组织结构与行政管理层级的统一，实现了政治秩序的空间化表达。这一基于“周礼”的案例带有明显的模式原型特征，更适用于早期城镇人口规模有限的情况，因此在中国上千年的城乡建设发展过程中，并没有一成不变地生搬硬套，而是将这种利用空间秩序展示、引导、实现政治秩序、社会秩序的设计治理意图贯穿于传统城乡建成环境营造的全过程。比如古都南京，六朝时期的城市主要轴线是因地制宜地参考了城市周边的山川形势，从接峰迎秀的理想城市环境（含景观）塑造出发，适当偏转了轴线方向，并假托星辰秩序（迎合君权神授的传统统治逻辑），确定了结合山水走势的非正方形的城市轮廓（图3-7）。相反，在少数民族对中国实行统治的时期，无论是元代还是清代，其在都城、皇家苑囿的建设中都充分参

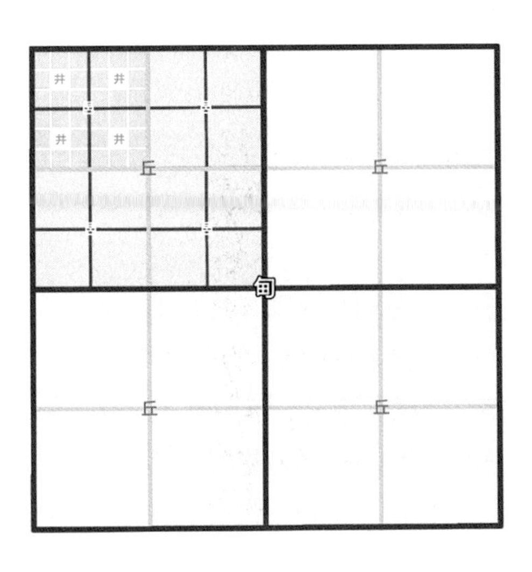

假设：三百步=a，则九百亩=井=a^2、邑=$4a^2$、丘=$16a^2$、甸=$64a^2$、县=$256a^2$、都=$1024a^2$

图3-6

以井田为基准的邑、丘、甸、县、都，五级累进制土地规模等级

图片来源：作者自绘

① 这里笔者没有考证是先将“邑、丘、甸、县、都”定义为象征土地规模的单位，还是先将其定义为不同行政管理层级，而后匹配了用地规模，因为无论是前者还是后者，其最终都实现了政治秩序与空间秩序的关联。

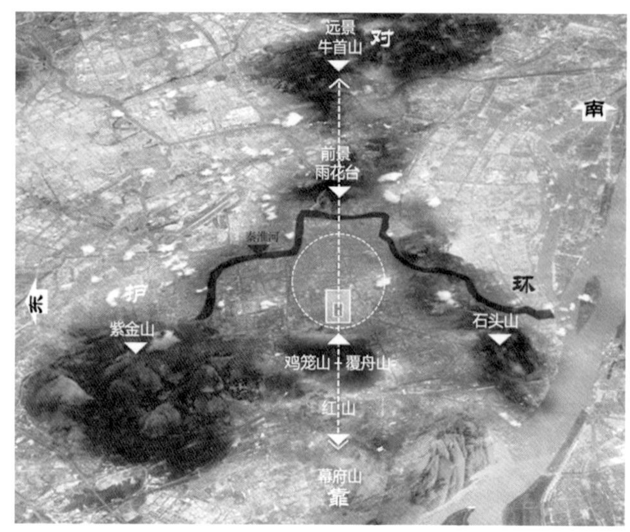

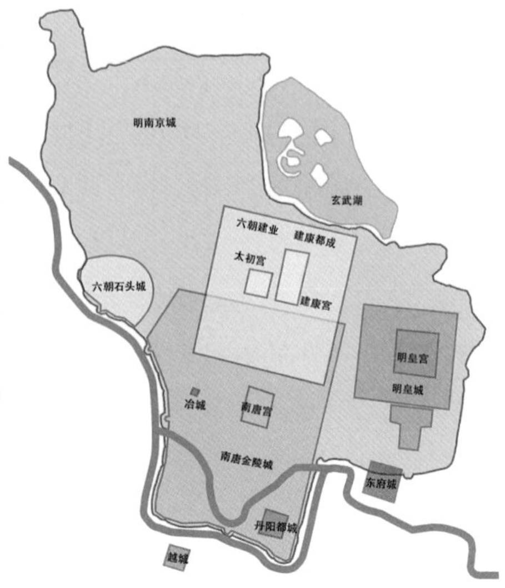

图 3-7
南京六朝时期城市山水格局及随形就势的城市轮廓形式演变
图片来源：作者整理绘制

考并采用了极具传统中原文化特征的空间秩序原型，以期通过空间秩序的延续实现文化的兼容、社会的稳定、统治的延续等一系列“治理”诉求。

4. 当代中国的设计治理

那么今天，在建设现代化城市治理体系的中国，需要的是什么样的“设计治理”呢？首先，“治理”一词中所沁润的中国传统人文价值理念和哲学观点是融入中文语言体系、语境习惯传承延续至今的，正如吴庆洲先生在《迎接中国城市营建史研究之春天》一文中所说的那样：“类似生物有遗传基因那样，民族的传统文化（包括科学）也有控制其发育生长，决定其形状特征的‘基因’，可称为‘文化基因’”。这一点在governance一词的中文释义转变中就有所体现。从早期的“管治”转为翻译“治理”，实际上是中国人将西方定义的治理概念本土化的过程，是将中国文化中深植的治理愿景：安居乐业、天下大同——善治[①]这一

① 这里的善治，是基于中国传统文化、哲学理念的善治，并不是西方治理学说提出的“good governance”概念。这是两种文化体系对于事物的不同认知理解，这就好比中、西医同时治疗疾病，同样是治病，但是由于文化、认知体系的本质差异，二者关注的致病因素和解决重点完全不同。虽然在现代文化共融的发展下，二者会出现一定的相互借鉴、互补，但是仍然无法动摇各自认知体系的根本。因此，中国之“善治”与“good governance”结合，也是这样的情况，“善治”一词中潜藏的中国文化根骨是无法被取代的，也不应被取代。

治理追求赋予现代城市治理行为的文化植入过程。这一治理愿景与弗兰克·亨德里克斯（Frank Hendriks）提出的“good urban governance”（良好的治理）的概念实际并不相同[①]。良好的治理强调的是“响应性、效率、程序正义、弹性和制衡性”[②]。相较之下，善治这一更具中国传统人文特色的释义多了基于人性、人本视角的“善”的价值衡量标准，承载了“凡天下一事一物，必推其情至于无憾而后即安”的中国传统文化中的人文情怀和道德准则。而这种“善治”的设计治理愿景，在中国传统文化中，是通过利用空间秩序反映、表达、实现政治秩序、社会秩序而得以实现的。建立物质、非物质之间的同构秩序[③]是中国文化中独特的哲学思维，其始终深植、潜藏于中国的物质、人文、社会之中，因而“善治”的传统实现路径亦潜藏在当今社会之中，仍然具有很强的适用性。历史上的中国通过设计治理，追求封建政治秩序与社会、空间秩序相表里。当代中国的设计治理也应该通过空间秩序的不断完善，呼应中国共产党领导下的社会主义政治追求，形成围绕追求中国最广大人民根本利益——这一政治秩序的物质空间秩序追求。因而当下中国的设计治理仍然可以描述为一种利用空间秩序实现政治秩序、改良社会秩序的过程，即通过设计治理不断实现公共利益最大化的“善治”过程[④]。这一当代中国的“设计治理”释义与卡莫纳所阐释的“使建成环境的塑造过程与空间结果符合公共利益的过程”呈现出某种不谋而合的相似性。但我们必须要认识到，这两种看似字面相近的定义，其背后有着本质上的

① good governance一词，亦有学者将其翻译为“善治”，但good governance作为六个治理分支中的一个，显然与中国传统文化中的“人间”善治并不是一个相同的作用范畴。governance的概念分支主要为以下几种：a.作为国家最小的管理活动的治理，它指的是国家削减公共开支，以最小的成本取得最大的效益；b.作为公司管理的治理，它指的是指导、控制和监督企业运行的组织体制；c.作为新公共管理的治理，它指的是将市场的激励机制和私人部门的管理手段引入政府的公共服务；d.作为善治的治理，它指的是强调效率、法治、责任的公共服务体系；e.作为社会——控制体系的治理，它指的是政府与民间、公共部门与私人部门之间的合作与互动；f.作为自组织网络的管理，它指的是建立在信任和互利基础上的社会协调网络。

② 良好治理的标准包含：法治、问责、透明度、效率和效果、回应性和前瞻性。参考：经济合作与发展组织.中国治理[M].北京：清华大学出版社，2007.

③ “秩序同构”，实际上就是中国传统文化中的“天人合一”，“合”可以看作建立同构的过程，“一”则可以认为是世间事物的存在秩序。

④ 善治的最终目标是实现国家利益最大化和全社会人民福利最大化，真正做到代表和实现最广大人民的根本利益。胡鞍钢.第二次转型：以制度建设为中心[J].战略与管理，2002（3）：34-36.

差异。其一，卡莫纳所定义的设计治理中，政府、国家（政权）代表的是特定利益群体（即以执政党为主导的利益群体），因而需要设计治理去代表公众争取利益；而在中国的设计治理中，党领导的国家和政府，其政治目标是立党为公、执政为民，可以说政府就是最广大群众的公共利益的代表。其二，卡莫纳所定义的设计治理强调国家许可，其根本目的是强调设计干预的权威性和有效性；而中国的设计治理强调国家许可，实际上强调的是党的领导，党作为政府、市民之外的第三方，既可以是推动治理变革、实现治理博弈的关键主体①，更是防范治理失控、避免出现无政府过度治理乱象的"元治理"（meta-governance）②的关键主体。再者，当代中国的设计治理所追求的"善治"，其以"人"为出发点，关心、满足人们的切实需求，追求公共利益最大化的过程实则也是现代城市设计发生、发展的根本动力，是现代城市设计所不断追寻的价值原则。因此，无论是从延续中国文化、治理理念本土化的角度出发，还是从现代城市设计理论演进的角度出发，设计治理在中国始终都应围绕"善治"这一理想愿景、价值诉求发生、发展。

基于"善治"的中国当代设计治理理念，有别于中国传统设计治理的实现路径，其根本在于应该与社会主义现代化建设发展需求相适应。而这种"现代化"指的不仅仅是经济、物质的表面现代化，更应该是由

① "治理理论与中国行政改革"研讨会议对我国行政管理的现状和治理理论的要求差距进行了评估，认为差距来源于政府和公民社会两个方面，每个方面都有许多制约因素，如官本位观念、公共权力的异化、行政权力者的畸变、百姓的依赖心理、社会组织程度的欠缺以及政治、制度、文化、社会伦理等各个层面的腐败等。会议提出，从传统的政府管理模式向治理模式转变，只能是一个博弈的过程，包括公民社会与政府之间的博弈以及政府内部和公民社会内部各自的积极力量与消极力量之间的博弈，这就需要为这两种博弈创造条件，包括大力推进市场经济健康深入发展、公民资格和公民文化的构建、推进各种社会团体的发展，行政伦理的构建和行政机构的改革等。在这个转变的过程中，需要有在政府和公民之外的第三种力量的介入，担负起推动双方的职能，以便使博弈双赢，从而实现向治理模式的转变。这个第三种力量就是党的组织。在我国，党的组织具有最高的政治权威，拥有巨大的能量，完全能够实现对博弈的推动和调节。当然，做到这一点并不是一件轻而易举的事，需要转变党的角色和职能，使党从目前的行政事务中解脱出来，专门从事对政府权力的控制、监督、调节、引导，对政府官员的教育、灌输、培养，对公民的启蒙，对公民社会的教育等。党的角色和职能的转变，不但是行政管理模式转变的关键，而且也是现代化过程中彻底解决党政关系问题的关键。详见：胡仙芝.从善政向善治的转变："治理理论与中国行政改革"研讨会综述[J].中国行政管理，2001（9）：22-24.

② 赵景来.关于治理理论若干问题讨论综述[J].世界经济与政治，2002（3）：75-81.

国家制度保障的真正的政治、社会全方位的现代化。改革开放带来的市场经济的快速发展，使物质生活和城市建设全面、快速地走向现代化，但也促使中国社会打破了原有“两个阶级、一个阶层”（工人阶级、农民阶级和知识分子阶层）的简单结构，产生了利益分化较严重、生活方式差异日益显著、社会认同断裂的社会阶层分化[①]。这种社会阶层在社会、经济、生活方面的差异化发展将使不同阶层产生发展目标、发展需求、发展资源上的矛盾乃至冲突[②]。面对这种在现代化发展进程中不同阶级的利益需求多元化、复杂化的客观现象，如何建立健全社会的公共选择机制，协调、平衡、化解各个利益主体之间的利益冲突，避免权力与资本成为无所不能、占尽优势的社会掌控者，成为全面现代化的关键命题之一。因此，“现代化”建设的根本是要推动政治民主化进程，建立社会主义民主制度，“坚持人民当家作主制度体系”建设。通过多层次地满足公众参与的需求，拓宽制度化的公众表达渠道，实现有效、完善的公共选择，减少不必要的利益矛盾，避免、防范利益冲突。走出形式主义，用制度保障人民能够真正参政、议政，并对党和政府进行民主监督、民主评议，实现决策的科学化与民主化，并最终实现最广泛的人民民主[③]。这一最广泛的人民民主的建构是我国推进“现代化”治理体系建构的关键。设计治理作为一种城乡建设领域的治理工具、方法，有别于中国传统设计治理的根本就在于其以社会主义民主制度建设为核心的“现代化”途径，即：**以“共治”为根本途径，实现中国当代设计治理的“善治”愿景**。这种“共治”应包含设计治理的正式与非正式双重途径，既要在物质空间环境建设过程中拓宽制度化的民主渠道，使公众在城市建设运营维护领域实际参与到多元主体的建设治理过程当中，又必须通过非正式的途径不断引导公众认知，激发公众在城市建设运营维护领域的社会责任感，促进多元主体自愿参与到城市建设当中，进而实现民主协商下的公共利益最大化。在这个过程中，城市设计必然走出单纯的空间环境技术手段和政策工具的角色，走向协调空间环境与社会环境的设计治理，成为城乡建设、更新、运营、维护过程中的一种最有效

① 江帆．当代中国社会阶层研究的新成果：介绍《当代中国社会阶层研究报告》[J].理论参考，2002（1）：49.

② 卢源．论社会结构变化对城市规划价值取向的影响[J].城市规划汇刊，2003（2）：66-71，96.

③ 胡鞍钢．第二次转型：以制度建设为中心[J].战略与管理，2002（3）：34-36.

的社会动员、社会治理的方法。设计治理将通过在物质空间环境的设计、建设、更新、运营、维护等不同阶段建立多层次的公众参与、选择机制，改变传统城市建设运营管理中“政府做主、大包大揽”的管理过程，转而通过政府、市场、社会的“共建共治共享”治理过程，及时应对、化解不同利益主体在空间资源、公共产品配置与使用上的矛盾冲突，实现多元主体互动合作、利益共赢。在这一“共治”过程中，政府通过内部协调机制的建设和外部意见整合机制的适时运作，促进了城市管理效率的有效提升和成本的合理降低，并通过提高社会资源动员、汲取能力，使多元主体可以各展其长，共同参与全社会公共物品与公共服务的供给，进而促进在城市建设运营中实现物质空间资源的合理再分配。同时，在这种“共治”中，不同层次的公众参与还将引导公众参与与其生活更加息息相关的公共物品、公共服务的建设运营过程，可满足人们潜在的参与公共事务的需求、意愿，实现多元民意表达的及时反馈，并逐步培育市民意识、孵化社会组织，促使市民建立正确的社区责任感、社会意识，推进社会自组织的良性运作。这将使城市物质空间环境的建设发展走出以“政府意志”或“专家的理性精英意志”为主导的封闭操作，走向适应多元主体需求的精细化、特色化、开放式交往运作模式，最终实现通过物质空间的共治建设推动现代社会的自治重启与完善。

“共治”这一途径的实现，其根本就是保障并实现公众参与。公众参与是我国社会主义民主制度建设中，拓宽制度化民主渠道的重要基石。我国城乡建设领域的公众参与是在《中华人民共和国宪法》的框架下，通过《城乡规划法》(2008年)、《行政许可法》(2004年)、《政府信息公开条例》等城乡规划立法和行政立法实现了对市民知情权、参与权、决策权、申诉权的基本保障。但现行的行政法规较为强调行政授权，程序性规定仅有原则性内容，在不同阶段通过不同深度的公众参与方式界定较为模糊，这使得城市建设领域的公众参与工作尚大多流于形式。如《城市设计管理办法》第13条规定：“编制城市设计时，组织编制机关应当通过座谈、论证、网络等多种形式及渠道，广泛征求专家和公众意见。”在实际操作当中，无论面对什么尺度的城市设计工作，在编制工作开始之前多采用网络及座谈的形式开展公众意见收集，在编制工作基本完成时，通过听证会、咨询会、专家委员会、规委会等形式实现在专家和政府部门间的有限参与。而在城市规划、城市设计以外的其他城乡建设领域，公众参与甚至仅仅存在于项目建设招标、项目成果公开或建设实施现场的公示中。同时，由于这一现象的长期普遍存在，使得无论是政府、市场还是社会，都普遍认为我国城乡建设领域的公众参与是仅以公示、公告、展览等方式存在的告知式公众参与。这使得我国的公众参与在大多时候仍然仅作为一种程序性过程出现，并没有实现足够数量的相关群体在事件发生过程中，通过参与达到价值、认知的逐渐协调统一，没能体现公众参与的实质价值。因此，我国现阶段的公众参与更多的是基于程序正义实现的市民知情权、申诉权和少数专家、精英有限度的参与权、决策权。在阿恩斯坦提出的市民参与阶梯[①]中，将公众参与分为8个层次，从低到高依次为：操纵控制、替代引导、告知展示、咨询商讨、安抚调解、合作关系、权力转移、市民控制。其中，操纵控制和替代引导不属于公共参与，而告知展示、咨询商讨和安抚调解仅仅是象征性的公众参与。这种程度的公众参与可以使各种社会群体去了解、去表达、去建议，但他们并不能真正参与到决定公共政策的进程当中。这种象征性的、程序正义式的公众参与已经不能满足知识水平日益提升、信息渠道日益扩大的现代社会人群对自身权益的追求，更越来越难以适应产权、物权日益复杂，利益主体日益多元的城市建设更新发展诉求。社会、市场都对真正能够体现实质正义的公众参与有着强烈的潜在诉求。“12345”电话投诉及意见反馈机制就是对这一诉求的有效回应。在一定程度上，这一机制实现了公众参与在城市管理中的实质正义与程序正义。但是，这一机制很多时候是基于个体利益诉求，而非从社会、群体的长远利益诉求出发的，并不属于真正的公众参与。更重要的是，点对点的意见诉求反馈机制无法实现公众参与这一行为在进行过程中所应该实现的广泛的、面向未来的、具有发展意识的群体共识达成效用，更无法实现在政府开展某一公共政策之前，获得社会和市场前置反馈的求实避险作用。就如玛丽亚·T.贝利（Mary T. Bailey）所述，公共政策的正当性并不是来自于效率或者绩效的提升，而是来自于政策本身

① ARNSTEIN S R. A ladder of citizen participation[J]. American Institute of Planners，1969，35（4）：216-224.

与民众真正的期望相符合，并且能够为社会带来长远的利益[①]。而我国的公众参与大多停留在程序正义层面，缺乏走向实质正义的动力。这实际上是在改革开放后经济快速发展的背景下，决策者相对片面地追求工作效率或绩效，希望避免、减少“不可控”的公共参与、公众意见，确保不因行政体系外部因素拖慢公共政策推进进程的一种“效率”视角的选择；更是传统大家长文化意识在公共政策制定及决策过程中的惯性映射。这使得决策者普遍认为人民的公仆和人民的政府所提供的深思熟虑的公共政策势必代表了长远的公众利益，而忽视了这种低沟通模式下提供的公共政策，缺乏了事前和事中的公共性，丧失了治理协商过程本身的社会动员能力和其中潜在的社会价值塑造可能。这实则是一种决策群体与社会群体之间的不公平对话。这也是为何诸多行政管理主体本着执政为民的目标，工作越来越精细，标准越来越高，但是社会群体却仍然对行政管理主体存在着非特定矛盾引发的不满情绪。这就好比家长本着为孩子的长远发展考虑，每每替孩子做出决定，并跳过双方的探讨性沟通过程，仅仅通过告知、问询等方式，向孩子宣布影响其行为的行动或决定。久而久之，即使每个决定都是无比符合孩子长远发展利益的正确决定，但这些决定仍会激起孩子的逆反心，导致事倍功半。约翰·克莱顿·托马斯从公共管理的角度出发，将在公共决策中运用公众参与，按其产生实质正义的强弱分为五个层次[②]，从弱到强依次为：①在没有公众参与的情况下，管理者独立解决公共问题或制定公共政策，即自主管理决策（autonomous managerial decision）；②管理者从不同的社会群体中搜寻信息，然后独自决策，即可修正自主管理决策（modified autonomous managerial decision），这个层次中的公众参与可能会，也可能不会反映市民的实际要求；③管理者分别与不同的社会群体、市场组织探讨问题，听取其观点和建议，然后制定反映这些群体、组织要求的决策，即分割式公众协商（segmented public consultation）；④管理者与某特定群体的集合或者利益代表共同探讨问题、听取观点和建议，

---

① BAILEY M T. Beyond rationality：decision making in an interconnected world[A]//BAILEY M T，MAYER R T. Public management in an interconnected world. New York：Greenwood Press，1992：40.

② 托马斯.公共决策中的公民参与：公共管理者的新技能与新策略[M].孙柏琪，等译.北京：人民大学出版社，2005：3.

然后制定反映市民团体要求的决策，即整体式公众协商（unitary public consultation）；⑤管理者同整合起来的公众探讨问题，且管理者和公众试图在问题解决方案上取得共识，即公共决策（public decision）。因此，在走向现代化治理体系建设的今天，我们必须要认识到对于公众参与实质正义的追求，实际上是通过调节不同公共政策制定过程中的公众参与强弱程度来追求公共决策中的公平与效率两大价值目标的平衡。要使公众参与能适时适度地在公共决策中持续、高效地发挥作用，就必须坚持利用法制途径来规范公众参与的权利行使范围、程序和效力。毕竟程序正义始终是实现公共政策的根本手段，是保证公共政策所追求的价值目标和价值原则，这是实质正义得以实现的基础。但是对公众参与的法律认可并不意味着它的自动实现。因此，我们需要通过法制保障公众参与的程序正义，更要通过“法治”来保障“共治”的实质正义能够实现[①]。法治国家、法治政府、法治社会的实现不能仅仅依靠法律制度，更要通过国家、政府、社会共同将法治的价值导向作为治理的主要奋斗目标，以价值导向来引导规范行为，而不是以法治化的权利边界为目标去管理、控制行为。中国当代设计治理“共治”途径的实现不仅需要通过法律制度来保障公众参与这一基本权益，更需要通过“法治”实践，将公众参与转变为一种社会美德或行为准则。通过设计治理实践，以法治激励参与、提升参与能力，将“共治”的过程性社会效益和结果性共赢能力根植于政府、市场、社会等不同主体，再通过法制不断完善参与途径、规范秩序，进而实现以“法治”为基础，以“共治”为途径，以“善治”为愿景的中国当代设计治理。

3.2.4 当代中国设计治理运作体系的治理模式借鉴

设计治理是一种方法，更是一种工具，要想发挥其预期的作用，不能单纯地依靠闭门造车式的学术研究，要更多地在实践中积累总结，凝聚更广泛的认知共识。而实践的开始，需要明确目标以及谁是发起者、谁是执行者、谁是参与者，更要知道在什么范围开展什么样的工作。

---

① 这里的“法治”指的是能够真正有效地实现实质正义的“法制”过程。“法治”与“法制”辨析如下：从广义方面讲，法制是法律和制度的总和。法治与人治是相对的概念，其主要含义是依法治国，是对法律法规的有效执行，即通常所讲的有法可依、有法必依、执法必严、违法必究。周旺生.法理探索[M].北京：人民出版社，2005：8.

目前我国的城乡规划建设领域存在着在建设的不同阶段结合职能特征、权属特征等形成的多责任主体参与特征，比如规划和自然资源部门（或称规划和国土资源、自然资源部门）多针对国有土地、集体土地在收储及出让建设期间，进行相应的规划设计组织、审批、审查工作。当用地在规划设计指引下完成建设，房屋、设施、构筑物有了明确的产权主体或代持主体后，除少数需再次收储进行交易或改变用地性质、建设规模的用地外，这些用地更新改造工作的责任主体便转变为用地、设施对应的监管主体、代持主体和产权所有主体等，如巡河路以内的河道空间的设计更新改造多由水务部门组织开展（部分河道还会涉及海事部门），公园绿地的设计更新改造则多由园林部门（或特定景区管理机构）组织开展，老旧小区或其他建筑在不改变用地性质和建设规模的情况下，多由住房和城乡建设部门负责组织、监管和审查工作。而对于不独立享有用地的设施，其建设更新的组织路径则相当多样，且具有明显的不确定性。这一点在道路空间中表现得尤为突出，比如：道路路面的更新建设可能由城市环境建设部门、城市管理部门、街道办事处或高架桥、快速路的代建代持国有企业组织开展具体工作；道路划线、信号灯的改善更新可能由交通管理或市政设施管理部门开展工作；如果涉及道路上的植被更新改善，则可能由园林部门、城市环境建设部门、城市管理部门或者街道办事处组织开展相关工作（过程中可能会征求多部门意见）；而对于地下管网、架空线等则可能需要城市环境建设部门、市政设施管理部门、街道办事处与具体的自来水、中水、电力、电信等市政设施建设运营公司共同完成。而这些分散在各级各类政府部门、专业建设运营公司的常态化城市更新行为，在不改变用地性质或增加建设规模的情况下，很多时候是不需要经过规划也不需要自然资源部门进行方案指导或深入开展设计审查工作的。

虽然政府投资的常态化城市更新建设项目在立项和财政审批的过程中会经过专业公司的设计审查，但是这些审查更多的是从财政资金使用合理性或设计成果依法合规性等角度出发，不涉及空间、要素、资源的设计统筹审核，更无法涵盖不同工作建设时序、跨专业整合的协调核查。即使是对相应规范、设计标准的审查也大多是围绕单一部门的规范设计要求。比如对水岸空间的设计审查，大多会围绕水利工程相关规范设计标准进行，而无障碍、照明设计的审查，大多要看该项规范、标准、建议的颁布主体是否是该项工程的主责单位，进而选择性地进行相关审查。这使得大量分散开展、独立实施的城市建设更新工作往往只能围绕单一部门的主要职责展开，缺乏从区域整体出发多系统多需求整合的综合更新能力。这就好比要打造高品质的水岸空间，如果由水务部门来展开此项工作，那么其从管理权限上仅能就河道及水岸（一般为巡河路范围内）进行岸线河坡、步行体验、休憩设施的更新建设。然而，影响水岸空间品质的根本原因不仅是水岸环境品质本身，更可能是水岸因高等级道路阻隔或者缺少与城市的直接衔接而影响了人们的实际使用。那么，无论是水务部门的职权范围还是聘请的技术团队的主导专业技术，都无法实现这种基于城市设计视角的系统性更新改善。非政府部门投资的更新建设，在不改变用地性质及规模时，则由具体分管该项事务的主要责任主体进行相关更新建设工作的审查审批，比如建筑立面的更新改造就多由住建部门或城市管理部门审查。但即使这些审查审批工作向规划设计主管部门进行了意见征询，受科室职责、程序正义乃至人员专业能力所限，这些审查审批只能就是否存在违规行为进行裁定，无法提供更加合理、更高品质的建设引导意见。

每一个参与实际建设更新的专业系统部门，只擅长与自身职权对应领域的监督监管、问题发现和改善建设。而具有跨系统统筹思维的城市设计从业者，在城市设计作为一种特定工作的主导认知下，大多仅服务于这项工作的主管部门——规划和自然资源部门，没有机会能够走出城市设计工作本身，将城市设计这一工具真正应用于城市建设更新的实施领域。这使得很多新时代城市更新的新理念、新需求，或城市设计工作提出的设计导则等，无法真正落实到实际建设更新层面。特别是当城市更新逐渐成为城市未来的主要建设行为时，由于大量的建设行为分散在城市内各专业主管部门、各专业公司乃至市场主体当中，很多常态化的建设更新工作脱离了有效的系统性规划设计指引，城市更新的各主体分散发力，难以同向，甚至背离。这将使城市在越来越有限的更新机遇中丧失大量具有整体性或开拓性的优化提升契机，在点滴自发的常态化更新中丧失了逐步走向高品质建设，实现高质量发展的实际能效，甚至出现很多不必要的重复投入。

面对这一具有普遍性的现象，政府无力通过在每个参与城市建设更新工作的部门内都增设规划设计部门[①]，更不可能实现为每一个部门都配备具有规划设计专业能力和具有建设更新工作经验的公职人员。一方面，这种做法会破坏现有体制的权责界定及运作逻辑；另一方面，会进一步加剧政府内部机构的冗余，这与机构精简的目标背道而驰。对于这一现象的改善，回到了如何以政府体制运行基础逻辑为根本，结合机构改革、简政放权的现代治理体系发展方向，在城市建设的各周期、各事项中实现城市规划设计有效运作的问题。特别是在城市更新工作日益成为城市建设领域中的一种常态化行为时，如何走出围绕城乡规划主管部门审批职权限定的规划设计实施路径，实现针对城市建设领域各要素在建设、更新，乃至运营中的持续性实施引导，是现阶段城市设计走出城市设计工作，转变为服务规划建设更新全周期设计治理，建立运作体系所需要解决的关键问题。对于设计治理运作体系的搭建，看似是需要回答设计治理由谁组织、由谁开展、由谁参与，在何种范畴下完成什么样的目标和诉求，实际上是在回答如何拓展、完善城市设计的运作体系，使散落在各主体中面向建设更新实施的具体工作的规划设计、景观设计、工程设计、建筑设计都能够真正围绕"一张蓝图"实现价值目标的统一和工作组织衔接的有序协同。对于城市设计运作体系的完善，从根本上是希望建立面向城市建设领域全周期的规划设计实施路径，使逐步走进城市更新发展阶段的城市建设在建设的每一公里都能够真正落实地区建设发展的整体设计意图，抓住一切契机优化城市建设发展效能，实现物质空间的高品质发展与人民幸福生活的同步塑造。因此，设计治理运作体系的搭建是对现有城市设计运作体系的补充完善，是探索城市设计走进城市建设全领域、全周期的路径建构，是打破围绕单一部门事权、职权运作，形成建设领域跨部门、多主体协同运作的治理探索。规划行业对于设计治理运作体系的研究，应该围绕我国不断开展的多样化治理模式探索，厘清不同治理模式的变革目标、作用主体以及作用方式，从而为城市设计结合城市治理、融入城市治理、实现城市治理找到可借鉴的治理运作路径。

① 规划设计部门：这里指具有系统性城市规划、城市设计认知概念的规划设计处室，而不是单一行业基于其职权，负责开展本系统、本行业专项规划、建设发展计划制定的处室。

1. 我国政府跨部门运作的整体治理模式实践与建设领域探索

设计治理运作体系搭建的根本是城市设计要走出部门事权概念下的城市设计工作运作范畴，走进城市建设全领域，形成跨部门、多主体在各建设周期的连续实施路径。因此，走出纯粹的设计视角，从治理的视角来看，设计治理的运作需要着重研究跨部门（可对应全领域）、多主体（可涵盖全时段）运作革新的思路。当前，我国各地政府跨部门运作的治理革新手段，主要表现为以下三种类型[①]。

1）通过大部门制、领导小组制、委员会制，简政放权，管理重心下沉等形式，形成自上而下的行政组织整合，促进专业化部门分工及事权、职权的合理化建构组合与统筹调用。如：国家层面推进的成立自然资源部及各地随之开展的国土部门与规划部门合并，就是典型的通过大部门制将原有分散在不同部门，协作难度较大的职权事权归并，使之成为部门内部问题，从而大大减少协调阻力。2016年7月成立的北京城市管理委员会，作为正式的政府部门，在原有市容市政管理委员会的基础上，整合了分散在发改委、住建委的供水、供电、供气、供热、供暖等各类能源运行的管理职能，吸纳了市水务局、市园林绿化局、市环卫局分别承担的河湖、绿化带环境卫生及生活垃圾、可再生资源回收等市容环境卫生管理职能，并进一步承担了市环境综合整治办的城市环境综合整治职能，实现了对城市市容（含照明、广告、停车）、环卫、能源、基础设施的综合运行监督管理，使城市街道空间告别了"九龙治水"的混乱现象，提升了城市管理运行效能。通过赋权提升城市管理效能的革新，还体现在北京市不断对属地管理责任的强化上，市级政府通过"市区税收分成，财随事走""区政府在城市管理中负主体责任""深化街道体制改革，强化城市管理、社会管理、公共服务职能"等形式针对条块分割问题，不断加强三级管理的分层统筹协调能力，以实现不同层面的整体治理。这种正式部门职能整合的实现难度较大，发生频次相当有限，与现实中应对不断变化频发的跨部门职能整合需求难以匹配。因此，我国基于自身制度环境特征，更常采用"领导小组"或"指挥部"的机制，通过市、区主要领导挂帅，主要部门责任人任副组长，相关部门负责人为小组成员的形式，以较为简单的运作程序，在不改变原

① 此分类参考：杨宏山.转型中的城市治理[M].北京：人民大学出版社，2017：126-131.

有组织结构的情况下，实现对政府工作的系统性协调，如国务院成立的京津冀协同发展领导小组，由常务副总理担任小组组长，北京市委成立全面深化改革领导小组，并下设14个专项工作小组分别负责推动经济体制、新型城镇化体制、区域协同发展、转变政府职能、民主政治和法治建设、文化体制、科技教育体制等领域的改革任务。这种“领导小组”式的跨部门协作，实际上是利用科层制围绕“长官意志”运作的特点，依托高位协调及调动能力，快速推进改革创新，促进新制度、新机制突破部门职权的桎梏，形成快速实践并搭建合作契机的跨部门运作模式。

2）通过行政流程精简优化、整合再造、联席联动等不同形式，推动部门上下联动，同级协作，提升管理效能，促进管理型政府向服务型政府转变。如我国各地较为多见的“一站式”综合政务服务机构，就是将市区不同的对公、对私服务业务集中于一处，优化、精简、整合原有分散在不同部门的办证手续，通过集中受理、并联审批、限时办理、集中收费等，提高审批效率，改善政府服务效率。这一方式在不同城市随发展需求逐渐演化，如上海将“一站式”服务从线下挪到线上，实现了57个部门，4509个事项，21个主题，1123个套餐的政务服务事项“一网通办”[①]；北京则从“放管服”改革出发，围绕优化营商环境先后出台了《北京市优化营商环境条例》《北京市培育和激发市场主体活力持续优化营商环境实施方案》并陆续提出了五轮政务服务整合优化方案，不断消除全流程电子化的盲点、断点，优化审批事项，减环节、减时效、减成本，实现对跨部门管理服务的规范化、合理化，进而实现公共服务能力的不断提升。除了上述通过程序优化实现的跨部门审批服务事项优化外，城市中还存在诸多非事务性、非典型性特定事件或公共事务。这些工作的处置无法通过标准化流程的优化得以实现，因此大多通过多部门、多主体面对面地协作协商实现，如北京市在2017年9月针对基层治理主体看得见、管不了、难协调的困境，创新性地建立了“街乡吹哨、部门报到”机制，并作为2018年全市“1号改革课题”在16个区169个街乡进行试点。该制度借用部门联席会议决策机制，通过向街乡镇等基层治理主体赋予临时指挥调动权，使基层治理主体在发现问题时，有权

① 上海一网通办网站，https：//zwdt.sh.gov.cn/govPortals/ztjcfw/fwtc。

召集相关部门的联席会议，规避了部门推诿缺席不作为的懒政弊端，通过在属地集中反馈协商，使综合执法、重点工作、应急处置三类工作的处置效率大大提升。

3）通过应用信息技术、物联网技术，推动自下而上的信息整合共享、城市问题识别、公众参与互动，实现对复杂多变的城市问题、分散的信息资源、行政服务绩效的可视化、数据化分析展示，促使政府对城市整体运行情况、系统性协作模式进行研判，并提供解决方案和应用场景。如2016年杭州市级层面率先成立杭州“城市大脑”建设领导小组，以项目为单元建立工作专班启动杭州城市大脑建设，以交通领域为突破口，开启了利用大数据改善城市交通的探索[①]。随着2018年提出推进数字产业化、产业数字化、城市数字化“三化融合”的理念，杭州“城市大脑”发布综合版，从“治堵”向“治城”迈进，在2019年初步建构舒心就医、欢快旅游、便捷泊车、街区治理等便民服务场景。时至今日，杭州“城市大脑”已经实现包括警务、交通、文旅、健康等11大系统和48个便民惠民应用场景，成为城市管理者配置公共资源，市民享受城市服务、感受城市温度的重要联动工具。另一具有代表性的跨部门治理革新制度是2018年中共中央办公厅、国务院办公厅印发《关于深入推进审批服务便民化的指导意见》，提出建立“12345”统一政务咨询、投诉、举报平台。12345政务服务便民热线平台，是由各地市人民政府将除110、120、119等紧急类热线以外，各部门非紧急类政务热线以及网上信箱等网络渠道整合，设立的由电话、微博、微信、市长信箱、手机短信、手机客户端等多种方式组合的咨询、投诉、举报统一受理的管理服务平台，提供“7×24小时”全天候人工服务，实施“统一接收、及时分流、按责转办、限时办结、统一督办、评价反馈、行政问责”的运行机制。随着2021年《国务院办公厅关于进一步优化地方政务服务便民热线的指导意见》的印发，各地进一步推进优化地方政务服务便民热线及平台的整合。2021年10月12日，北京12345企业热线服务功能上线满两年，反映了超过13万件经营发展中遇到的疑惑和诉求；截至2021年，云南省以整体并入、双号并行、设分中心3种方式

① 陈卫强.杭州城市大脑的实践与思考[N/OL].(2019-09-08). http://theory.people.com.cn/n1/2019/0908/c40531-31342597.html

整合了33条热线，归并进入12345便民热线平台；文化和旅游部取消了“12301全国统一旅游资讯服务电话”和各地的“12318文化市场举报电话”，由各地“12345政务服务便民热线”统一接听；北京市、上海市通过12345便民热线平台开通了未成年人保护热线。

上述跨部门运作治理革新的探索，实际上主要是面对层出不穷的“新治理碎片”、部门主义下的政策执行阻滞、复杂服务供给体系中的政策冲突和程序矛盾等问题，运用“整体治理”[①]模式实现政府内部结构改善、跨部门整合协作能力优化和围绕统一的政府整体价值建立带有明确绩效目标等目的的政府治理行动。上述三种类型的跨部门治理革新手段，均属于“整体治理”模式。“整体治理”模式起源于20世纪90年代后期英国的治理革新。当时英国由政府部门、私人机构和非营利机构提供的公共服务越来越庞杂，“碎片化”问题凸显，英国政府（布莱尔执政期间）提出了以最优价值模式代替强制竞标制度，并在首相负责制模式下组建了直管机构、专项工作办公室，以期用这些“整体治理”方式来改善部门主义的执政阻滞问题，重塑政府整体价值和绩效。当时的英国政府及改革者认为，任何单方面的政策和措施都不能解决成因越来越复杂的社会问题，必须整合信息、政策、流程，建立多部门共同的价值目标，通过跨部门合作实现综合性任务体系搭建，通过保证政府行动的整体一致性来提升政策的有效性。虽然“整体治理”理念提出的政治文化背景和社会运作模式与中国整体相去甚远，但是其破除部门主义，通过整体运作（joined-up government）增强不同行动主体之间的信息整合交流，推动部门合作提升行动一致性，解决因目标、任务、政策工具不同而造成的行动低效问题的治理目标和策略，与我国解决“科层制”治理能效不足的困境具有一定的匹配度。

因此，“整体治理”理念近几年在我国应对快速城镇化产生的问题时有着越来越广泛的应用。在建设领域，“整体治理”的理念应用除了前文提到的大部门制相关建设外，另一典型的应用体现为越来越多地被各地方规划与自然资源部门采纳并使用的“多规合一协同信息平台”（或称多规合一业务协同平台、多规合一综合管理平台）。这是基于信息技术应用的联席联动资源信息整合平台和行政流程整合机制。一些地区规

---

① 张金武.整体治理：地方政府运作的新选择[D].武汉：华中师范大学，2011.

划和自然资源部门主责下的建设工程事项依托这一信息技术平台已经实现了多部门、多主体之间的协作沟通整合运作。如2018年建设运行的北京“多规合一”协同信息平台，就通过建设项目办事服务网、市规划国土委内部协同平台和委办局间协同会商平台三个部分实现了建设项目面向公众的咨询、沟通、反馈及申报查询；部门内的初审、会商和决策研究和与13家委办局之间的协同会商及决策研究、意见反馈协同运作。杭州则通过“多规合一”业务协同平台实现了“全盘管理”规划编制计划、“统一定制”规划数据底板、“在线审查”规划方案、“共享管理”汇总全市空间性规划成果资源，建立了近期项目储备库、年度项目计划库、年度项目实施库，在线集成管理全市项目合规审查、争议协商、建设条件，并通过对项目生成、项目审批、项目实施、竣工验收等各个环节全流程跟踪，全方位监测，实现项目建设实施情况全周期管理，有效提高了规划和自然资源部门主导下规划设计实施的科学性、协调性、统筹性。

2. 我国政府与多元主体间的整合治理与协同治理模式实践

我们还应注意到，上述跨部门运作的创新更多的是强调如何通过改良、整肃政府自身运作体系，不断强化各级政府、各部门的整体运作能力，来提升政府自身政策执行的效率以及其应对市场的反馈效率和解决社会问题的及时处置能力。可以说我国的整体治理更多地以政府各部门为主要对象展开，也就是我们所说的跨部门的治理模式探索。但是面对城市建设领域中越来越多元的参与主体，我们还需要研究政府与市场主体、政府与社会组织之间的治理运作模式。目前，我国政府与多元主体之间的治理模式以“整合治理”和“协同治理”两种不同的城市治理模式为主。

在我国，改革开放以后，市场经济发展迅猛，随着政企分离、政社分开政策的不断深化，民营经济、外资经济、社会资本占据主导的资源比例不断提高，政府能够支配的资源比例明显下降。市场化改革降低了政府直接控制市场和社会的支配能力。我国政府逐渐从前一时期的执政党解决一切社会经济问题的“全能”政府，走向了“有限能力”政府[①]。但是在党政融合的体系中，党政的权威性和公信力都有赖于政府

① 杨宏山.转型中的城市治理[M].北京：中国人民大学出版社，2017：67-68.

的“有效性”予以维持和巩固，我国政府始终难以摆脱“无限责任”的意识形态。因此，我国各地政府为能够持续在地方发展和社会稳定中起到引领作用和进行更为有效的控制，通过以下三种方式，探索了以政府为主导，对市场、社会进行引导的“整合治理”模式。

1）通过对具体事务、活动或职业、资质进行资格认定，实现对特定组织、人群从事市场、社会活动时进行管理、约束和引导，并通过资格认定促进市场组织、社会群体建立特定的信用保障模式和自主政策执行模式。这一形式在城乡建设领域应用得相当广泛，如通过对建筑工程设计、工程监理、工程造价咨询及房地产开发企业进行资质分级认证实现行业准入、市场监管；通过对造价工程师、监理工程师、勘察设计工程师、建造师、注册建筑师和房地产估价师进行从业能力、从业资格的认定实现从业人员对相应国家制度、政策、法规的了解，促进行业自下而上合法依规地开展工作。同时，政府还通过将人员资质与企业资质挂钩，督促社会、市场自发地达到国家确定的行业标准或强制要求，并基于资质等级或资质获取与否，建立起了多元主体间的信用认定和价值认同基础。我国政府还通过成立、指定特定机构，在城乡建设领域开展针对产品特性或公共服务品质的评级认证，如住房和城乡建设部科技发展促进中心作为住建部直属的科研事业单位，2008年受住房和城乡建设部委托成立了绿色建筑评价标识管理办公室，依据住房和城乡建设部颁发的《绿色建筑评价标识管理办法（试行）》等相关管理规定，组织我国的绿色建筑评价标识工作。通过对绿色建筑的评价标识，推动市场行为下自发的建筑节能和绿色建筑的建设发展，并进一步促进市场和社会围绕“四节一治”（节能、节水、节地、节材与环境治理）展开相关技术成果的研发与应用推广，最终实现建设领域围绕国家发展绿色经济、培育低碳经济增长点的政策落实见效。这种国家许可下的第三方资格认证模式，不仅成为国家内政的一种推行手段，更是一种国际事务中相互协商、竞争的手段。仍以绿色建筑认证为例，目前，世界上许多国家都有绿色建筑认证标准，如日本的CASBEE、澳大利亚的Green Star、荷兰的GreenCalc、德国的DGNB、新加坡的Green Mark。而目前我国的绿色建筑评价标识已经与德国DGNB、法国HQE、英国BREEAM绿色建筑评价标识互相合作，认证通过后，申报项目可同时获得两国及以上的绿色建筑标识认证，从而使上述各国投资者在相关事项的投资标准、项目定位中快速达成共识。而作为商业化运作最成功的美国LEED评价标准，实际上更是美国的国际话语权的一种象征。至今，美国LEED评价标准尚未与我国的绿色建筑评价标准达成相互认证，这将在一定程度上影响外资企业在国内投资的认定标准。

2）通过土地价格调控、财政补贴、专项资金、优惠政策、提供活动场所等方式直接投入资本、资源支持企业和社会积极参与城市运行的某些活动，甚至是公共服务的供给。这一形式在城乡建设领域应用得相当广泛，如在各地新区、开发区、经开区建设中常见的土地价格减免、税收优惠、贷款扶持、七通一平、办事流程精简等资源、资本、效率要素的提供、倾斜。这些手段、方法变相降低了企业生产经营成本，增强了企业参与投资的意愿，从而实现以政府为主导，对非公有制主体及资源的引导调动，形成了隐形的控制机制。随着政企的不断分离，政府也越来越需要利用多元的手段整合多元主体，如通过项目整包、特许经营、财政补贴、凭单式等合作方式推动多元主体深度参与城市基础设施的建设运营。例如我国很多地区在道路、通信基站、停车设施、文体设施等城市市政设施、公共服务的供给运营当中，通过公私合营的PPP模式实现了快速、高水平的服务供给。随着越来越多的城市逐渐走入城市更新的建设发展阶段，政府如何通过资源税费的有效政策制定，引导市场为城市提供更高质量的公共服务、公用设施和公用空间，将成为城乡建设治理研究的关键问题之一。在这一趋势下，政府与企业、社会组织的关系，将逐渐从资源引导控制走向携手合作的合作伙伴关系。比如北京市东城区某街道办事处就通过与在地餐饮企业合作，建立了老年就餐券模式，通过企业让利的特定套餐、政府发放给老年人的餐票补助，使老年人在居住生活邻近区域可以自由选择合作餐厅就餐，从而实现了居家养老的公共服务供给补充。再如每年北京市各级政府通过服务购买的方式，聘用了12345接线员、办事登记大厅服务人员、社区社工、交通协管员、安保人员等诸多社会人员。这种政府购买社会服务的模式在一定程度上提高了公共服务供给的效率，满足了不断提升的公共服务供给诉求，提升了相关经济主体在市场中的风险抵御能力。

3）通过党群组织嵌入、党政集体吸纳、高职高薪聘用等形式，强化社会组织关系，积极吸纳社会精英，纳入参政议政范畴，融入政府管理体系。新千年之后，我国房地产市场不断发展，原有基于地缘、产权联结的社会结构日益离散，社区层面的社会关系不断弱化，社会结构原子化越来越明显。随着社会流动性的加剧，非公企业、新型社会组织的数量快速增加，社会自主空间不断扩大。2018年，城镇非公有制经济就业人员占总就业人口的比值从1978年的0.2%提高到83.6%，其中，城镇私营企业、个体就业人员分别达到13952万人、10440万人，分别占城镇就业人员的32.1%、24.0%[①]。因此，在中央的部署下，从党的十四大以后，特别是2012年以来，全国各地纷纷在新经济组织和新社会组织两类群体内建立党组织、团组织、工会、妇联。特别是在民有、民办、民营等非公领域，通过基层党工委结合地区商会、行业联合会、商铺楼宇管理经营机构开展联合党建，积极吸纳流动人口、外来人口融入党群关系建设，从而推动由党组织领导的社会组织结构的强化，以降低社会原子化倾向带来的不稳定性，并进一步加强了政治动员能力和自上而下的整合途径。在城乡建设管理中，这一形式一是通过高薪聘用高学历人员从事乡村和城市基层治理工作，利用高素质人才快速提升城乡建设管理水平和治理服务能力；二是通过吸纳高水平规划建设专业精英进入政协、人大等参政议政机构，实现对社会精英阶层的有效接纳与疏导。

由上述三种方式构成的整合治理模式，始终围绕着权威体制下的政府展开。政府在这一治理模式中作为主导者，发起、策划并组织与市场和社会合作的各项规则。市场和社会则更多地以配合者的姿态实现政府既定目标下的多主体跨界运作。整合治理模式在政企分离的背景趋势下，能够充分调动市场机制发挥作用，促进政府与企业、社会形成一定的合作关系，从而使政府能够隐形地控制更多外部资源，实现更高效率的公共服务供给、公共设施保障和社会建设治理（图3-8）。但是由于整合治理过于强调政府主导，对于政策、规则的制定缺乏有效的公开磋商平台和协商机制，容易使公平公开的市场磋商契机转为私下沟通协商，进而容易带来寻租行为和腐败行为。同时，如果政府也追求财政效

---

① 国家统计局. 2019年中国就业行业分析报告：行业深度调研与发展趋势预测[EB/OL].（2019-08-21）. https://news.chinabaogao.com/gonggongfuwu/201908/0R14426322019.html

益最大化，那么整合治理模式将使追求利润最大化的企业迅速与政府建立联盟机制，在监督问责机制不健全的情况下，极有可能造成对市民权益、社会利益的侵害。如地方政府为了保证财政收入，加快投资落地，默许开发商一期先建住宅，在二期乃至三期建设开发中再建设配套幼儿园、小学等公共服务设施。这种行为，看似在符合规划要求的前提下保障了政府利益最大化，但实际上很有可能因为开发商资金不足等多种因素致使所谓的二期、三期建设搁置，公共服务设施建设甩项。而政府为了保障居民的实际生活需求，不得不利用财政资金对公共服务设施另行补建。虽然居民的实际生活需求得到了保障，但实际上本应用于其他社会、环境建设的资金被用于填补了开发商应当承担的建设成本，这实际上仍然是一种对公共利益的损害。

图 3-8
整合治理运作模式
图片来源：作者自绘

应对整合治理的这些潜在风险因素，打破政府本位主义的关键在于发展民主协商，在政府和市场、社会之间构建公开、公正的协商机制，实现协同治理模式的有效运作。协同治理模式本质上需要政府放弃超然于其他主体之上的认知，“根除行政傲慢”[①]，尊重更广泛的市场、社会主体的治理权力，围绕既定目标公开进行“协商”，探索问题的解决途径，增进共识，并一致同意决策结论[②]。在政府与多元主

① 张康之.论主体多元化条件下的社会治理[J].中国人民大学学报，2014(2).
② 杨宏山.转型中的城市治理[M].北京：中国人民大学出版社，2017.

体之间开展公众参与的协同治理模式看似老生常谈，实则是政府将核心职责从“掌舵”向“服务”过渡的关键。“行政官员负有倾听市民声音并对其话语做出回应的责任，在认真清楚的倾听中，行政官员在一种相互反射的关系中使自我与社会结合在一起。”[①] 同样，市民在与行政官员的对话当中也能产生同样的映射心理，增强市民对政府的理解与信任，增加对不同价值诉求的合理表达途径，进而使市场和社会都更具自主意愿地参与相关政策的执行与推广。更广泛的公开“协商”，实际上是一种政府向多元主体赋权的过程，通过不同利益主张群体的公开、平等对话实现互惠互利的合作，使市场和社会逐渐恢复自治能力，不再事事依赖政府，并逐渐形成对行政决策过程的变相监督。如在老旧小区加装电梯的工作中，政府相关部门和街道办事处等责任主体大多通过向老旧小区居民征集意见，做入户访谈、问卷调研等方式开展广泛而公开的“协商”，并组织具有不同利益诉求的居民群众就电梯安装资费、形式与使用规则达成一致，之后组织开展相关建设程序。这一公众参与方式的应用，能够保证不同利益群体实现对个人利益的表达和追求，在自愿的情况下执行相应的共识规则，更能让那些将不同利益群体组织在一起开展协商的政府部门得到居民的广泛认可。协同治理模式在更广泛的城市建设治理范畴内应用，需要政府部门先转变通过一纸文件象征性地实现广泛社会主体的认识快速“统一”的工作推进习惯，克服与多元主体面对面协商中应对“不可知、不可控”言论的工作畏难情绪，从根本上转变对公开协商的认知，增强对多元主体的信任，增加与多元主体协商的专业化技能，避免因公权使用受限而拒绝真正的协同治理运作。北京市政府主导设立的“向前一步”社会治理电视栏目，实际上就是一种对于公开、平等的多元主体协商模式的宣传，且不论这一栏目协商对话具体方式的正确与否，但其确实在社会层面增加了社会群体对协同治理运作的广泛认知和初步了解，为城市更新时期更广泛的协同治理运作融入城市治理体系加强了共识基础。

3. 我国多元主体内部的自主治理模式与建设领域实践趋势

但是我们必须认识到，协同治理理念的有效运作既需要依托政府

---

① 丁煌.新公共服务：服务，而不是掌舵[M].北京：中国人民大学出版社，2004：51，70.

对多元主体自主治理能力的信任，又需要依托多元主体自身具备自主治理的意识和能力。如果在多元主体尚不具备自主治理意识和能力的时候推动协同治理，只可能因为政府对多元主体自主治理能力、效率的不信任，导致流于表面的形式化公众参与。这种形式化的公众参与无法真正实现多元主体通过协商自愿达成共识，形成统一的集体行动目标。这种形式化的公众参与还将进一步消磨社会、市场开展自主治理的潜在动力，政府也只能更加单一地依靠整合治理手段强化对市场和社会的隐形控制。美国当代政治经济学家埃莉诺·奥斯特罗姆在大量实证案例研究的基础上，提出公共事务存在一种通过相互依存的行动者自主选择、自主组织，并通过集体选择的途径形成的集体行动，即自主治理运作模式①。自主治理运作模式不依赖政府介入或提供资源，是由经济组织、社会组织自行协商确定规则而实现的集体性公共事务协商和相关行动，例如新冠疫情期间屡见不鲜的居民物资筹集、自发防疫管控、居民自愿服务等集体性公共事务行动。

实际上，这一模式在中国古已有之。由于中国古代大多遵循“皇权不下县，县下皆自治”的政治统治传统，因此，围绕宗族、乡绅等知识精英、经济发达阶层逐渐形成了诸如宗族家法自治、乡村乡绅治理等②基于特定历史、经济、文化背景的中国社会自主治理模式的雏形。这些中国传统的治理群体通过建立在血缘信任、德行信任的基础上的非正式权力机制、约束惩罚机制、教化引导机制，实现了较高程度的自主治理。自主治理的权力代行者利用自身的政治资源、文化资源、经济资源组织推动自主治理的参与者开展公共工程、地方防卫、慈善救济以及诉讼教化等公共事务③，如我国最早在北宋熙宁年间由陕西汲郡儒士吕大钧、吕大临等四兄弟在其家乡蓝田制定的《吕氏乡约》④，明代正德年间王守仁制定的最具有影响力的《南赣乡约》，都是我国早期自主治理中通过集体约定公开对话形式，在民办乡约规则下形成的集体行动，并据此实现了乡绅通过公共事务对乡民进行教化的自主治理演进。在这种传统的自主治理中，除了围绕资源、权益等公共事务公开对话外，我们还

① 奥斯特罗姆.公共事务的治理之道[M].余逊达，等译.上海：上海三联书店，2000：86-87.

② 王琦.从党家村古址看中国古代基层公共事务的自主治理[D].西安：西北大学，2012.

③ 徐祖澜.近世乡绅治理与国家权力关系研究[D].南京：南京大学，2011.

④ 陈俊民.蓝田吕氏遗著辑校[M].北京：中华书局，1993：567.

注意到，其始终围绕着儒家伦理道德规范，建设具有理想色彩的乡村秩序情怀。这种传统的自主治理希望通过唤醒参与者的道德意识，展现“有耻且格，而后大治”的儒家士大夫情怀。

由此可以看出，基于中国自身文化特征发展出来的自主治理模式有别于西方的自主治理模式雏形。西方的自主治理理念以批判当代政治等舆论手段，通过一种自由言论下的非官方普遍性公共建议，与国家政治进行竞争角力，进而获得某种特定群体的利益和权利[①]。而我国传统社会在乡村这一特定生存空间内“围绕公共产品的自我提供、灾害发生的自我救济、消费欲望的自我满足、内部秩序的自我维持[②]”来构建“公共领域”，实现乡村的自治秩序。新中国成立初期的居委会在一定程度上仍然沿用了乡绅治理的逻辑，由具有较高觉悟的共产党员、入党积极分子等政治意志坚定的群体组织居民开展公共产品供给服务与内部秩序维护等相关基层自主治理工作。但是到了计划经济时期，在城市的“单位制”、农村的“公社大队制”的全面管控组织下，党和政府全面指挥和控制了所有经济组织和社会组织。“全能政府”的全面统辖压制了自主治理的运作。虽然在改革开放以后，随着经济组织、社会组织自主发展空间的不断扩大，自主治理运作逐渐回归，但是“居委会”“村委会”等基层群众性自治组织仍然带有明显的行政化管理机构的痕迹。虽然很多地区通过设立社区工作站，将行政事务性工作从居委会中分离出来，以期实现居委会去行政化发展，恢复“居民自我管理、自我教育、自我服务的基层群众自治”[③]，但是由于现阶段居委会相关工作人员大多数既不具备开展自主治理的专业知识和大规模组织群众开展协商对话的能力，也不具备在文化、经济、德行上的社区认同，因此，居委会大多只能依托其政治上与街道办事处的紧密联系来开展具体工作。这也使得居委会大多仍然作为居民眼中具有政府派出机构特征的“权力机构”，成为街道一级机构开展具体工作的管理实施触手。

---

① RANKIN M B. Observations on a Chinese public sphere[J]. Modern China，1993（19）：158-182.

② 徐祖澜.近世乡绅治理与国家权力关系研究[D].南京：南京大学，2011.

③ 全国人大常委会办公厅.中华人民共和国城市居民委员会组织法[M].北京：中国民主法制出版社，2008.

此外，在城乡建设领域，2000年之后商品房社区逐渐成熟，物业管理公司逐渐以市场化手段代替自主治理接管了社区内的公共工程维护修缮、安全保卫监管等公共事务。但是完全依赖市场机制发展的物业管理公司，在相关法制尚不健全的时期，很快演变成了市场失灵下的社区内部事务矛盾激增的关键痛点。住在商品房内的业主，特别是具有一定环境品质的社区的业主，大多数是具有一定文化、经济、社会乃至政治资源和能力的精英阶层。在社区业主群体与物业公司争取权益的过程中，基于自身利益保障的价值诉求，这些精英阶层逐渐建立起了其在社区业主内部的公信力。在业主的集体认可下，这些精英阶层以业主委员会代表的合法身份，围绕物业管理问题，在现代城市居住社区内逐渐开始了自主治理相关公共事务的推进工作。

2000年以前建设的各类非商品住房出现了物业管理缺失、设施标准陈旧、结构设施老化等普遍性民生问题。在“十四五”规划出台后，城市更新工作成为未来一个时期城市建设领域的主旋律之一，老旧小区改造成了各城市近期的重要工作。这一工作需要面对大量业主、居民等利益群体和多样化的诉求。自上而下的指令性任务下达或单纯政企结合的整合式运作都很难推动大规模的多元主体开展公开的利益协调。因此，面对这一政府集中性改善工作，居委会作为具有一定自上而下特征的居民自治组织主体，越来越多地在业委会缺失的老旧小区改造过程中受部门和街道委托，作为具有一定政府公信力的群体，再次承担起组织社区居民开展协商对话的自主治理职责。

随着社会组织，特别是NGO组织在我国的逐渐发展，一些一线城市在人社部门、规划和自然资源部门的推进下，以街道为主责机构，逐渐展开了形式多样的社区营造、社会治理工作。这些工作逐渐促使形成了一些具有专业背景的学术组织、非营利性机构并日益蓬勃，如2002年创建的AAAA级非营利机构北京市东城区社区参与行动服务中心、同济大学刘悦来教授等在上海创立的“四叶草堂”、清华大学社会学系以北京市海淀区清河街道为基地开展的“新清河实验”等。这些社会组织、机构都由具有专业社会学、社区建造、营造技术背景的知识精英组成，以自主治理模式为基本工作推进思路，围绕解决、改善社区空间、设施、环境问题，建立完善社区议事协商机制，重塑社区社会组织模式。

由此可见，目前我国在城乡社区建设领域逐渐形成了由具有政治优势的居民委员会、具有产权主体优势的业主委员会和具有专业知识优势的社区公益组织三种优势特征不同的基层自主治理组织群体共同推进社区层面的自主治理的发展特点。

4. 我国现阶段四种治理模式在设计治理运作中的借鉴要点

从上述四种城市治理模式在我国现阶段的运作特征来看，存在因运作主体、运作方式产生的适用范畴和作用效力的差异。从制度主义理论来看，人类社会的制度分为社会自发博弈互动实现自我均衡的内生制度和由政府或其代理人精心设计并附加于社会自上而下执行的外生制度[①]。自主治理和协同治理更多地属于内生制度。它们以更具微观特征的多元主体为主要运作对象，展开基于协商达到平衡的治理模式。其能够在微观个体和微观群体之间形成更为公开、公平的协商和对话。协商治理较自主治理更加强调多元主体与政府间的协商对话能力。整合治理和整体治理则更多地属于外生制度，是从政府自上而下的角度宏观群像化地看待政府协调，调度市场组织、社会组织开展经济社会建设的治理模式，是从政府管理服务效能出发，利用可调控资源和政治动员能力促进合作的治理模式。整合治理较协同治理的合作更突出地体现了政府居主导地位的隐形控制力。在整合治理的协商沟通中，沟通更多地体现为参与与否、同意与否的简单选择模式，与协同治理推崇的公开的连续性往复沟通，共同议定规则，达成共识和行动相比，整合治理的政府掌舵力度更为明显。而整体治理较整合治理更强调政府内部跨部门之间的运作，通过新部门、新规则、新技术等不同方式，实现对微观普适性问题的系统性集中整体运作，减少碎片化治理或头痛医头，脚痛医脚的盲目治理（图3-9）。

设计治理作为城市治理的一种特定范畴的治理运作，也应结合城市设计在不同建设类型、建设阶段所面对的主体特征差异、介入的目标影响范围，借鉴上述四种不同城市治理模式的运作方法。首先，设计治理的根本是希望城市设计走出既定工作范畴，突破城市设计工作管理主责部门的局限，应用到城市建设管理的不同领域当中。这一点在城市更新逐渐成为城市建设主要方向的地区的城市公共空间高品质

---

① 杨宏山.转型中的城市治理[M].北京：中国人民大学出版社，2017.

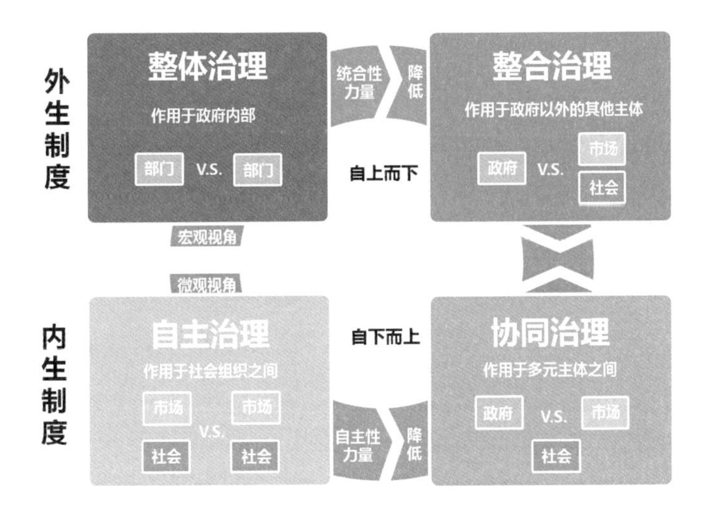

图 3-9
四种城市治理运作模式
图片来源：作者自绘

建设更新中显得尤为重要。完成初次建设的城市公共空间，其建成后的更新运营分属于不同的城市管理部门。不同部门在更新建设中多以主管部门的核心工作为重点开展更新改造工作。如建成的河道旁边有大面积的公园绿地，但是由于河道、河道附属绿地及巡河路与滨河的大面积公园绿地分属水务和园林两个不同的运行维护监管主体，因此，在建设更新当中，水务部门就其管理下辖要素进行以防洪安全、水环境改善、水生态重塑为主要目标兼具市民休闲的更新建设安排，而周边的大面积公园绿地则由园林或特定公园管理主体结合园林景观的更新建设标准开展相关工作。在科层制特征下形成的权责边界意识，使二者在建设更新中都是将各自管理的要素独立地进行要素内部的更新改善工作。但是，在实际的公共空间使用中，人们体会到的是连续的城市公共空间。因管理权责产生的要素空间分割在实际体验中则经常转变为不同公共空间之间的栅栏、道路，不可进入性绿化等隔离边界。这使本应可以连续提供服务的空间被迫形成阻隔，而由于各要素更新和建设的独立开展，造成了本应连续的公共空间入口错位，难以直接互通；设施独立核算，无法便利共享和借用；部门建设标准不同，空间品质差异显著等问题。更为致命的是，在一次次的更新建设中，由于各部门工作重点不同，如利用公园绿地实现岸线生态化再造、提升城市蓄滞洪区的低冲击改造工作、静态交通设施供给改善、全龄友好无障碍设施的设置等工作丧失了关键性的优化改造契机。上述问题的出现不能归结为单纯的部门主义，其中更多的是由于部门的专业局限性，使这种特定方向的管理主体不具有发现跨系统问题和跨系统解决问题的能力。那是否公共空间的改造都要先经过规划和自然资源部门开展城市设计工作，而后才能进行更新呢？这一看似合理的组织，在现实的工作当中是无法实现的，一个城市每年需要开展的公共空间建设更新不胜枚举，如果全部要在规划和自然资源部门进行城市设计之后才能开展工作，那么该部门的行政办公人员数量则需要大规模扩张。这与行政机构精简，提升办事效率的政府治理改革方向不符。同时，脱离了实际建设主责部门的直接指导和参与认可的城市设计，反而会因为部门主义的阻碍而束之高阁，难以真正实施。因此，这一看似突破部门间权责桎梏的运作问题，实则是要围绕城市更新工作难度增大、复杂性增加，跨领域、多交叉的特征，运用整体治理模式实现面向更新建设的跨部门运作，运用整合治理模式围绕高品质建设目标，利用市场组织和社会组织，不断使政府获得高水平专业化的空间综合治理能力。

在设计治理走进不同的城市建设领域，处于不同建设阶段时，最突出的转变在于产权主体的变化。城市新建时期面对的产权主体主要是农村的农民、政府、经济主体。产权关系的转变主要是从相对可快速规模化的集体土地转为征收后的国有土地，再通过划拨、招拍挂等方式以宗地形式实现具有一定规模的土地权属转变。但是进入城市更新时期后，由于建设完成之后持续发生的房屋产权交易，建设权与管理权、运营权的置换，不同历史时期的政策遗留问题等，致使更新建设工作需要面对极其复杂的利益关系和大量难以再次被迅速规模化集结的土地资源。这使得政府无法再通过土地资源及相关政策实现快速、强势的市场引导控制。越来越多的经济组织、社会组织手握产权、资本，在城市更新建设中成为掌握一定发起权、决定权的行为主体。这些主体作为“所有者”不再单纯满足于政府主导控制下“或是、或否”的选择性沟通，他们更需要为自身利益寻求与其他资源主体、政府展开协商、对话，以充分争取利益最大化。而此时，如果地方政府仍然以财政收入最大化为执政目标，那么，政府和经济主体将从效率的角度出发，希望通过形成政商联盟的暗箱协商，减少沟通成本，提高更新建设效率，以最快速度实现政治、经济诉求。在更新建设中，那些握有零散产权的个体化群体，在产权、资本占比有限，诉求目标多元的情况下，很可能成为上述联盟在沟通协商中有意忽视、回避的群体。因此，这些个体化群体需要不断地经过自发的协商沟通，尽可能地达成利益的一致性，并希望通过法制服务组织、自治组织或政府部门作为更具公信力的中间人，与资本或产权的强势持有组织进行协商博弈，进而形成对潜在利益联盟可能对其利益造成侵害的阻滞。政府凭借其长期积累下来的公信力，也成了个体化利益群体（如小区业主群体）在达成一致诉求之后，意图依仗的沟通协商媒介。在这里，我们看到，在更新时期，无论是经济组织、社会组织还是个体化群体都希望与政府部门增加沟通、协商，以实现对各自利益的保护与最大化。随着人民群众越来越高的物质生活和精神文化需求，人们对公共服务、公共设施供给的要求也不断提高。这些不断快速变化、提高的需求不再单单指向公共产品“有、无”的供给，更多的是要实现品质、效率的升级，要围绕公共产品供给的持续运营、快速应变不断地进行完善更新。这一需求转变是政府无法单纯依靠其自身完成的。这将进一步促使政府通过更有效地与经济组织和社会组织合作，来共同实现人们对美好生活品质的不懈追求。由此可见，设计治理在面向城市建设更新的多主体协作问题时，首先是运用自主治理模式逐渐恢复多元主体进行公开沟通协商的意识和能力，并在建立广泛的社会协作协商意识的前提下，运用协同治理模式实现政府与市场组织、社会组织之间更公平公开、合法有效的多主体沟通协商运作。

3.2.5 我国设计治理运作模式建构的几点思考

我国当代城市设计治理的运作应在以“法治”为基础，以“共治”为途径，以“善治”为愿景的根本诉求下，依托“整体治理”“整合治理”“协同治理”“自主治理”这四种作用于不同主体、不同范畴的城市治理模式理论，在现有城市设计运作体系的基础上，从顶层组织优化、工作体系完善、服务模式组建、底层认知培育四个方面加以探索。

1. 基于整体治理理念的顶层组织优化

正如前文反复提到过的，设计治理的运作首先要让城市设计成为一种服务于城市建设管理运行全周期的技术工具、政策工具、治理工具，也就是走出城市设计工作限定的单一部门事权范围，在城市规划、建设、管理等具有相关事权的部门，突破部门主义的桎梏，发挥应有的作用。特别是面向新时期高品质的城市建设发展，各类城市更新建设工作将逐渐代替大规模城市新增建设，成为城市建设发展的主要模式。各类更新改造建设乃至管理运营都需要城市设计这一城市空间环境品质建构的专业统筹工具来真正实现城市的高质量发展诉求和人民对美好生活的不懈追求。而这一目标诉求恰恰可以概括为：将大规模新建时期对各部门独立政策目标的建设管理转变为围绕“一张蓝图”形成政府多部门统一政策绩效目标的整体性建设治理。

1）借鉴整体治理模式的经验，设计治理的运作首先要结合城市物质空间要素所处的建设管理阶段，在简政放权、机构精简的目标下开展机构设置优化或机构职能调整。目前，我国大多数城市的全周期建设管理的职能分为三大类：规划设计、用地建设审批为主的规划设计行业主管部门；围绕住宅、水、绿化、道路、轨道等特定要素相应形成的设计建设、更新维护、运营监管专业部门；围绕城市市政市容环境的建成要素形成的以监管运营为主兼具更新维护建设职能的管理部门。上述职能分工既存在因管理要素主体差异而产生的分工，又存在着由于建设要素处于不同建设管理阶段而产生的分工。这种两种分工依据不同标准的界定方式，使得城市更新工作成为城市主要建设方式时，存在着多部门职能交叠、部门壁垒阻滞加重、重复建设、建设要素空间挤兑、建设标准难以统一等诸多问题。面对这一问题，主要有两种机构改革思路。

第一，通过领导小组制、委员会制等形式，形成城市规划建设管理全周期的高位协调治理组织，强化政府多部门形成统一目标绩效的能力，如2018年北京市委组建的城市工作委员会就是为了“进一步统筹抓好城市规划建设管理和发展，构建现代化超大城市治理体系”[1]形成的顶层机构。

第二，以大部制改革思路为蓝本，通过机构职能调整或增设机构实现以建设管理阶段特征为依据的职能整合。如：厦门市2021年底发布的建设局职能，可通过“参与城乡建设规划的研究和编制，参与城市大中型建设项目的决策与实施，指导、协调全市重点工程项目的建设，综合协调成片开发区的规划建设”和“负责全市建设项目行政审批的组织协调和服务工作……负责全市建设工程的报建管理工作”[2]等职能，对全市及乡村（城市化改造）处于建设阶段的项目进行了统一的统筹管理。重庆市政府于2022年颁布的市住房和城乡建设委职能规定了该部门将统筹主城区的人居环境改善工作，整合城市基础设施、城市轨道交通、海绵城市、水清岸绿整治、城市地下空间、城市雕塑等方面的建设规划、推进计划、项目储备、实施组织、协调推进、监督评估等相关工作；统筹历史文化名城、名镇、名村、街区相关要素的保护建设管理工作和乡村建设及特色景观旅游名镇、名村的指导管理；着力提升统筹能力，强化统筹职责，全面负责城市提升工作、人居环境改善工作、城市修补和有机更新工作[3]，进而推动城市设计作为工具融入建

---

① 北京市委城市工作委员会七项重点工作：a.深入实施好新一版城市总体规划，稳步推进102项重点任务，抓好分区（专项）规划编制，实施好城市体检、评估，坚决维护规划的严肃性、权威性；b.大力加强“四个中心”功能建设，提高“四个服务”水平，围绕“都”的功能来谋划“城”的发展，以“城”的更高水平发展服务保障“都”的功能；c.落实减量发展要求，坚定有序地疏解非首都功能，打好疏解整治促提升组合拳，严守“双控”“三线”，把成效体现在空间结构优化上；d.规划建设管理好城市副中心，完善行政办公、商务服务、文化旅游和科技创新等城市功能，争取每年有新变化；e.抓好历史文化名城保护，抓紧编制老城整体保护规划，推进街区更新，加强生态修复和城市修补，强化城市设计和风貌管控；f.下大力气治理“大城市病”，标本兼治地治理交通拥堵，深化污染治理，提升垃圾集中处理处置能力；g.加强城市精细化管理，深入推进背街小巷环境的整治提升，推行共生院模式，深化“街乡吹哨、部门报到”的改革。紧紧围绕“七有”“五性”改善民生，不断增强群众的获得感、安全感、幸福感。市委城市工作委员会召开第一次工作会议蔡奇讲话[EB/OL].（2018-12-12）. https：//baike.baidu.com/reference/23202117/354dgH1knBN95hsQ0DmD2K1aDapaQ3jk4AfaYbl3w557bbawUxEsiCUlIMGk-LE6IwkdldKZo1AQDjvCmzlzL4I1k4GXBHD5xwnsgFyKo_csa58cedfpamk

② 厦门市建设局机构职能[EB/OL].（2021-11-08）. http：//js.xm.gov.cn/jgsz/jgzn/202111/t20211108_2597446.htm

③ 重庆市住房城乡建设机构职能[EB/OL].（2022-05-31）. http：//zfcxjw.cq.gov.cn/zwgk_166/fdzdgknr/jgjj/jgzn/jgzz/202105/t20210512_9270888.html

设实施、建设更新阶段展开运作。长沙市则是在2019年通过新设长沙市人居环境局，着手拟订全市优化城市人居环境总体发展战略、中长期规划、年度实施计划、政策措施、操作标准、技术规范，并组织实施，参与全市城市更新专项规划的编制，负责经批准的城市更新专项规划的组织实施，指导区县（市）优化城市人居环境工作三个方面的工作，实现对历史要素、居住要素和新建地区人居环境要素在建设更新阶段的统筹。

上述两类机构改革思路中，第一类强调了高位统筹协调，对现有机构的职能未作调整，更倾向于通过形成多部门统一的目标绩效，实现更高效的治理价值，对重大建设事项、具有改革探索意义的建设治理工作中的设计治理运作具有较高的推动力；第二类改革思路则更强调从事项常态化运作的角度出发，理顺机构职责，破除按要素划定管理机构的分系统式管理，从建设所处的周期阶段出发，整合建设更新中的多元要素，提升了城市更新建设的系统性统筹协调能力，并通过建设规划、更新规划、人居环境规划、建设实施计划、更新行动计划等工作将城市设计作为一种更广泛的治理工具，更充分地引入了城市建设管理的不同周期。

2）设计治理的运作还应借鉴整体治理模式中对信息技术、智能化平台的应用，增强对不同部门、不同阶段的规划、计划、建设、更新事项的统筹协同能力的建设。目前各地的多规合一平台大多是基于自然资源和规划管理部门的规划、建设、审查、审批平台，主要服务于涉及用地审批相关地块的规划建设管理工作；对于河道、公园、道路等不涉及用地审批事项，非规划主管部门主责的建设治理、更新改造项目，则未纳入其中。可以预见，随着各地“城市大脑”“CIM城市信息模型平台”的建设，各部门独立推进的建设更新项目也应和建筑项目一样，成为上述平台整合的信息要素，并通过统一的信息技术平台，实现各部门建设项目的时序统筹、要素协调、合规审核、设计审查、竣工核验乃至体检评估。诸如多规合一平台这类建立在各委办局主导职责下局部联动的相对独立运行的服务审批数字平台，能够逐渐整合进入统一的“CIM城市信息模型平台”或“城市大脑”，使规划、建设、更新、管理，运营的时间、空间、资金信息在一个数据平台进行汇集，支持跨部门数据共享汇集和业务联审、业务协同服务[①]，进而为设计治理的运作搭建起融入城市建设全要素、全周期的更广泛的数据资源平台，提高了设计治理适应信息化发展的网络化数字运作可行性。

2．基于整合治理模式的工作体系完善

整合治理模式的运作是通过对人才能力、资源资本、资格资质的组织引导、调控转移、认定约束实现政府对市场、社会隐形的有效控制。在设计治理的运作过程中，既需要在城市规划、建设、管理、运营的全周期不断引入专业人才参与相关工作的各个环节；又需要通过税收、财政、审批等相关手段引导市场资源、社会资源围绕以人民为中心的高品质建设进一步集中发力；还需要通过对资质、资格的评定、约束，强化底线意识，不断建立高质量发展的目标、标准、标杆。基于整合治理的人才能力、资源资本、资格资质调配，其根本目的是把人匹配到对的时间、对的地方、对的事项上，并有合理的资金资源能够实现满足人民对美好生活向往的建设目标。而这种基于物质空间的高品质建设和美好生活离不开城市设计这一工具更全面地融入规划、建设、管理、运营的全周期。可以说推动城市设计的应用从规划管控、新增建设领域走向更新改造、管理维护、运营服务等领域，必将在一定程度上运营整合治理带动这一相关领域人、资、证的走向。而城市设计这一工具应用最直接的体现就是城市设计工作，因此，基于整合治理模式的设计治理借鉴，应当围绕着城市设计工作展开。城市设计工作除了可以指导未定未建之地外，更擅长在已有建设中腾、挪、辗，通过时间、空间、设施、事件的谋划实现预期的提升改善。

目前，我国城市设计作为一项非法定性技术工具，主要通过两种类型的城市设计工作发挥作用：①侧重于地区建设发展畅想的愿景型城市设计，如各地新区、重点地区开展的城市设计竞赛；②侧重于服务法定规划、衔接法定规划的管控型城市设计，如以地块城市设计图则、特定要素专项设计导则为目标成果的城市设计工作。但是，面对前一时期城市快速增长过程中遗留下来的越来越复杂的城市病，城市设计日益成为解决这些矛盾突出地区痛点问题，统筹空间更新发展的关键工具。这一类的城市设计既要能展现出对更新地区未来的设想，又不能是

① 城市信息模型基础平台技术标准：CJJ/T 315—2022[S].北京：中国建筑工业出版社，2022.

天马行空的短期难以实现的过度畅想，在产权制约、空间矛盾、发展诉求的制约下，充分考虑可实施性，乃至提出实施推进行动计划。同时，这一类城市设计的运作实施并不完全依托于法定规划、融入土地出让条件等传统运作途径，而是通过直接对接城市更新中各建设主管部门具体的建设项目，并对建设项目直接进行指导或参与设计深化而实现运作的。有别于愿景型城市设计重视整体愿景畅想，管控型城市设计注重对要素的控制引导，这一类实施型城市设计更注重直接对接建设，形成指导和实质性的实施推进。如Y市的双修总体城市设计就是总体层面的实施型城市设计；B市的清河两岸综合整治提升设计则是区段层面的实施型城市设计；J市的黑虎泉西路—趵突泉北路街区更新方案则是街区层面的实施型城市设计（图3-10）。虽然上述工作的具体名称各不相同，但实则均是以城市设计方法为根本，以直接指导服务更新建设为目标的实施型城市设计。这三种城市设计类型均可以在总体、分区、区段、街区、地块等不同空间尺度下进行应用。决定某一城市设计工作具体是什么类型的关键在于这一城市设计工作最终希望以什么方式实现运作。比如愿景型城市设计大多通过对愿景的描绘，使地区的建设开发形成初步的共识。其运作的目标就是为缺乏明确发展愿景的地区在认知上初步形成共识，进而推动该地区在明确的共识下，进一步从开发建设管控或建设实施推进等不同的角度开展后续的相关工作。管控型的城市设计则旨在通过法定规划的逐级传递，将不同层次、不同要素的建设管控意图最终落到对土地建设开发的管控中。其运作的目标就是将系统性设计有效转化为可操作的管控政策、管控手段，进而借由土地出让及相关建设审批实现城市设计意图。实施型城市设计则是以切实地参与指导建设项目实施为目标，是城市设计直接对一系列相关建设行动和具体建设行为的引导。因此，实施型城市设计在城市进入更新建设阶段后，会对城市公共空间及其相关要素因部门权责划分导致的条块分割破碎、建设目标协同性不足、建设引导整体性缺乏、建设标准难以协调等问题，形成系统性改变。实施型城市设计通过针对特定地区形成具有整体性的多部门认知共识、空间共识和行动共识，整合各建设主管部门的建设管理诉求，形成具有针对性的建设管理指导标准，围绕各具体建设项目提供跨部门的持续建设协调服务，完善了城市设计在工作体系层面对城市建设行为的系统性连贯设计治理运作（图3-11）。

总体层面的实施型城市设计——Y市的双修总体城市设计实施前后

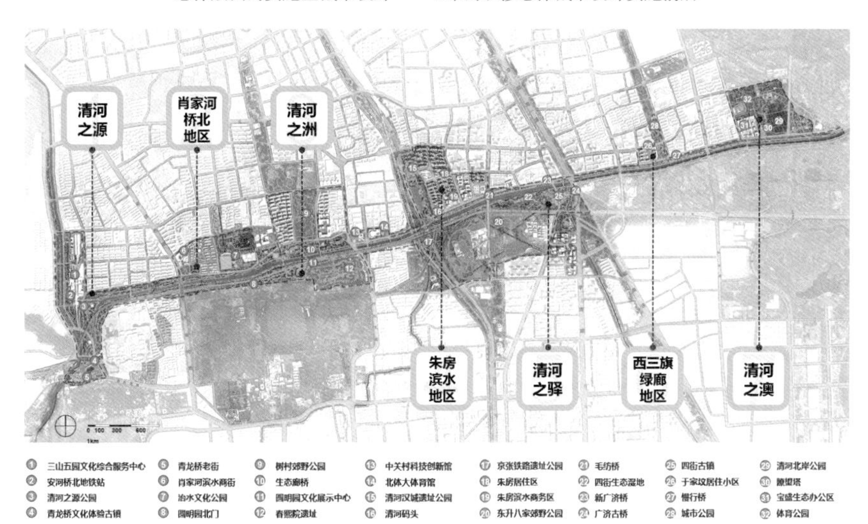

区段层面实施型城市设计案例——B市的清河两岸综合整治提升规划设计

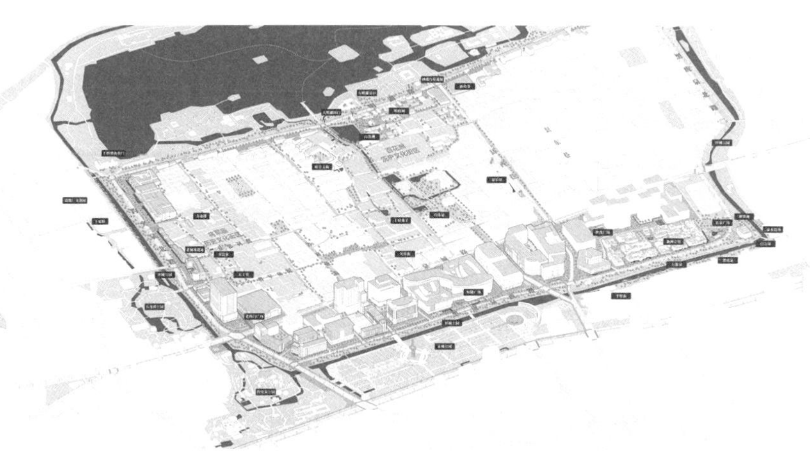

街区层面实施型城市设计案例——J市黑虎泉西路—趵突泉北路街区更新方案

图3-10
实施型城市设计案例
图片来源：中国城市规划设计研究院城市设计分院

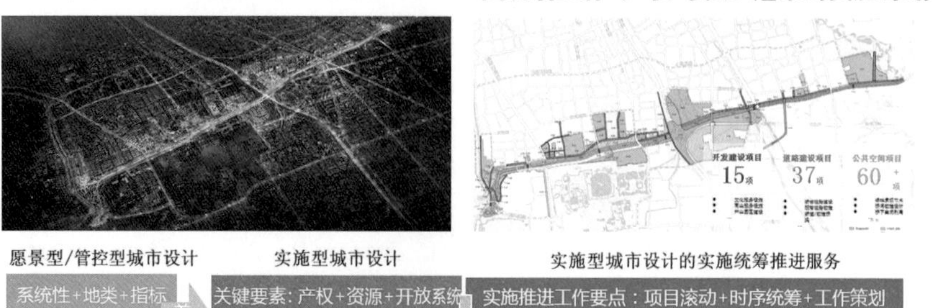

图 3-11
实施型城市设计的特征
图片来源：作者自绘

实施型城市设计在一定程度上走出了基于法定规划，围绕用地审批权限运作的桎梏，走向了通过对系列建设项目进行组织衔接、推进协调、优化完善来实现运作的新路径。这一路径使得城市设计能够走出单一的规划与用地审批主管部门职权范围，围绕建设管理事权完善城市设计运作。当前我国城市各要素建设相关机构的职能，可以整合为以下三个阶段的管理事权：①进行土地征收/整备，按规划进行土地出让/转让，并进行对应建设阶段的相关事权授予，主要涉及各地的自然资源和规划部门、城市更新部门，城市更新与土地整备部门等土地资源规划及使用监管部门；②在土地征收/整备并完成相应的初次建设后，建筑、设施、设备等地上物有明确的产权主体或代持主体时，需要进行再次更新、改造、整治、修缮相应建设阶段的相关事权授予，主要涉及前文提及的厦门市建设局、长沙市人居环境局、重庆市住房和城乡建设局等建设管理职能整合的新型部门，或分散在住建、水务、园林、交通等各专业部门下的建设管理职能机构；③在建筑、设施、设备、场地使用运行阶段，基于运营、利用、维护的常态化服务监管事权，主要涉及城市管理委员会、城市管理和综合执法局、环境建设和管理局等城市运行监管机构。那么，结合三种不同类型的城市设计特征可以看出，愿景型城市设计和管控型城市设计长久以来多依托规划及土地资源使用监管部门的事权进行运作。而随着城市更新时期的到来，越来越多的城市建设工作也需要城市设计的参与指导，因此，结合整体治理中的建设管理职权整合，则可以建立基于城市建设工作的实施型城市设计工作体系，即从宏观总体层面、分区层面，中观区段层面、街区层面以及特定要素的专项层面，形成连续的城市设计体系，与城市建设发展相关法定规划、行动计划衔接，以服务于城市建设、城市更新主管部门，从而实现城市设计走出服务单一部门的局限，走向服务城市建设领域的设计治理（图3-12）。

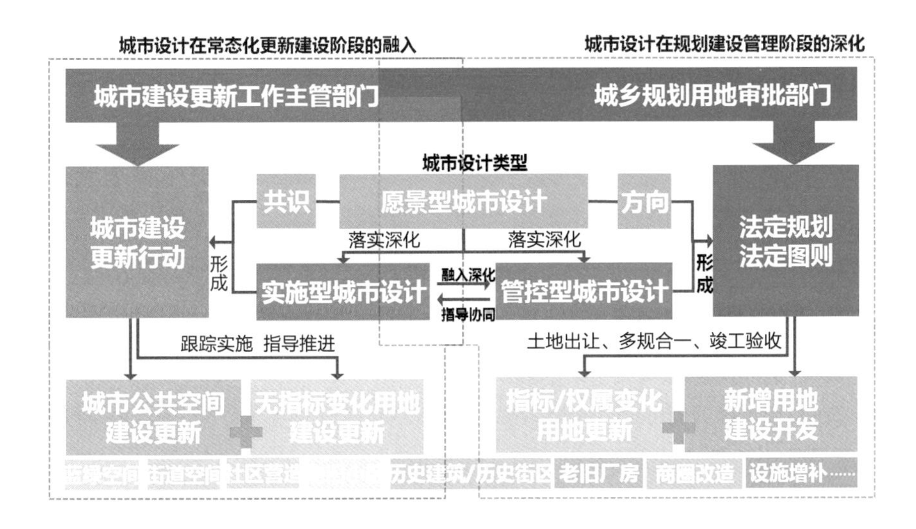

图3-12
城市设计服务于不同阶段事权的运作模式图
图片来源：作者自绘

3. 基于协同治理建设的服务模式组建

前面提到的两条设计治理运作路径的建设更多的是从自上而下的权力流动的角度出发，着重关注通过破除部门主义、科层制的梗阻性因素，打通城市设计作为技术工具、政策工具和治理工具的治理运作路径，进而为城市设计全面融入城市全要素、全周期的建设治理，提升设计治理融入能力，建构了基于顶层管理和工作的可能。而这些设想只是一种单向度、自上而下的运作路径探索。在快速大规模新建时期，单纯依靠政府的一元化行政主导模式，市场、社会和公众的主体地位未得到充分体现，市场、社会，特别是公众，在城市建设过程中多处于一种“半在场”或“不在场”的状态，多元主体的治理作用、功效未能充分发挥。随着新时期民主、法治的不断建设，信息化、网络化的深度发展，在城市建设中，特别是在城市更新建设中，自下而上的、更广泛的公开沟通需求和更多元的公众参与意愿日益强烈。多元治理主体更希望以不同形式的共同“在场”，实现利益的保障、资源的再分配。

这种共同“在场”的需求，实际上就是设计治理过程中多元主体对“共治”途径的渴望。“共治”的路径搭建，首先要强化、拓宽正式途径的制度化民主渠道。这是公众在城市规划、建设、运营、维护领域维护自身权益，参与物质空间资源合理再分配的重要途径。目前我国城乡规划及建设领域的制度化民主渠道，主要是通过网络、座谈会、公告等形式的公众意见征集及相关事项告知实现的，而更具深度的参与权及决策权则寄希望于通过城市（乡）规划委员会（以下简称“规委会”）这一途径实现。规委会从“规划专家委员会”“规划联席审议会”“规划起居室咨询委员会”等早期的多种形式，逐渐发展统一为现在的“城市（乡）规划委员会”[①]。现有研究多认为目前我国的规委会分为三类[②]：①国内大多数城市的规委会为顾问咨询型，即对重大城市规划与建设决策发挥咨询顾问的职能，在章程中大多表述为“提出审议意见”，仅仅作为“政府相关部门的决策依据”，很难真正干预相关规划建设事项；②诸如北京、上海的管理协调型规委会，主要在行政框架内发挥统筹、仲裁、协调的作用，规委会的审议成为规划或重大建设的必经环节，审议结果直接影响规划建设的后续审批环节，享有“准规划决策权”；③以深圳为代表的管理决策型规委会，除需对规划事务进行批前审议外，还享有“审批法定图则并监督实施”“审批专项规划”“下达法定图则编制任务”等独立的行政职能，具有部分规划事务的最终决策权[③]。上述三类规委会在组织构成上多由地区党政领导班子一把手任规委会主任，主要分管领导任副主任，在地区规划主管部门常设办公室，规划主管部门的主要负责人任秘书长或办公室主任，负责日常工作，成员单位则涵盖地区大多数常设职能部门和相关行政管理机构，负责配合、落实。在这个组织架构中，规委会成员大多全部由政府公职人员担任，部分地区允许少量非公人员（也大多为地区相关事务离退休人员、公务相关人员）参与，只有极少数地区持开放态度，允许较大比例的非公人员参与，如宁波规委会要求非公委员数量“应超过”1/3，青岛则更为超前地提出“公务员比例不超过50%”[④]。而专家委员会，或专家咨询委员会则大多前置于规委会，单独形成专业技术性较强的审议会议。这种规委会的组织运作模式使规委会在一定程度上只能有限度地在会上或会前接收“专业精

① 高捷，童明，徐杰.新规划体制下对我国“规委会”制度的研究回顾与探讨[J].城市发展研究，2020，27(5)：26.

② 王兴平.城市规划委员会制度研究[J].规划师，2001(4)：34-37.

③ ④ 高捷.行政法视阈中的“规委会”制度及新规划体制下的建设探讨：基于对15个城市的案例研究[J].城市规划学刊，2019(6)：94-100.

英”的相关意见建议，单向沟通的特征仍然明显，其所承担的“协调议事机构”职责更倾向于整体治理模式中政府内部对资源的整合调配，而非协同治理模式中多元主体共同“在场”的公开双向沟通。规划建设领域的制度化民主渠道仍显不足。

可以看出规委会的设立在很大程度上是针对重大城市规划与建设事项提供审议审查、支撑决策服务的。然而不同的建设项目对于不同层级的政府和不同的群体存在着不同意义的重要性，比如：具有代表性的市级大型公共服务设施是市级行政部门关注的重要事项，而区级大型公共服务设施对于市级行政部门来说就可能是一般事项，对于区级行政部门来说就是重大事项；同样，社区级公共服务设施对区级行政部门来说可能是一般事项，而对于街镇一级的行政部门来说就是值得关注的重大事项。社会群体对于事项重要程度的判断则往往与行政部门相反，越是贴近社会群体生活工作空间，与社会群体日常互动越多的事项，相应社会群体越会对其高度关注。同样以公共服务设施为例，对大多数市民来说，与其日常接触最多，对其影响度最高的首先是社区级公共服务设施，其次是区级公共服务设施，最后才是市级公共服务设施。因此，大多数社会群体对于公众参与深度的需求与该事项与其自身利益关系的密切程度正相关，与事项本身的层级和意义不具有稳定的相关性。再者，市场主体对于事项重要程度的判定则取决于潜力价值，而潜力价值在一定程度上与事项本身的层级、能级、意义存在一定的正相关性。因此，可以说不同层级政府关注度越高的事项，与不同能级不同行业特征的市场主体关注度具有一定的匹配度。规委会作为主要关注市级重大规划建设事项的议事协商机构，其目前的基本架构基本能够实现其服务核心关注主体（即有意愿参与的多元主体），即政府部门（规划建设事项的决策方）、具有一定能级的市场主体（可能的规划建设事项方案制定者）和行业精英（基于专业特点被视作社会群体代表），其多元主体的协同治理能力，除受制于单向沟通的运作机制外，也受规委会运作目标（类型）、规委会人员构成比例和运作流程的影响。因此，在规划建设领域的制度化民主渠道拓宽的过程中，我们既要通过设计治理的运作补足规委会制度基于单向沟通运作机制的协同治理能力短板，又要加强对那些不同级别政府认为是“一般建设事项”，而不同群体认为具有较高深度参与需求的规划建设事项建立协同治理制度的力度。

纵观西方发达国家，大多已经通过总设计师、总建筑师、责任规划师、责任建筑师、社区规划师等一系列不同形式的持续性设计服务模式搭建起了持续性地跟踪指导城市建设、城市更新乃至历史文化遗产保护等不同空间范畴、不同工作重点的全周期城市规划设计实施体系，比如法国香榭丽舍大街从建成到现在，在经年累月的持续更新中，从建筑立面优化、商铺店招迭代到设施小品更新，乃至节庆活动装点，始终都有特定的总设计师对政府和非政府投资的具体建设更新工作进行审查把关。设计治理在英国及其他西方国家的实践很大程度上是基于责任规划师（代指前文所属各种类型）模式下的城市设计实施体系的确立和全面实施。无论是前文提到的沟通式规划、协作式规划、参与式设计等设计治理技术方法的演进与实践，还是卡莫纳提出的设计治理的工具箱，其实践与应用的根本都需要依赖于城市设计实施体系的转变，即从单纯依托行政审批事权实现规划设计意图转向通过持续性的规划设计服务输出常态化的专业技术协调供给实现规划设计的引领作用。从笔者团队在海淀区开展的设计治理实践及近期深圳、上海、成都、厦门等各地的总设计师、总规划师、社区规划师、人民规划师等相关实践来看，中国的设计治理也必然将主要通过建立设计总师类责任规划师、街镇层级规划维护类责任规划师（全职街镇责任规划师）、社区服务类责任规划师这三种不同类型的责任规划师（责任设计师）服务模式体系来实现对城乡规划建设乃至运营维护领域的协同治理模式的建设（图3-13）。

图3-13
三类不同类型的责任规划师在不同层级、不同类型更新建设中的协同治理模式
图片来源：作者自绘

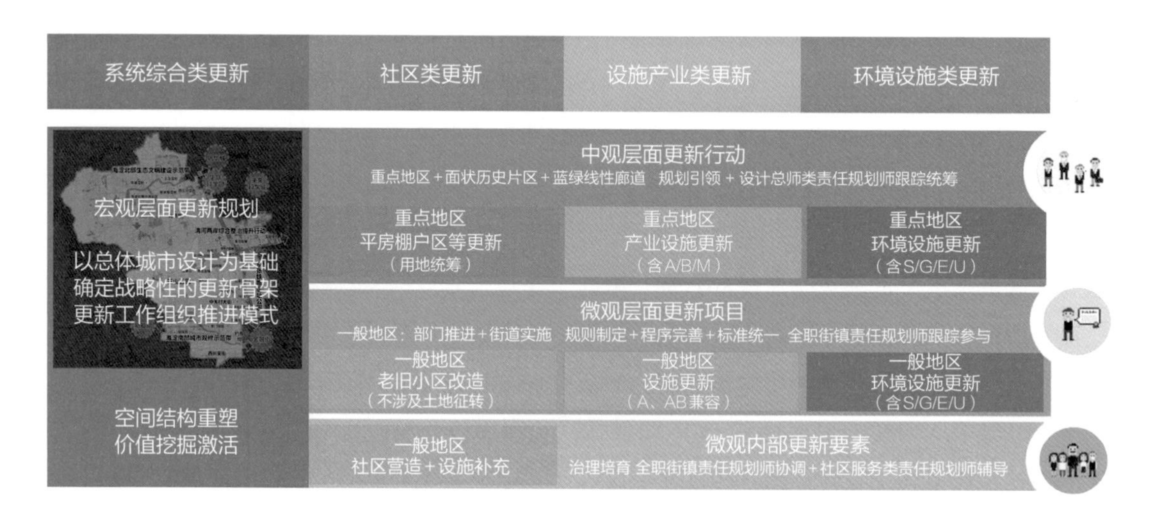

1）设计总师类责任规划师

首先，针对规委会单向沟通运作的短板，建立服务于市区重大规划建设事项的设计总师类责任规划师模式，在规委会会议、专家委员会会议召开之前，基于专业技术持续开展多元主体之间的沟通协调服务。设计总师类责任规划师（团队）的主体应具有深度参与该重大规划建设事项相关上位规划、法定规划、方案征集工作的经历，具有多专业统筹、协调、沟通的过硬的技术能力。其作为具有专业素养的第三方机构，应受雇于地方政府，作为代表地区最广大公众利益的专业精英，负责直接或组织相应机构/群体收集、整理重大规划建设所在地各利益群体的诉求，并向政府相关部门、市场主体、建设实施主体进行反馈，利用专业技术能力从系统性落实上位规划、提升城市建设品质、最大限度保障人民群众满意度等角度出发，在重大规划/建设事项事前、事中、事后通过问卷、座谈、走访、宣讲、工作坊、联席会、信息报送、审查意见等多样化的形式持续性地开展不同主体之间的多元对话。受规划、建设事项规模的影响，政府、市场、社会通过总师类责任规划师"全程在场"、多元主体"交错在场"的形式，实现有专业设计能力支撑的公开双向沟通运作。这一模式走向制度化的民主渠道需要满足三个运作要点。

（1）设计总师类责任规划师的主责设计师应具有一定的行业声誉和社会声誉，不容易被利益绑架，其统领的服务团队则应该在规划、交通、市政、景观、建筑等方面均具有高水平设计能力及相应资质。

（2）应在设计总师类责任规划师的制度建设中向设计总师类责任规划师（团队）赋予向下组织相关项目规划建设群体征集社情民意、宣贯相关信息、开展多样化沟通协商活动的权力，并起到向上提请相关部门开展多部门、相关主体联席会，反馈多主体的利益诉求、关键问题的调整建议，持续对重大规划、建设事项相关的项目进行专业审议并监督相应的上位规划、设计导则转译实施的效果。

（3）应通过定期/重要节点的多次专家评审会对设计总师类责任规划师（团队）形成专业权威上的制衡，并建立制度化的设计总师类责任规划师服务工作考核/评估机制，确保设计总师类责任规划师自身的中立性、公正性。

2）街镇层级规划维护类责任规划师（全职街镇责任规划师）

设计总师类责任规划师（团队）的工作范畴主要聚焦于城市中的重

点地区、重大项目，而城市一般地区的建设更新、运营维护则大多不在规委会的协调审议范围内，又受到部门职权分工的影响，大多缺乏设计统筹和明确的制度化民主沟通渠道。通过笔者团队在海淀区的全职街镇规划师实践，可以看到基于街镇基层行政主体实行规划维护类责任规划师模式是行之有效的改善途径。海淀街镇责任规划师公开、统一向社会招聘，受雇于区一级的政府部门，并委派至各街镇，结合街镇实际情况持续性地提供专业性技术服务。结合现有实践经验来看，笔者认为这一模式的责任规划师要想发挥出一般地区建设更新乃至运营维护的专业化平台作用，需要在制度建设中着重以下三点的探索。

（1）探索全职服务模式。在这一类责任规划师的探索实践中，很多人可能会认为，全职个体化的责任规划师服务存在能力短板、多样性不足、无法满足街镇在工作中多专业的服务诉求等问题。通过海淀区的实践，笔者认为，这种种顾虑实际上是一种将常见的项目评审专家工作与街镇责任规划师职责关联、等同的认知误解。首先，街镇责任规划师作为规划维护类责任规划师，其工作的重点之一应该是将上位规划、各类导则图则、建设标准准确地传达给街镇一级行政管理主体和具体的建设更新、运营维护的设计主体、实施主体，并通过协助街镇建立涵盖事前、事中、事后的在地专家联合审议和公众参与制度，实现对不同专业项目的质量把关和多元沟通，避免个体认知对建设事项形成局限性错误影响，也可以避免在责任规划师长期的履职当中孕育出基于专业能力形成的权力寻租。其次，全职责任规划师对规划的持续维护、对设计质量的把关，体现为其发挥专业能力，深入了解辖区的社情民意、痛点难点问题和各类建设情况，通过在街镇全天候的服务过程中协助街镇在日常公文往来、工作调度中[①]即时向规划、住建、园林、水务、城管等不同委办局提供专业、准确的数据、意见、计划（经街镇认可的），并持续性地按照上位规划、各层级各类别设计导则、各委办局反馈意见、专家

[①] 街镇相关公务人员在不具有相关设计专业背景，不具有一定的相关工作经验的情况下，对于具有专业性数据要求、专业性语境描述的工作目标和内容，很难提供恰当、准确的信息反馈或进行执行推进。通俗来说，就是非规划、景观、建筑专业的人员很难理解上述行业的术语，比如规划、园林当中说的公园绿地是专门指明具有相应用地性质的土地，但就一般非专业人员看来，公园绿地就等同于所有能看到草木的“绿色”地块。因此，能够准确读懂规划信息，并形成准确、有效、合规的信息反馈，是推动规划“一张蓝图”在基层日常工作中逐步落地的关键步骤。

审议意见和居民需求等内容，协调、监督设计主体、施工主体完善相应工作。由此可见，全职规划师对规划的维护和对设计的品质把控，不依托其发挥过多的个人主观设计意识，更重要的是使其成为各种导则、标准、文件规定的专业执行人，将专家意见、居民诉求持续转译的实施监督人、专业引导人。最后，基于目前的实践来看，海淀区通过三年的公开招聘、考核退出，已经实现全部街镇责任规划师均具有中级及以上职称，工龄在10年以上的执业者超过半数。这在一定程度上证明了在发达地区市场选择机制的运作下，能够保证具有一定行业经验的从业者参与到这项服务工作当中，并且有能力胜任全职街镇责任规划师这一需求形式各异、类型繁多的专业服务工作。同时，由于全职服务模式较兼职服务模式来看，在即时反馈速度、陪伴式参与深度、协调沟通频次等方面均有明显优势，特别是全职模式下街镇责任规划师将这一服务工作视作与个体生存息息相关的事业，这在一定程度上很好地激发了全职街镇责任规划师群体相互学习，取长补短，尽可能做好服务工作的热情和主观能动性。这种具有紧迫感的持续服务意识是兼职模式下的责任规划师（团队）所不具备的。如利用教学、科研之外的业余时间进行服务的高校教师群体，其大多是出于社会责任感、科研精神参与这类责任规划师服务，但是其作为教师已经具有本职工作和明确的事业追求了，这使得其面对这类责任规划师服务工作时更多体现的是基于情怀的自我奉献和对与其教学科研方向有关联事务的较高热衷度，而面对街镇层级事无巨细、随叫随到式的服务需求，则在时间和精力上都无法匹配，其最为庞大的学生资源也因为实际工作经验的不足和理想化的象牙塔思维而无法真正发挥预期的作用。通过社会化招聘实现全职服务模式的街镇责任规划师则具备实际工作的成熟经验和全工作时段投入精力的双重优势，还具备深入学习多部门政策、规范乃至探索工作推进路径的个人职业生存动力。正如阿莫斯所说：“系统无论设计得多么好，如果没有匹配的人力资源的话，一点价值也没有……技能发展应用要深入到系统和管理中去。”[①]

（2）探索街镇责任规划师的权责边界。正如前文所述，街镇责任规划师走出了通过项目设计成果服务于某一特定部门的工作模式。在街镇

① AMOS F. Strengthening municipal government[J]. Cities，1989，3（6）：206.

这一具有职能汇总特征的区级派出机构，街镇责任规划师通过街镇城市管理、社区建设管理、综合治理、经济发展和管理（镇域管理涉及农村合作经济和集体经济管理）、规划建设与环境保护（仅镇政府下辖相关部门）等部门参与城市规划建设、运营维护的各阶段。同时，由于街镇责任规划师长期根植于特定辖区，因此其能够通过12345“接诉即办”，社区居委会、村委会等机构及日常服务、走访、调研积累大量的社情民意，并在服务中出于职业习惯，将之与对应的服务事项进行匹配，形成融入基层部门常态化工作的反馈。这使其自然而然地成了广泛社会群体与各级各类管理者之间隐形的专业沟通桥梁。这一沟通桥梁的重心恰恰与社会群体具有深度参与意向的政府“一般建设事项”“常态化工作”息息相关。因此，街镇责任规划师服务模式必将成为设计治理推进协同治理模式建设的重要途径。这一途径能否真正承担起沟通桥梁的作用，取决于责任规划师履职时，能否通过制度化的工作程序，发挥与诉求初衷相匹配的作用，并避免因沟通而可能产生的新的“寻租”空间。

首先，街镇责任规划师应该先通过实践明确具体的工作职责和任务清单，进而结合不同职责的履职特征，明确制度化的工作程序，实现有效权利的保障与权力边界的限定。从海淀区的实践来看，为了破除行政管理中的科层制桎梏，海淀区的全职街镇责任规划师在签订附加严格保密条款的聘用合同后，通过任职不具有行政职级的街镇主要领导助理，参与建设相关的街镇主要领导办公会，使街镇责任规划师破除了城市管理或规划建设单一科室的科层制管理限制，获得了街镇规划建设及运营维护相关信息的知情权，使其在相关规划建设事项的意见研提中能更有效地发挥专业统筹协调的能力。

其次，赋权全职街镇责任规划师参与老旧小区改造、边角地整治、背街小巷整治、小微空间改造、留白增绿、拆迁腾退再利用、设施增补等相关工作，通过数据审核补充反馈、方案审查意见研提、实施协调民意动态反馈以及全过程跟踪等不同形式获得发挥技术能力的多方沟通协调权限，进一步融入街镇常规对工作、文件实行的科层审核、领导班子共同审议、专家节点把关等工作流程，实现对沟通信息流动的相应约束。但是这种基于基层管理群体的信息流动约束，在一定程度上具有明显的长官意志，在客观性和专业性上存在一定缺陷，而赋予全职责任规划师独立的签字权又存在着权力寻租的可能和个体能力难以胜任的潜在风险。因而目前在实践中，我们通过为全职责任规划师设置“街镇画像”这一涵盖街镇、社区两个维度的城市体检工作的年度文件编撰工作，既为全职责任规划师提供了独立、系统地反馈街镇社区现象、问题的途径，保证了其作为第三方中立技术服务者的客观独立性，又为街镇在基层管理者、责任规划师更替中留下了完整、连续的信息资料。当然，这种沟通桥梁作用的强化有赖于有多少部门能够以制度化的方式，在常态化的工作中获得有责任规划师指导、参与的信息反馈，甚至是责任规划师独立的信息反馈。前者，仅需要在各部门与街镇沟通的文件中写明“责任规划师参与”即可初步实现。这个过程中，责任规划师的工作会成为街镇工作决策中的一部分整体呈现出来。后者，则需要通过单独提交责任规划师署名的文件或电子化信息反馈渠道才可以实现；这种模式下的责任规划师相较前者更具有第三方中立的色彩，在一定程度上可能对街镇的工作决策形成专业技术上的制约，但是这种操作也会使基层管理主体在一定程度上针对街镇责任规划师制造其获取多方信息的阻力，不利于个体责任规划师全面融入相关工作，甚至被束之高阁。同时，这种模式对于责任规划师个人的专业素养、技术能力、从业经验都有着极高的要求，对于规划设计人才有限的地区，实现难度较大。无论采取上述哪种形式，街镇责任规划师要想成为多方沟通协调的桥梁，都需要不断完善其信息沟通传递的正式途径、相关程序及采信力度，打通这一具有专业精英特征的制度化民主渠道。

（3）探索全职街镇责任规划师的管理、考核与职业化途径。我们必须看到，作为非公人员的街镇责任规划师在参与基层全方位的设计治理后，存在着一定基于专业技术的潜在的权力寻租空间。虽然我们在制度设计中会尽量规避这些潜在可能的发生，但是对于权力的制约仅靠制度、程序、规则，很难使人摆脱权力的欲望陷阱。从我国的治理经验来看，“育人树德”是更加持久有效的手段。目前，在实践中，首先依托全职街镇责任规划师的管理主体建立了属于责任规划师群体的党支部。其次，在每年的考核中，围绕“德能勤绩廉”形成了管理主体、被服务主体、服务者三方涵盖感性评价、数量考核、质量评估的综合审查，并据此建立了薪金调配和人员退出机制。其中，优秀人选会分别上报市区两级进行相应表彰。通过这样以党建为引领，奖惩相伴的制度建设，实现对全职责任规划师的初步约束。未来随着责任规划师人员数量的发展

（特别是全职责任规划师），责任规划师将逐渐在技术能力、专业常识、工作形式、工作成果等方面有别于传统的规划师。而这种以责任规划师为职业的人群，应通过特定的工作经历认证、专业技术考核，获得特定的资格认证，形成职业化发展的可能，并逐步建立相关职业的行业协会、专业技术研究协会。这种专业公开认可、行业稳步确立，将促使相应人群萌发从业自豪感和使命感，从而形成基于职业认同的自我约束力和行业监管执行力。

3）社区服务类责任规划师（社区规划师）

设计总师类责任规划师（团队）推动的是对市区重点地区的设计治理。街镇规划维护类责任规划师（全职街镇责任规划师）推动的是街镇一般公共地区的设计治理。而城市当中的社区，作为城市中相对独立的私有化封闭空间，有着产权主体、使用主体、相关利益群体数量众多，需求差异明显，对社区相关的建设更新、运营维护有强烈的深度参与意愿等特征。社区中的各类群体，因社区公共空间、公共设施的共有共享形成了具有无形的紧密联系的集体。可以说，每一个社区都是城市中具有一定独立性的个体集合。这在一定程度上决定了社区相关建设领域的各项工作都离不开和居民面对面的深度沟通。全职街镇责任规划师可以通过多种形式广泛开展民意沟通，并着重强化了正式途径下基层管理主体与政府各建设主管部门、市场主体、建设主体间的专业化沟通。社区在建设更新、运营维护中的首要服务对象是社区内部的多元主体，核心工作是通过沟通实现社区内部多元主体的协调统一，而后才是围绕社区的集体意志与市场主体、管理主体、监管主体形成共识。这样的工作有别于街镇层级的规划维护类责任规划师的工作要点。从实践来看，全职街镇责任规划师作为规划实施、维护的主体，其工作可能涉及上传下达、技术支撑、社区营造或信息维护等不同类型的服务工作，但究其根本，全职街镇责任规划师是以各种形式在一张蓝图的框架内推动规划、政策、导则有序、有质、有认可地落地实施。因此，全职街镇责任规划师更需要掌握各部门的建设实施的各类规则、标准、途径，以协助基层管理主体切实、精准地实现各类规划、政策、导则的既定意图。服务于社区建设更新、运营维护的责任规划师，更多地借助规划、设计、建设、美化、种植等工作形式，促进社区内部形成多元共识，进而实现社区个体集合与其他市场主体、政府主体之间形成有效的沟通，进行利益博弈。因此，这一类的责任规划师，其工作的核心能力是如何组织低冲突、高认可度的深度公众参与活动。

从目前实践来看，在社区营造工作中，全职街镇责任规划师与高校教师引领的服务社区的责任规划师团队就发挥了截然不同的支撑作用。前者由于长时间沉浸在街道办事处内，在实践中更多的是依据社区环境问题比对，民意整合难度初步提出社区营造工作的推进计划，进而从社区干群关系能否支持社区营造，如何组织、协调以获得街道主要领导及相关科室的支持，如何合理运用政策获得资金支持，如何组织街道社区干部参与工作等政府内部运作的角度推进社区营造；而后者则更多的是利用学生资源和多学科技术储备，从如何开展具体活动来初步团结社区公共事务积极参与群体，到引导较大范围的公众参与社区营造的意见征集，动态吸纳社区不同群体持续参与设计，乃至最终在活动中调配志愿者携手建设等社区内部运作方面，发挥专业协调沟通作用。前者以专业化的组织联络员的角色深入街道和社区等管理主体，后者则是以具有专业技能的沟通协作者的角色深入社区和居民之间。两种不同类型的责任规划师在实施流程中占据了不同的位置，其扮演的角色形成了工作整体上的协作互补。这种不同类型责任规划师的共同运作在一定程度上通过设计的方式，使自上而下的政府部门服务供给和自下而上的居民需求能够更好地匹配，进而促进社区营造工作效率、效能、效果的全面提升。因此，在我国的社区治理层面也应该参考国内外经验，通过逐步建立社区服务类责任规划师模式（社区规划师），实现设计治理对社区物质空间和社会空间的共同塑造。

上述三类责任规划师的设立并非在全部地区全面铺开才能打通设计治理的“共治”途径。街镇规划维护类责任规划师（全职街镇责任规划师）与社区服务类责任规划师（社区规划师）的分设，就需要根据街镇在城市中所处的区位、辖区面积和主要工作内容进行判定，如北京东城、西城的历史地区，街道辖区范围与中心城区内其他区的一个社区空间范围相似，且历史地区的胡同肌理使城市的公共空间、公共设施与社区的公共空间、公共设施形成了高度重合，因此，这一区域的街镇级责任规划师实际上就可以等同于这个地区的社区规划师。设计总师类责任规划师在诸如历史地段的持续性更新中，也可能同时成为这个地区的社区服务类责任规划师，如南京老城南门东地区东延的城市更新项目，用地总面积为2.33万m^2，更新涉及的住宅占用地的三成，产权复杂，建筑质量参差不齐。根据不搞大拆大建的建设原则，南京选择了居民自愿原则，总设计师团队与居民进行了多轮的面对面沟通，并结合居民反馈的实际需求，形成了相关设施的补充完善规划。在这个过程中，总设计师团队在一定程度上，在项目服务期内，承担了该地区社区规划师的职责。而对于城市规模有限的地区，设计总师类责任规划师可以取代街镇规划维护类责任规划师履行相应的规划实施维护的服务职能。

4. 基于自主治理重启的底层认知培育

上述基于协同治理模式的设计治理服务模式搭建，为不同城市不同层次的规划建设、更新运维提供了多层级、制度化的专业沟通渠道，但是我们必须认识到，协作治理的高效运作必须建立在多元主体真正具有沟通协作能力的前提下。由于我国长期以来全能政府运作模式的深入、“工厂办社会”模式的认知遗留、近代社区建设中社区自主治理的缺位，使得市场主体、社会主体对于如何开展公开的多元协商缺乏认知。因此，为了推进协同治理模式的真正运作，我们首先需要通过社区层面的自主治理重启，改善社区对于协商治理模式的认知，培育人民群众通过自主协商推进社区自治的习惯。

当前，我国社区层面的治理主要存在以下几个方面的代表性群体：①具有政府职能象征意义的居委会；②具有典型的市场主体经营特征的物业管理公司；③具有实际产权资源的业主委员会或社区自治组织；④具有专业技术能力的第三方精英群体——社区服务类责任规划师（社区规划师、社区营造师）或社区营造、社区治理类NGO组织（以下简称“第四类群体”）。上述四类群体在社区的建设治理当中初步形成了较为全面的多元主体代表。在常态化的社区运营维护当中，治理矛盾主要存在于产权主体内部以及产权主体和市场经营主体之间，即业主内部矛盾和业主与物业之间的矛盾；而在重大的社区更新建设当中，治理矛盾主要存在于产权主体内部以及产权主体与政策代执行主体之间，即业主内部、业主与具体工作执行部门或业主与建设开发主体之间。由此可见，在建设治理的各类事项当中，业主的内部协调统一是化解其他矛盾的第一前提。而上述四者当中的第四类群体始终是各类建设治理事项中的中立群体；这类群体又掌握引导、推进公开的沟通协商的专业技术能力，这恰恰与社区治理过程中，化解无处不在的业主内部矛盾需求相匹配。因此，社区治理应充分发挥第四类群体的专业技术能力，协助社区产权主体重新建立自治的沟通协商机制与习惯。然而，由于社区产权主体对市场经营主体的不信任和对专业技术服务群体能力认知的匮乏，使得第四类群体很难通过市场渠道与产权群体建立联系。因此，具有政府公信力的街道、居委会成了为业主群体搭建这一中立性沟通服务群体的关键渠道。与此同时，市场经营性主体代表——物业管理公司很可能会通过干扰或拉拢第四类群体来保证自身利益不被影响。因此，如何建立这四者之间的工作服务制度，成为广泛利用设计治理推动社区自主治理重启的关键所在。

当前我国已经在各地开始推进“物业管理委员会”制度。这一制度将代表政府公信力的管理机构、官方治理组织（街道办事处/乡镇人民政府、社区居/村民委员会），市场主体（社区服务机构/建筑单位）以及业主代表这种产权主体组织在一起，是对未建立业主委员会的社区行使代业委会职责的机构。可以说，物业管理委员会初步建立了主体协商议事的平台雏形。未来，在现有“物业管理委员会”雏形的基础上可以通过引入第四类群体实现对专业化社区治理技术能力的补充。同时，这一能力提升后的“物业管理委员会”不应仅仅服务于缺乏业委会的社区，而应该成为所有社区在社区建设更新、运营维护中的公开协商、仲裁平台。政府可以通过这一平台向社区引入第四类群体，提升业主协商议事能力，促进相应机制的建设，并在基层管理主体监管的前提下，对社区服务机构、建设单位开展的建设更新工作进行技术指导或设计审查，以保证相关建设工作的品质。社区服务机构、建设单位在业委会基于体验的监督和第四类群体基于专业技术的评估下，将更加有效地实现业主的相关诉求，配合政府部门完成相应的社区监管、维稳工作。随着这样一种良性循环的运作，业主能够越来越好地实现协商自治，市场能够在多维的评估、监管下承担应有的建设治理职能，将基层治理主体逐渐从过度介入的社区事务中解放出来，发挥社区基层治理的应有效用。

II

第二部分

责任规划师视角下的设计治理实践

第二部分系统梳理了北京市在城市发展转型背景下责任规划师制度的建设历程，通过不断细化完善的相关政策法规，以及日趋成熟的先行试点城区的经验做法，逐渐明晰北京市责任规划师工作的概念、内涵、职责等基本内容，从而为各区因地制宜开展责任规划师工作提供了制度保障。

责任规划师制度的建立与推广是我国设计治理制度建构的重要实践。从服务模式组建上，结合“协同治理”理论，以国内外多样化的责任规划师工作研究为基础，形成多元主体参与的设计总师类责任规划师、街镇层级规划维护类责任规划师（全职街镇责任规划师）、社区服务类责任规划师三类不同类型的责任规划师（责任设计师）工作实践。服务范畴涵盖服务于市区重大规划建设事项、提供街镇持续性专业性技术服务、借助规划设计促进社区内部形成多元共识等，实现在城乡规划建设乃至运营维护领域的协同治理模式建设。

上述服务范畴的确立也是海淀区开展责任规划师制度建设的重要基础。海淀区是北京市最先开展责任规划师制度探索的辖区之一，顺应北京城市规划建设和社会治理的需求，基于“整体治理”理论的顶层组织优化模式，在大部制改革的背景下通过构建由区主要领导挂帅的街镇责任规划师工作领导小组，强化高位统筹协调，建立了具有海淀特色的“1+1+N”街镇责任规划师人员组织架构。在海淀街镇责任规划师工作的实践中，通过基于“整合治理”的工作体系完善，不断引导街镇责任规划师在实施型城市设计（实施落地类规划建设项目）中提升与政府对话、与公众对话的能力，强化“自主治理”下社区层面的治理意识，逐渐优化形成服务模式、顶层组织架构稳定，人员能力逐步提升的街镇责任规划师制度。

除了街镇责任规划师制度建设与责任规划师人员能力提升外，还需针对设计治理建立相关工具平台。通过完善非政府性组织机构建设，强化多元主体的人员构成；通过开展交流活动培育提升基层部门、街镇责任规划师以及公众的设计治理意识；通过构建评价体系推动街镇责任规划师未来职业化制度建设；通过支持工具为有兴趣参与或已经在从事相关工作的个人或群体提供核心制度建设外的辅助工具平台。

第4章 责任规划师相关工作的国内外实践

4.1 基于国内外实践的责任规划师分类概述

4.2 基于北京实践的责任规划师制度建设总结

国内外多个国家和城市结合各自行政管理体制、社会经济发展等实际情况，针对城市建设和治理中出现的个性化问题，在责任规划师实践中形成了各具特色的经验和做法。尽管设计总师类、规划维护类和社区服务类三种类型的责任规划师实践在角色定位、服务模式、工作内容中有一定的差异，但既有的责任规划师实践都具有以解决规划建设实施问题为导向、强调持续统筹协调、全过程跟踪服务等特点，在人员能力上除强调较高的专业水平外，更强调沟通协调能力，以及规划建设实施的相关政策和知识储备。北京市从围绕老城保护开展的社区参与式规划和治理实践，到北京新版总规将责任规划师工作第一次写入法定文件，再到《北京市责任规划师制度实施办法（试行）》等一系列相关制度文件的陆续出台，责任规划师制度建设逐渐趋于完善，各区结合辖区实际情况，因地制宜开展了各具特色的责任规划师制度建设工作，使得责任规划师工作在全市范围内广泛开展。

4.1 基于国内外实践的责任规划师分类概述

4.1.1 设计总师类责任规划师

“设计总师”的工作方式由西方发达国家最先提出，其背景可追溯到第一次世界大战之后的现代主义建筑运动。欧美国家的一些建筑师采用“会议”的形式，组建工作小组，通过讨论和协商的方式共同开展规划和建筑的设计实践工作[①]。例如美国建筑师乔纳森·巴奈特在20世纪60年代成立的“城市设计小组（The Urban Design Group）”，联合了建筑学、城市设计、法律等多专业人才，共同开展纽约市城市设计政策研究及项目实践工作，成为城市设计综合实践的开端[②]。

随着建筑和规划行业的发展，以及发达国家对于城市精细化治理需求的不断提升，多专业协同合作的工作模式越来越普遍，团队的工作模式也在不断创新，特别是设计总师类责任规划师制度，已在西方城市规划和建设管理中被普遍应用，成为一种相对成熟和高效的协同工作模式，例如法国的协调建筑师制度、日本的主管建筑师协作设计制度等。

协调建筑师在法国的城市规划设计实施体系中扮演着十分重要的角色，对服务片区内的开发建设负有全局性和长期性的责任，具有设计师、管理者、协调者等多重角色的特征。在实际工作中，协调建筑师并不进行具体的建筑和环境设计，而是以公共利益为出发点，结合地方上位规划原则性内容，对服务片区内的整体风貌、街区肌理、公共空间布局等做出合理的安排，在技术层面统筹片区设计和开发的控制要点。除此之外，协调建筑师还需要有较强的沟通和组织能力，负责与政府、开发商、设计团队、工程团队等多主体进行协商，共同推进规划设计有效落地，并在这一过程中促进不同利益主体之间相互理解，以确保设计方案和建设实施成果具有较好的品质。法国协调建筑师这一角色的出现，弥补了地方城市规

① 北尾靖雅.城市协作设计方法[M].胡昊，译.上海：上海交通大学出版社，2010.

② Harvard University Graduate School of Design. Rachel Dorothy Tanur memorial lecture：panel discussion："The urban design group：why implementation matters" [EB/OL]. http：//www.gsd.harvard.edu/event/panel-discussion-the-urban-design-group-why-implementation-matters/

划原则性规定和具体建筑设计之间的断层，在管理和运营过程中协调了多元主体之间的利益关系，能够有效促进宏观的区域总体规划设想有效落实到具体的空间环境建设当中，起到了承上启下的平台作用[①]。

主管建筑师协作设计制度于1981年由日本建筑学家内井昭藏（Shozo Uchii）提出，是一种由不同建筑师共同参与和管理建筑群体形态设计的工作方法。20世纪80年代，随着日本经济的快速发展，居民对城市生活环境品质提出了更高的要求，日本建筑师开始积极探索新的方法来组织城市片区中的建筑群空间。主管建筑师由政府、项目规划委员会（由政府部门与开发公司共同成立）、设计委员会（由行业专家、业主等组成）等共同组织聘请，一般由在行业中具有一定资历的建筑师或城市设计师担任，负责提出设计范围内的总体规划师设计方案，把握城市空间发展方向，指导其他建筑师在框架内完成具体的设计工作[②]。在这一过程中，主管建筑师作为片区规划设计工作统筹的总负责人，要和负责街区、街坊、建筑等不同层级的建筑师不断进行交流和讨论，共同研究和确定片区更优的城市空间形态方案。主管建筑师协作设计制度在日本的存量更新时代扮演着重要的角色，在改善人居环境、协调城市空间关系等方面取得了较好的实践效果。

近年来，我国设计总师工作制度在各地规划设计工作中陆续出现，在学习和借鉴了法国、日本等发达国家实践经验的基础上，结合地方规划管理制度以及工作组织模式，因地制宜形成了众多具有探索性的设计总师实践工作，如北川灾后重建工作总设计师负责制、天津协同工作平台组织模式、广州国际金融城城市设计顾问总师制度、深圳国际会展中心“双总师”制度等。

第2章提到的北川灾后重建工作总设计师负责制即是设计总师类工作的一次重要尝试。为了科学、系统、高效地推进新县城的规划建设，当地政府委托中国城市规划设计研究院（以下简称“中规院”）作为灾后重建规划设计总师团队，设立了中规院北川新县城规划工作前线指挥部（以下简称“中规院前指”），统筹新县城的总体规划、详细规划、各专项设计等工作；中规院前指下设规划组、市政组、交通组、住房组、

---

① 陈婷婷，赵守谅.制度设计下的法国协调建筑师的权力与规划责任[J].规划师，2014，30（09）：16-20.

② 北尾靖雅.城市协作设计方法[M].胡昊，译.上海：上海交通大学出版社，2010.

景观组等，形成了多专业协同的工作团队，为新县城的规划建设提供了包括技术服务、决策咨询等一揽子的解决方案，被形象地称为“一个漏斗”。另外，中规院前指还作为规划监督管理的“龙头”，监督设计单位和建设单位严格落实规划和建筑方案，以确保最终能够取得较好的落地实施效果。北川灾后重建工作总设计师制度建立了科学高效的灾后重建规划工作模式，其中总结提炼出的经验做法也在青海玉树、甘肃舟曲灾后重建规划建设中得到了有效应用①。

天津市在天津文化中心的规划建设中采用了“协同工作平台”的组织模式，探索城市重点地区全周期的统筹协调机制。天津文化中心是一组包括美术馆、图书馆、大剧院和博物馆在内的大型文化建筑群，混合有文化、商业、交通枢纽等多种功能。“协同工作平台”由天津市规划局领导担任项目指挥部总负责人，并下设规划设计组，负责“设计—管理—实施”的全周期的统筹协调，在鼓励每一个单体建筑彰显个性化的同时，确保城市设计总体理念能够贯穿整个片区②。协同工作平台体现的作用包括：在设计竞赛阶段，甄选相关设计经验丰富、水平较高的设计团队；在方案选定阶段，组织各设计单位参与联席会议，协调设计方案与总体空间规划的关系；在规划实施阶段，通过组织多专业参与的设计论证会、设计联席会、施工现场协调会等方式，加强沟通和协作，以确保城市设计总体目标的实现。最终，从40多家竞标单位脱颖而出的来自中、德、美、日的设计机构，融入协同工作平台的工作模式；协同平台对总体设计进行了统一协调，使得不同建筑间唱和相应、和谐共存，表达了中西合璧、古今交融的文化追求和内涵③。

广州国际金融城是广州市首个采用城市设计顾问总师制度进行规划建设的城市重点地区，是设计控制与规划管理相结合的一次积极探索，对广州和其他周边城市推行地区城市设计顾问总师制度产生了深远的影响。该制度采取一个顾问总师团队与多个专业顾问团队协作的组织模式。其中，顾问总师负责统筹协调解决规划设计编制过程中的各类技术问题，并担任专家审查会审查组组长，其意见可作为行政审批的技术

① 贺旺.“三位一体”和“一个漏斗”：北川新县城灾后重建规划实施机制探索[J].城市规划，2011，35(S2)：26-30.

② 沈磊.天津城市设计读本[M].北京：中国建筑工业出版社，2016.

③ 沈磊.匠心之作、城市之心：以天津文化中心为例[J].建筑实践，2020(2)：22-29.

支持和行政技术审查的重要依据；多个专业顾问团队根据各自专业特长，由不同的团队完成包括控制性详细规划、综合交通规划、地下空间规划、岭南建筑特色专项等在内的专项规划设计内容，并对各个具体开发地块的设计方案进行相应领域的技术协调和审查。尽管广州国际金融城城市设计顾问总师制度的实践相比以往的城市设计实践在时间周期上较为漫长，规划审批工作更为繁多，但从实施结果上看，顾问总师机制的建立和运作推进了城市设计编制工作的精细化和特色化，使城市设计蓝图落实程度较以往更高，实施品质更好①。

深圳市为打造世界一流国际会展中心，于2018年建立了围绕国际会展中心规划建设的总设计师咨询服务制度，并选择了自2006年起持续承担深圳大空港地区规划设计服务工作的中国城市规划设计研究院深圳分院担任总规划师团队，与由高水平建筑设计单位组成的总建筑师团队共同构成了“双总师”设计服务团队。在项目推进过程中，“双总师”团队与规划管理部门基于共同的价值观，形成了“设计总控”和“管理总控”的协作管理机制。由“双总师”团队持续提供设计总控意见，三大实施管理部门依据各自职能贯彻到实施进程中，实现了设计价值向建设实施的有效传导，保障了城市设计理念在建设实施中的高效执行。最终，在“双总师”团队的伴随式服务下，深圳国际会展中心以三年的惊人效率实现了高质量竣工②。

4.1.2 规划维护类责任规划师

规划维护类责任规划师大多围绕某一特定地区的规划设计和建设实施进行长期的动态服务，其早期的实践主要以推动多规合一、促进“一张蓝图干到底”为目标，持续对特定控规编制单元的规划、审批、实施等信息进行跟踪反馈和动态维护，通过持续性的专业技术服务，保障特定地区规划的连贯性和可实施性。厦门、上海和深圳等地均开展过这一类型责任规划师的探索实践，在各自下辖的责任片区中形成了相对稳定的服务团队，完成从规划编制到规划实施的持续动态维护。

厦门市为应对城市快速建设导致的规划事务繁重、专业技术人员

① 刘利雄，王世福.城市设计顾问总师制度实践探索：以广州国际金融城为例[J].城市发展研究，2019，26(08)：13-17.

② 王泽坚，龚志渊，王旭.关于总设计师制度实践的思考[J].当代建筑，2022(5)：56-61.

缺失等问题，于2009年建立了基于街道作为管理单元的责任规划师工作制度。通过从在地规划设计单位中聘请长期合作的责任规划师团队，协助规划管理部门为全市95个控规管理单元提供陪伴式服务。厦门责任规划师的工作主要是针对某一指定管理单元进行持续性的技术跟踪，定期对管理单元内的规划信息进行动态维护，并在管理单元内重大项目会审中提供专业意见，以保障规划实施按照既定的规划框架有效落实。厦门按照管理单元配备责任规划师的工作制度在缓解政府规划人员不足、提升管理效率和精细化水平等方面起到了良好的效果①。

上海的“地区规划师”制度是上海市控规管理中专家审议制度的组成部分，是保障城市规划设计水平和落地实施品质的重要举措之一。2015年，上海市政府颁布了《上海市控制性详细规划制定办法》，指出：“本市探索建立地区规划师制度。在编制指定地区的控制性详细规划过程中，市规划行政管理部门可以委托注册规划师，对控制性详细规划编制进行技术指导②。”随后，上海市规划国土资源局针对诸如外滩金融集聚带、虹桥商务区等城市重点地区，委任1名地区规划师，由在规划建设行业具有较高权威、主持过大型规划编制工作的专家担任，负责对城市重点地区开展控规组织编制工作。地区规划师可在实施过程中对控规和附加图则中的条款做出解释，并对引导性要求进行裁定，通过行政沟通、技术咨询、公众协调等方式，提高规划编制与实施质量。这一角色的设置在对接规划编制、规划审批和规划实施管理中起到了重要的支撑作用，以确保规划编制成果的科学性、合理性及可操作性③。

位于深圳市北部边缘的龙岗区于2001年建立了顾问规划师制度，目标是在城市化快速发展阶段探索一种既能够体现农村集体的正当利益，又符合城市规划发展长远目标的规划管理协调手段。顾问规划师由区政府聘用，以熟悉当地情况、编制过龙岗区下辖村镇规划的设计院规划师为主，采用一年一聘的方式，通过年度考核后可进行续聘。职责方面，顾问规划师长期服务于某一村镇，一方面，需要发挥专业才能，把

---

① 何子张，李小宁.探索全过程、精细化的规划编制责任制度：厦门责任规划师制度实践的思考[C].多元与包容：2012中国城市规划年会论文集（13城市规划管理），2012：6.

② 上海市控制性详细规划制定办法（沪府令34号）[EB/OL].（2015-09-30）. https://www.shanghai.gov.cn/nw33211/20200821/0001-33211_45129.html

③ 张玉鑫，金山.新形势下上海“提升城市品质、加强城市设计”的挑战与对策[J].上海城市规划，2015（01）：20-25.

规划管理者和实施者连接起来，理顺当地规划编制、规划管理和规划实施的关系；另一方面，要为服务村镇提供规划建设专业咨询服务，通过组织参与一系列公众参与活动，把政府的规划政策传递给群众，把群众的需求和意见向政府传达，进而起到连通政府与百姓的桥梁作用①。深圳龙岗的这次实践初步使规划维护类责任规划师走出了服务单一主体，以规划成果动态维护为目标的工作模式；通过深入基层村镇与多元主体沟通，进一步将规划成果的动态维护转变为与规划实施相匹配的行动策略。

4.1.3 社区服务类责任规划师

社区和乡村是居民生活和城市治理的基本单元。西方发达国家于20世纪50年代开始研究城市发展进程中老旧街区衰败、居住环境品质不佳等问题，探索社区居民的权益在社会空间中的合理表达，城市建设的重心逐步由自上而下的物质空间开发转变为自下而上、多元参与的社区更新，社区规划师这一职业因此应运而生。

英国的社区规划提出于20世纪60年代，并于90年代逐步确立了法定地位，成为提升地方福利、讲求合作参与的一种基层行动战略，其规划内容以社区需求为核心，包含社区健康、社区安全、青少年问题等各类主题性内容。苏格兰在下属各个地区的地方委员会设立了“社区参与官（community engagement officer）”，由当地政府公开向社会招聘，与地方议员、NGO组织、企业和专业机构等，一同参与推进社区规划战略研究和编制的过程，起到了居民与政府部门沟通协商的“桥梁”作用。任何有关社区发展的信息和动态都可向社区参与官咨询，任何需求和意见都可向社区参与官反馈②。

美国社区经纪人起源于20世纪60年代民权运动的背景下，社会对弱势群体及其生活环境的关注度逐渐提高，主张规划师应当为低收入阶层发声。因此，美国政府开始推动社区行动计划，改变以往“重物质、轻社会”的规划方式，使各个阶层的市民能够参与社区空间的设计和实施。其中，社区经纪人在政府与社区的对话过程中起到了十分重要的作用，他们的工作内容不仅要像传统规划师一样，组织并参与以社会目标

① 冯现学.对公众参与制度化的探索：深圳市龙岗区“顾问规划师制度”的构建[J].城市规划，2004（01）：78-80.

② 赵蔚.社区规划的制度基础及社区规划师角色探讨[J].规划师，2013，29（09）：17-21.

为指导前提的物质空间设计，更多的是要扮演好社区规划组织者的角色，负责公众调查、意见征询、向政府申请资金、推进和监督建设项目落地等工作，承担着社区空间设计者、社区活动组织者和规划实施参与者三重职能。经过几十年的发展，美国的社区经纪人已被认为是为公众谋利的职业，有成熟的职业规范和较强的职业独立性[①]。

自20世纪70年代开始，日本的社区发展面临着一系列的挑战：在物质空间方面，老旧小区的居住环境品质下降、公共空间和配套设施不足等问题日益凸显；在社会人口方面，日本老龄化、少子化现象日益严重，导致了住房空置、社会活力不足等问题。因此，社区的精细化发展的需求愈发凸显，以社区为对象的设计师扮演着愈发重要的角色。日本的社区设计师具有自下而上的特点，不仅关注社区需求和物质空间的营造，而且擅长通过一系列的公众参与活动培育社区自治、共治的能力，运用短期的、低成本和弹性的干预措施和政策来激发社区活力，以达到空间设计和社会治理并重的实践效果[②]。

近年来，随着我国城市化发展的快速提升，社区和乡村物质空间环境和社会治理问题日益凸显，多地也开展了各具特色的社区服务类责任规划师的探索实践。

台湾地区于20世纪90年代开启了社区规划师的探索实践。伴随着社区民主参与的兴起和社区公共环境改善需求的日益增长，居民自下而上地呼吁建立社区规划师工作制度。社区规划师由政府部门及专家学者组成的委员会共同选定，主要由熟悉本地规划建设基本情况的个人或团队担任，主要负责制定社区公共环境整治提升方案、组织公众参与活动、推进方案有序落地实施。起初，政府会为社区规划师提供工作经费补贴，发展到现在，台湾的社区规划师基本转为无偿提供服务的义工[③]。

2010年，成都市在全国首创乡村规划师制度，通过社会招聘、选派挂职、志愿者申请等方式，按照“一镇一师”的原则为每个镇配备1名乡村规划师。乡村规划师需为乡镇政府承担部分规划管理的职能，全过程参

① 成钢.美国社区规划师的由来、工作职责与工作内容解析[J].规划师，2013，29(09)：22-25.

② 弋念祖，许懋彦.美好社区的营造战术：社会空间治理下的日本社区设计师角色观察[J].城市建筑，2018(25)：47-50.

③ 赵蔚.社区规划的制度基础及社区规划师角色探讨[J].规划师，2013，29(09)：17-21.

与规划的组织和编制工作，提供专业指导和技术支撑，对所在乡镇的重大项目有“一票否决权”，并充当政府和村民之间沟通协商的桥梁和纽带，扮演着7重角色：规划决策参与者、规划编制组织者、规划初审把关者、乡镇规划建议人、实施过程指导员、基层矛盾协调员和乡村规划研究员。成都乡村规划师的出现，有效缓解了当地农村规划建设人才匮乏、乡村规划编制质量不高等乡村规划建设难题，使得乡村地区的规划、建设和管理水平得到了明显提升，并成功打造了一批新农村建设示范项目[①]。

4.1.4 三类责任规划师特点小结

在对三类责任规划师工作实践的对比中可发现，尽管各地的责任规划师都具有以解决规划建设实施问题为目标、强调人员拥有较高的专业技术水平、需要较强的沟通协调能力等共同特点，但不同类型责任规划师的角色定位特点不一，在实际工作开展过程中的侧重点各不相同。

设计总师类责任规划师在制度构建方面具有项目类型多、层次广、组织及运作复杂的特征，需面对规划、交通、园林、市政等涉及规划实施的不同政府管理部门，以及各类开发实施的主体单位，并通过专业技术能力协助协调政府与市场之间的不同利益诉求。此类责任规划师多由一名兼备极高的专业素养和社会声望的专家学者担任，并按照工作需求组建和管理各相关专业团队，扮演着“设计协调者”和“实施促进者”的角色。

规划维护类责任规划师在制度构建方面具有“一对一”责任制的特征，针对某一特定服务片区，提供从控规编制到维护的一系列技术服务。此类责任规划师主要面向规划、建设相关管理部门及基层执行主体开展服务，通过长期跟踪规划编制及建设实施、辅助规划管理、服务依规建设，支撑和强化规建主管部门及基层治理主体的专业技术，具有“设计陪伴者”和“实施督导员”的特点。

社区服务类责任规划师主要面对街道、社区、乡镇这一类基层行政主体开展工作，以社区或乡村为服务单元，提供涵盖规划设计、环境改善、法律援助乃至经营运作等多种专业服务。此类责任规划师需要广泛对接社区、乡村居民群体，通过搭建政府与居民之间的沟通平台，组

---

① 张佳. 成都乡村规划师制度的实践与展望[J]. 上海城市规划，2020(2)：104-108.

织公众参与活动，协调社区内部达成利益共识，营造良好的物质和社会环境。因此，社区服务类责任规划师应对所服务的社区或乡村有相当程度的了解，主要由具有组织深度公众参与或推进项目落地实施能力的专业人员任职，具有“自治唤醒者”和“设计引入者”的特点。

4.2　基于北京实践的责任规划师制度建设总结

4.2.1　北京责任规划师制度建设历程

从围绕老城保护开展的社区参与式规划和治理实践，到北京新版总规将责任规划师工作第一次写入法定文件，再到《北京市责任规划师制度实施办法（试行）》等一系列相关制度文件的陆续出台，北京责任规划师制度建设大致经历了制度提出、制度法定化和制度细化完善三个阶段。在这一过程中，随着相关政策法规的不断细化完善，以及先行试点城区经验做法的日趋成熟，北京市责任规划师工作的概念、内涵、职责等基本内容逐渐明晰，从而为在全市范围内开展责任规划师工作提供了制度保障。各区结合辖区实际情况，因地制宜开展责任规划师制度建设，形成了各具特色的制度实践。

1. 制度提出阶段

早在2002年，围绕老城保护相关工作，北京市陆续涌现出以推进公众参与为目标的社区规划师工作。如宋庆华创办的非营利民间机构——社区参与行动服务中心，针对老城区社区内公共活动空间场所不足、设施利用不充分等问题，通过组织规划管理部门、街道、设计单位、居委会和居民代表共同参与“开放空间讨论会”的方式，调解社会矛盾，解决社区冲突，形成了多方参与、多元合作的社区治理工作模式[①]。此外，北京还通过开展“规划进社区”活动，探索公众参与和规划科普相

① 喻涛.北京旧城历史文化街区可持续复兴的“公共参与”对策研究[D].北京：清华大学，2013.

结合的方式，通过特定社区的具体实践项目，逐渐形成了社区规划师的雏形。

2005—2006年，依据《北京城市总体规划（2004年—2020年）》，北京市在总结和评析1999年版控规的基础上，组织修编了2006年版的《北京中心城控制性详细规划》（以下简称“06版控规”）。然而，06版控规并未获得全面批复，北京市规划委员会（现北京市规划和自然资源委员会）在总结以往经验的基础上，于2007年初决定建立以1999年版控规为法定依据、以06版控规为参考指标，按照统一的标准和程序对中心城区实施规划管理的工作机制，即中心城区控规动态维护机制。该机制根据北京城市建设的持续性发展变化，不断对06版控规的相关指标进行动态调整和完善。在中心城区控规动态维护工作过程中，北京市规划委员会结合“规划下基层活动”，为控规编制的每一个街区聘任一名责任规划师。该规划师的主要职责是听取和协调该区域内各方利益群体的诉求，平衡规划范围内用地的各项规划指标，具有规划维护类责任规划师的特点。

随着城市发展转型时期的到来，城市对品质、精细化设计、治理能力提升的需求日益显著。无论是政府部门还是规划师，都希望将城市设计作为一项行之有效的工具纳入规划管理体系。因此，从提升城市品质、塑造城市风貌的角度出发，北京市于2012—2016年陆续启动北京中心城地区《城市设计导则编制标准与管理办法研究》《北京总体城市设计战略研究》等一系列管理办法和顶层设计的研究工作，逐渐提出建立责任规划师和责任建筑师的制度需求，以实现上位规划设计指导思想在基层的有效落实，建立起规划管理者和建设执行者之间的桥梁。这一时期责任规划师的概念逐步向设计总师类责任规划师扩展。

2016年6月，为回应中央城镇化工作会议、中央城市工作会议的要求和工作部署，加快建设国际一流和谐宜居之都，北京市委、市政府发布了《关于全面深化改革提升城市规划建设管理水平的意见》，提出做好新时期首都城市工作，要推动城市工作向更加突出管理服务的城市治理转变，推动城市规划建设向更加注重减量提质的高品质转变。其中，文件明确指出“进一步培育和规范建筑设计市场，着力培养既有国际视野又有民族自信的一流建筑师队伍，建立责任规划师和责任建筑师制度”[①]。该文件的颁布标志着北京市正式将责任规划师作为一项制度改革工作提出，为责任规划师制度的系统性建设奠定了基础。

2. 制度法定化阶段

《北京城市总体规划（2016年—2035年）》于2017年9月正式发布，作为北京城市建设和发展的主要依据，它的核心内容包括：有序疏解非首都功能、优化提升首都功能；提高城市治理水平，让城市更宜居；转变规划方式、保障规划实施。因此，在首都功能疏解和城市减量发展的背景下，诸如腾退用地再利用、背街小巷整治、留白增绿等“疏解整治促提升”工作逐渐成为北京城市建设的重要内容，对城市的精细化治理提出了更高的要求。同时，新版总规中还明确指出要“建立责任规划师和责任建筑师制度，完善建筑设计评估决策机制，提高规划及建筑设计水平……对重要节点、重要街道、重点地区的建筑方案形体与立面实施严格审查，开展直接有效的公众参与”[②]。这是北京责任规划师制度第一次被写入法定规划文件，奠定了责任规划师制度向法定化完善的基础，明确了责任规划师制度面向城市精细化治理的建设方向。

为贯彻落实北京新版总规提出“建立责任规划师制度”“开展直接有效的公众参与”的要求，2018年12月，北京市规划和自然资源委员会制定了《关于推进北京市核心区责任规划师工作的指导意见》。该文件首次阐述了责任规划师的基本概念，指出责任规划师是“由政府选聘，为责任街区的规划、建设、管理提供专业指导和技术服务的团队”[③]，并明确了责任规划师的主要工作职责，包括参与规划编制、项目审查、实施评估和公众参与，提供全过程、陪伴式专业技术服务，成为责任街区落实保护、修复、更新规划的技术责任主体。

2019年2月，北京时隔23年再次召开了全市街道工作会议，会议针对当前街道工作普遍存在的职能定位不准、责权利不匹配等问题，提

---

① 北京市人民政府.中共北京市委 北京市人民政府关于全面深化改革提升城市规划建设管理水平的意见[EB/OL].（2016-06-13）. http：//www.beijing.gov.cn/zhengce/zhengcefagui/201905/t20190522_59313.html

② 北京城市总体规划（2016年—2035年）[EB/OL].（2017-09-29）. http：//www.beijing.gov.cn/gongkai/guihua/wngh/cqgh/201907/t20190701_100008.html

③ 北京市规划和自然资源委员会.关于发布《关于推进北京市核心区责任规划师工作的指导意见》的通知[EB/OL].（2018-12-17）. http：//ghzrzyw.beijing.gov.cn/zhengwuxinxi/tzgg/sj/ 201912/t20191223_1416503.html

出要深化街道管理体制改革、推动超大城市治理体系和治理能力现代化。随后，中共北京市委、北京市人民政府印发了《关于加强新时代街道工作的意见》，明确指出要“建立区级统筹、街道主体、部门协作、专业力量支持、社会公众广泛参与的街区更新实施机制，推行以街区为单元的城市更新模式”[①]。这一文件的颁布意味着北京城市工作治理重心的进一步下移，街道被赋予了更大的自主权，将成为规划实施、城市双修、城市更新等工作的操作主体之一。另外，《意见》中提出“要健全街区责任规划师制度”，这是责任规划师概念首次突破规划职能部门的管理范畴，被引入街道这一层级政府工作的语境当中。自此，北京的责任规划师制度建设工作不再是某一单一部门的改革探索，转而成为多行政主体在城市建设和治理中共同推进的一项制度实践。

2019年4月，北京市第十五届人大常委会第十二次会议审议通过了修订后的《北京市城乡规划条例》，该条例是北京城市规划、建设和管理的基本依据，也是北京新版总规实施的制度保障。其中，第14条提出“本市要推行责任规划师制度，指导规划实施，推进公共参与”[②]。责任规划师工作再一次被写入法定规划文件，体现了责任规划师这一角色对于北京城市建设的重要性，也展示出北京市贯彻落实责任规划师制度的坚定决心。

3. 制度细化完善阶段

2019年5月，北京市规划和自然资源委员会发布了《北京市责任规划师制度实施办法（试行）》（以下简称“《实施办法》”），进一步明确了责任规划师的主要职责、任职条件、聘用方式、权利与义务等内容。《实施办法》指出，责任规划师是由区政府选聘的独立第三方人员，为责任范围内的规划、建设、管理提供专业指导和技术服务。其主要职责包括：参与项目的规划、设计、实施的方案审查，独立出具书面意见；参与责任范围内重点地段、重点项目规划设计的专家评审，出具的评审意见应作为专家评审意见的附件；按年度评估责任范围内的规划设计执行情况，

---

① 北京市人民政府.中共北京市委 北京市人民政府关于加强新时代街道工作的意见[EB/OL].（2019-02-23）. http：//www.beijing.gov.cn/zhengce/zhengcefagui/201905/t20190522_61849.html

② 北京市城乡规划条例[EB/OL].（2019-04-04）. http：//www.beijing.gov.cn/zhengce/zhengcefagui/201905/t20190522_61987.html

收集问题和意见建议，及时向区政府和规划自然资源主管部门反馈[①]。《实施办法》的发布，为全市全面开展责任规划师工作提供了必要的制度保障，也为各区因地制宜开展责任规划师制度建设提供了基本参考。

为推动责任规划师工作持续、深入开展，促进街区精细化建设和社区治理水平提升，北京城市规划学会于2019年6月成立了“街区治理与责任规划师工作专业委员会”(以下简称“专委会”)。专委会是全市责任规划师制度实施与总体工作推进的市级统筹协调平台，旨在为城市规划多元主体与跨学科专家搭建对话和交流的平台，共同探索责任规划师工作机制，推进责任规划师的基层实践，并定期举办业务培训、学术交流等活动。专委会的成立，在完善责任规划师顶层制度设计、提升责任规划师专业技能、促进信息互通和经验分享等方面起到了积极的作用。

2020年9月，北京城市规划学会在《实施办法》的基础上，制定并发布了《北京市责任规划师工作指南(试行)》(以下简称“《指南》”)，进一步细化了责任规划师的工作重点和工作方向。由于各责任片区所处区位、资源禀赋、发展阶段、面临的问题均各有不同，《指南》建议不同地区责任规划师工作的重点内容应有所区分：核心区主要聚焦城市微更新和传统文化弘扬，推动核心区控规的高质量实施；中心城区侧重于城市修补和生态修复，保障和服务首都功能优化提升；城镇(乡镇)重点改善人居环境，助力地区城镇化发展[②]。同时，《指南》还建议积极拓展责任规划师的工作内容，在调研摸底、上传下达、技术咨询、规划评估和总结宣传等基本工作职责的基础上，积极开展专题研究、协助公益项目落地、组织社区基层治理等探索工作，使责任规划师的角色从专业技术顾问成长为诊断治病的全科医生、汇聚资源的平台和智囊，以及敢于探索创新的实践者。

为响应党的十九届五中全会提出的实施城市更新行动，2021年，北京市颁布了《北京市城市更新行动计划(2021—2025年)》，明确了未来五年北京城市更新的目标和方向，提出北京城市更新要紧扣新版总规

① 北京市规划和自然资源委员会关于发布《北京市责任规划师制度实施办法(试行)》的通知(京规自发〔2019〕182号)[EB/OL].(2019-05-10). http://www.beijing.gov.cn/zhengce/zhengcefagui/201905/t20190522_62041.html

② 北京城市规划学会.北京市责任规划师工作指南(试行)[EB/OL].(2020-09-16). https://www.sohu.com/a/418806337_651721

和发展实际，聚焦城市建成区存量空间资源提质增效，建立良性的城市自我更新机制。在存量发展背景之下，要充分发挥责任规划师的作用，加强公众参与，建立多元平等协商共治机制，探索将城市更新纳入基层治理的有效方式，不断提高精治共治法治水平①。

4.2.2 各区责任规划师工作开展情况

随着北京市责任规划师相关政策的陆续出台与完善，各区结合辖区实际情况，因地制宜开展了各具特色的责任规划师制度建设工作，使得责任规划师制度在市内广泛推行。据统计，截至2021年底，全市16个城区及亦庄经济技术开发区已全部完成了责任规划师聘任，近300个团队、数千从业人员和大量行业知名专家参与其中②。

1. 核心区及副中心责任规划师制度建设情况

西城区和东城区是北京市最早探索责任规划师工作制度的城区，两区结合过去街区更新和环境整治工作，将熟悉辖区情况的优秀规划设计团队转化为责任规划师工作团队。由于核心区存在大量历史文化保护区域，因此，西城、东城区责任规划师在工作中更加侧重城市微更新改造，主要以遗产保护、民生改善、公共空间优化、三大设施完善为切入点，结合公众参与和社区营造的理念，协助开展老城区物质空间的精细化提升，落实北京市总体规划和核心区控规中关于历史文化保护的各项要求。

西城区通过将街区更新设计团队优化组合，构建责任规划师队伍。2017年，西城区"以街区更新为抓手"，在全市率先探索以街道为单元的城市更新工作。街道办事处通过聘用设计团队的方式，对街道资源进行系统性梳理，并在实践中尝试改变以往专业部门按"条"管理、缺乏统筹协调的常规工作方法，强调以"块"为主的综合统筹模式，为责任规划师制度的建立奠定了基础。2018年9月，随着《西城区责任规划师制度工作方案》的发布，西城区将原先的街区更新设计团队优化调整为责任规划师队伍——"西师联盟"。每个街道的队伍由在行业内有一定

---

① 中共北京市委办公厅 北京市人民政府办公厅关于印发《北京市城市更新行动计划（2021—2025年）》的通知[EB/OL].（2021-08-31）. http://www.beijing.gov.cn/zhengce/zhengcefagui/202108/t20210831_2480185.html

② 不忘为民初心，携手奋发前行：2022年度北京市责任规划师总结交流大会在京召开[EB/OL].北京规划自然资源公众号. https://mp.weixin.qq.com/s/stxMgEKPi3dJFd-qy-f68A, 2013-03-15.

影响力的规划师领衔，与所在机构的专业技术人员、了解历史保护街区建设的专家学者、熟悉当地情况的热心社区代表共同构成多元的责任规划师团队[①]。

东城区以“百街千巷”环境整治提升计划为契机，全面推行责任规划师制度。2017年以来，众多规划设计团队在“百街千巷”环境整治提升中发挥了重要作用，表现出了对核心区环境整治的热情和情怀。2018年8月，随着《东城区街区责任规划师工作实施意见》发布，东城区向其中12家优秀设计团队颁发聘书，负责全区17个街道的责任规划师工作。每个责任规划师团队负责1至2个街道，聘期为2年，聘期满后可续聘。责任规划师以技术顾问的形式介入，全程参与街巷设计和实施，搭建多方参与公众平台，恢复胡同历史风貌，协助街巷精细化管理水平不断提升[②]。

北京城市副中心及拓展区采用“责任双师（即责任规划师、责任建筑师）”的工作组织架构，为12个组团和9个乡镇各配备一个责任双师团队。其中，责任规划师团队由一位在行业中有较高资历的规划师担任首席责任规划师，负责组建工作团队、把控工作方向等；其他团队成员按照首席责任规划师要求，负责开展现状体检、规划宣讲、公众参与等具体工作；责任建筑师负责参与重点建设项目的设计方案评审工作，落实副中心控规及相关城市设计导则的要求。“责任双师”制度的建立有利于更好地推进副中心控规落地实施，提高规划编制和建筑设计水平，完善多方共同参与基层社会治理及规划建设的制度化渠道[③]。

2. 中心城区责任规划师制度建设情况

除西城区、东城区外，中心城区的其他辖区也形成了各具特色的责任规划师工作制度，其重点围绕城市修补和生态修复、公共服务设施补短板、公共空间环境品质提升、健全公众参与机制等工作开展具体实践。

海淀区是北京市最先探索责任规划师制度建设的城区之一。早在2013年，海淀区就在中关村科学城片区的协作规划中开始了责任规划师

① 西城区责任规划师制度工作方案[EB/OL].（2019-07-22）. http://www.bjcsghxh.com/pub/template.html?id=4&flag=2

② 东城区街区责任规划师工作实施意见[EB/OL].（2019-07-22）. http://www.bjcsghxh.com/pub/template.html?id=3&flag=2

③ 王海燕.21支优秀团队脱颖而出，为建没有“城市病”的示范区护航副中心“责任双师”正式上岗[N].北京日报，2020-09-03（9）.

工作模式的探索；2018年5月，结合“背街小巷环境整治提升行动”，海淀区的六个街道先行试点了责任规划师的服务工作；同年12月，规划和自然资源委员会海淀分局在与试点街道、规划专业机构、高校等多方就试点过程中出现的问题进行沟通和分析后，研究并发布了《海淀区街镇责任规划师工作方案（试行）》，确立了街镇责任规划师制度雏形，明确了工作团队组织架构，即包括1名全职街镇责任规划师、1位高校合伙人和N个专业设计团队在内的“1+1+N”街镇责任规划师人员架构体系，并在随后的工作中，不断细化和完善人员管理制度、工作指引工具等内容[①]。

朝阳区责任规划师工作以责任街区为实施单元，覆盖了全区43个街道办事处、地区办事处及7个功能区管委会。每个责任街区的责任规划师团队由一名首席规划师和若干名建筑、市政、景观等专业技术人员组成。在国际化水平较高的责任街区可增配一支外籍责任规划师团队，探索国际视野与本土发展的结合[②]。另外，朝阳区还借助大数据技术平台，对每个责任街区进行城市体检，为街区的交通情况、环境品质等各项内容提供精准的评估诊断。

丰台区建立了“1+24+N”的责任规划师体系，即由1名总责任规划师领衔、24个单元责任规划师协同联动、N个社区规划志愿者参与共治。其中，总责任规划师由1名专业能力强、责任心强和统筹能力强的知名专家担任，负责总体把控丰台区规划编制、实施和管理工作。由于丰台区存在街镇辖区边界曲折、土地权属复杂的情况，常常给规划管理工作造成较大的困难。因此，丰台区在现有行政区划的基础上，结合城市道路和水域自然边界，重新编制了24个管理单元，由24位单元责任规划师（7位为个人，17位带领团队）负责责任单元控规编制、控规动态维护、项目实施监督和体检评估等工作。另外，丰台区是北京市第一个将社区志愿者纳入责任规划师队伍的城区，志愿者中有来自街道、乡镇和管委会的基层工作人员，也有来自社区有专业特长的热心市民，负责协助单元责任规划师对接公众和相关政府部门[③]。

---

① 海淀区街镇责任规划师工作方案（试行）[EB/OL].（2019-07-22）. http：//www.bjcsghxh.com/pub/template.html?id=1&flag=2

② 朝阳区责任规划师制度实施工作方案（试行）[EB/OL].（2019-08-19）. http：//www.bjcsghxh.com/pub/template.html?id=6&flag=2

③ 丰台区责任规划师制度实施工作方案（试行）[EB/OL].（2019-11-27）. http：//www.bjcsghxh.com/pub/template.html?id=169&flag=2

石景山区为辖区内每个街道配备了“1+N+X”的服务团队，“1”为设计院或高校推荐的首席规划师，“N”为首席规划师团队内固定社区规划师成员，“X”为责任规划师团队所在设计院或高校的多方力量。石景山区责任规划师的工作主要结合辖区现状发展特点，从减量规划、集体土地及散落耕地使用、工业用地再利用、老旧小区改造、城中村治理等方面入手，为服务街道内的规划、建设、管理提供有力的专业指导和技术服务[①]。

3. 中心城区以外地区责任规划师制度建设情况

位于北京中心城区以外的大兴、房山、门头沟、平谷、怀柔、延庆等地根据辖区自身特点，积极响应责任规划师制度的建设工作。与中心城区城市建设情况不同，中心城区以外地区涉及大量城镇和乡村土地，因此，责任规划师的工作内容和工作重点也会有相应的差异。由于外围生态空间较多，中心城区外围各区的制度建设不强调全域覆盖，而是结合地区城镇化发展和生态环境保护，重点聚焦人居环境改善，探索美丽乡村建设，从公共服务和基础设施提升、特色产业培育、项目规划建设等方面入手，提升城镇和乡村的环境品质。

大兴区结合2019年度美丽乡村规划编制任务，探索并建立了北京乡村责任规划师工作制度，包括1名区级乡村总责任规划师和36名镇级乡村规划师。乡村总责任规划师由北京市规划和自然资源委员会大兴分局推荐，由区政府聘用，负责跟踪服务全区美丽乡村村庄规划编制及建设管理涉及的相关工作，并需定期对工作进行阶段性总结，提出问题和应对策略；镇级乡村规划师由大兴分局组织遴选，由镇政府聘用，原则上每个镇级乡村规划师负责3～5个村庄的规划编制工作，工作内容包括参与村庄规划编制和技术审查、引导规划建设实施、组织公众参与等[②]。

平谷区构建了“1+1+N”的责任规划师工作机制，包括1个区工作领导小组、1个责任规划师工作统筹平台和N个乡镇（街道）责任规划师团队。其中，区工作领导小组由区委、区政府主要领导担任组长，北京市规划和自然资源委员会平谷分局主管领导担任副组长，负责平谷区

① 石景山区责任规划师制度实施办法（试行）[EB/OL].（2019-11-29）. http：//www.bjcsghxh.com/pub/template.html?id=170&flag=2

② 大兴区乡村责任规划师工作制度（试行）[EB/OL].（2019-08-19）. http：//www.bjcsghxh.com/pub/template.html?id=26&flag=2

责任规划师工作的顶层建设、组织统筹和审查考核；责任规划师工作统筹平台以乡镇和街道的基层工作人员为责任人，负责统筹安排工作，制定工作计划，推动相关部门、公众及责任规划师团队的协同联动；乡镇（街道）责任规划师团队由一位负责人和多个不同专业方向的技术人员组成，配合工作统筹平台，提供规划方面的专业技术咨询和指导，以及公众参与等方面工作[①]。

延庆区实行“两级体系、联盟共治”的责任规划师工作模式，即由1位区级责任规划师（团队）与7位街镇（乡）责任规划师（团队）形成两级联动，共同参与协商治理。其中，区级责任规划师（团队）由区政府定向委托，指定一名专家作为领衔责任规划师专家，参与区级重大项目的规划建设、管理评审等工作；街镇（乡）责任规划师（团队）由各街道、乡镇政府与北京市规划和自然资源委员会延庆分局共同协商，在延庆区责任规划师（团队）名单中遴选，负责服务责任单元内的具体规划建设工作[②]。

其他中心城区以外各区也结合辖区城乡建设特点，组建了符合自身发展特点的责任规划师团队。例如，门头沟区依托市北京市规划和自然资源委员会建立的“责任规划师库”，结合辖区内镇街的工作特点和重点，围绕“传统村落保护与发展、乡村振兴、京西煤矿传统产业转型、生态涵养区新城建设与更新”等重点方向，有针对性地遴选了有专业特长、有服务意愿的规划团队[③]；怀柔区考虑到辖区内街道和乡镇建设方向的差异，将责任规划师分为街道责任规划师、山区镇乡责任规划师和平原镇责任规划师三类，因地制宜开展城市治理、美丽乡村的建设工作；房山区优先从参与过美丽乡村规划的编制单位中筛选出综合业务水平高、有服务意向的设计团队，按照每个乡镇（街道）配备1名责任规划师、3～4个村庄配备1名责任规划师的方式，对辖区内25个乡镇（街道）、401个行政村进行了全覆盖[④]。

---

① 平谷区责任规划师工作方案[EB/OL].（2020-05-13）. http：//www.bjcsghxh.com/pub/template.html?id=779&flag=2

② 延庆区责任规划师（团队）工作方案（试行）[EB/OL].（2020-04-02）. http：//www.bjcsghxh.com/ pub/template.html?id=201&flag=2

③ 门头沟区乡村责任规划师工作实施意见（试行）[EB/OL].（2020-07-23）. http：//www.bjcsghxh.com/pub/template.html?id=811&flag=2

④ 怀柔区责任规划师制度工作方案（试行）[EB/OL] .（2019-11-26）. http：//www.bjcsghxh.com/pub/template.html?id=166&flag=2

第5章 海淀责任规划师工作的探索实践

海淀区是北京市最先探索责任规划师制度建设的城区之一，通过四个阶段的持续研究和实践探索，逐渐形成了系统性的顶层设计和制度化的工作组织模式。在人员组织架构方面，以国内外责任规划师相关工作实践为基础，结合海淀自身的特点和优势，从政府、市场、社会多元协作的角度出发，探索形成了独具海淀特色的“1+1+N”责任规划师人员组织架构。在设计治理建设实践方面，海淀责任规划师工作将规划设计语境与政府语境相融合，拓展与政府对话的能力，协调多部门合作推进项目落地；并通过组织开展公众参与相关活动，加强与公众对话的能力，建立“以人为本”的沟通议事平台，结合项目实践，形成了一系列具有代表性的典型案例，为各地责任规划师建设提供了可复制、可推广的“海淀经验”。

5.1　海淀街镇责任规划师制度建设历程

海淀区是北京市最先探索责任规划师制度建设的城区之一，以建立健全责任规划师制度作为提高规划设计和精细化治理水平的重要抓手，通过重点地区试水、街道试点探索、制度提炼完善和制度落地细化四个阶段的研究和实践，逐渐形成了系统性的顶层设计和制度化的工作组织模式，有效回应了中央城市工作会议、十九届四中全会和北京市新版总规的相关要求，使责任规划师工作成为海淀区实现“从城市管理到城市治理转变”的重要抓手之一。

5.1.1　重点地区试水阶段

2013年，为进一步激发中关村科学城的创新及创业潜力，改善科学城人居环境和创新氛围，中关村国家自主创新示范区启动了片区内的更新改造工作。北京市规划委员会（现北京市规划和自然资源委员会）联合海淀区人民政府建立了“协作规划管理”工作模式，聘任中国城市规划设计研究院（以下简称“中规院”）团队担任中关村科学城的设计师团队，负责长期跟踪片区内的规划实施动态，统筹片区内功能提升及存量资源的再利用。在工作中，设计师团队通过专业技术手段，在土地性质不变的情况下，对既有建筑进行统筹管理和功能再分配，为中、小型企业提供相对“低成本”和“高品质”的创业空间。另外，团队还搭建了政府与各利益主体间的对话平台，制定了关于产权、奖励、补贴等一系列“更新策略”，通过与业主谈判的形式，完成建筑功能和空间的调整[①]。这种工作模式可视为设计总师类的责任规划师工作满足了城市转型和更新发展过程中，对城市品质提升和多元主体共同参与建设的设计管理需求，可以说海淀走在了同一时期北京责任规划师工作探索的前列。

---

① 杜宝东，董博，周婧楠.规划转型：基于中关村科学城协作规划的思考[J].城市规划，2014，38（S2）：125-129.

5.1.2 街道试点探索阶段

2018年3月，海淀区以“背街小巷整治工作”为切入点，由海淀区城市管理委员会（区交通委员会、区城乡环境建设管理委员会办公室）作为协调组织主责机构，推动包括紫竹院街道、北下关街道、海淀街道、中关村街道、学院路街道和西三旗街道在内的六个街道先行试点，探索以街道为服务对象的责任规划师工作。北京市多家在地的规划和建筑设计院所与六个试点街道达成协议，为每个街道提供一名驻场责任规划师，作为专员负责街道内规划相关事务的技术咨询和建设实施相关的组织协调工作，并配备了包含多个专业的规划设计服务团队来支撑该责任规划师的具体工作。这种服务方式虽沿用了项目委托式的政府服务购买思路，但与传统项目委托购买特定工作成果的方式不同，它是以购买特定人群的工作时间来实现的，即通过个人的驻场服务，以责任规划师作为工作连接点，依托具有一定信誉度的品牌设计机构提供工作支撑团队，在约定的合作时间段内履行一定时长的服务工作，是海淀在街道层面推进规划建设管理的一次创新实践。

但是，在这一阶段的实践中，责任规划师在工作落实的过程中遇到了种种挑战。由于以具体的背街小巷整治为工作落脚点，责任规划师们仍习惯性地以最熟悉的方式投入街巷环境品质改造过程中，即回归到传统规划师或工程师的工作角色，按照自身对项目的理解和定位参与具体的规划、设计和实施。这与聘请责任规划师，利用其规划设计能力，通过组织协调、技术审查、公众参与等方式统筹推进规划落实、提升城市品质的初衷有所偏差，存在着既当“运动员”又当“裁判员”的角色定位不清晰的问题。这种工作权责边界不够清晰的责任规划师实践，看似在政府治理的过程中引入了第三方的专业服务，但实际上会间接影响设计市场的稳定性，形成潜在的、新的权力寻租空间。

5.1.3 制度提炼完善阶段

2018年7月，海淀责任规划师试点工作的管理职权转移至北京市规划和国土资源管理委员会海淀分局（以下简称“海淀规土分局”，现北京市规划和自然资源委员会海淀分局），在专业规划设计研究机构的支持下，海淀责任规划师工作了进入制度化建设的研究阶段。9月，海淀规土分局联合中规院进行了相关制度建设研究，在总结试点街道实践经验的基础上，与试点街道、非试点街镇、规划设计类高校院系、相关委办局开展了多次座谈对接，了解各方诉求，并对工作中机构设置衔接不畅、专业人才资源匮乏、高水平设计缺失等问题进行归纳和整理，提炼形成海淀区街镇责任规划师工作制度框架和配套政策性文件——《海淀区街镇责任规划师工作方案（试行）》（以下简称“《工作方案》”）。

同年12月24日，“海淀区全面推进街镇责任规划师制度动员部署大会”圆满召开，会上宣布《工作方案》经区委常委会会议和区政府常务会议审议通过，将作为海淀街镇责任规划师工作开展的纲领性文件正式发布。该文件确立了海淀街镇责任规划师制度雏形，明确了“1+1+N”人员组织架构，即为每个街镇配备1名全职街镇责任规划师、1位高校合伙人和N个专业设计团队；建立了包含《海淀多规合一信息资源图》《海淀区街镇责任规划师规划指引手册》和海淀责任规划师人才库在内的“一册、一图、一库”责任规划师统筹工具，用于引导各街镇编制规划设计方案，推进街镇建设项目有效实施。大会的召开和《工作方案》的发布标志着海淀责任规划师工作在全区范围内正式启动，由区委、区政府主要领导领衔的海淀街镇责任规划师工作领导小组将通过高位协调和调度，为全区构建起以责任规划师为纽带的“共建、共治、共享”精细化城市建设和治理平台。

5.1.4 制度落地细化阶段

在随后的制度落地过程中，中规院责任规划师制度建设团队通过伴随式服务，协助规自委海淀分局持续推动街镇责任规划师制度中各项内容的细化和完善，并在人员管理制度、组织协调机制和引导实施工具三大方面形成了稳定的、可操作的制度体系。

在人员管理制度方面，在研究了国内外各类责任规划师工作特点的基础上，结合海淀实际需求和资源禀赋，深化了“1+1+N”街镇责任规划师人员职责；并围绕各类人员的工作职责和任务清单，以客观公正为原则，建立了多主体参与、多维度打分的责任规划师人员年度考核管理方法；考核结果直接影响人员下一年度的聘用和退出，以确保海淀街镇责任规划师队伍持续拥有水平较高、岗位适合的服务人才。

组织协调机制方面，通过走访调研、集中交流等方式，了解各街镇管理者和相关委办局对责任规划师工作组织的意见反馈，以及责任规划师在融入街镇工作时遇到的实际问题，对管理和组织相关问题进行有针对性的优化，包括常态化的街镇服务工作、跨街镇和部门的城市重点建设项目的工作、区域内人员协作组织等不同类型的工作组织模式，以及责任规划师相关的意见反馈、协调沟通、宣传培训、评估评比等配套机制，以保障海淀街镇责任规划师工作组织的科学管理和高效运行。

引导实施工具方面，根据责任规划师工作中的实际需求，创建了一系列街镇级的规划设计指引工具，主要包括《海淀多规合一信息资源图》《海淀区街镇责任规划师规划指引手册》《街镇画像》《种子计划》《海淀区街镇规划设计实施案例及工作指南》，并于每一年度对工具内容进行有针对性的更新和完善，旨在更全面地梳理街镇基础信息，更有效地向各街镇传达分区规划的引导内容，为责任规划师日常工作的开展提供支撑和依据（图 5-1）。

5.1.5 制度建设及实践成效

海淀街镇责任规划师工作自全面正式推进以来，三年时间里，坚持以制度建设为引领，以实践探索为抓手，在人员管理制度、组织协调机制、引导实施工具等方面不断深化完善，通过细致的动态化制度建设跟踪，梳理解决工作过程中出现的建设治理痛点、难点问题，系统性优化工作组织路径，并在海淀城市建设和治理的实践中收获了较

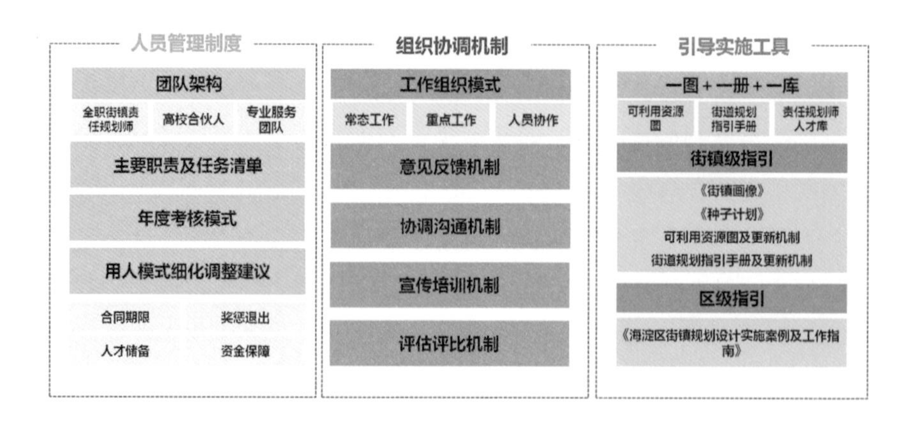

图 5-1
海淀责任规划师制度体系
图片来源：作者绘制

好的成效，为全市乃至全国提供了可学习和借鉴的责任规划师制度建设范式。

三年来，共有39名专业人才先后通过公开招聘成为全职街镇责任规划师，中高级职称拥有率逐年提升，现已达100%；清华大学、北京林业大学、北京交通大学、北京大学等高校近40个团队陆续参与了高校合伙人工作；除各街镇自行按需聘用产业、交通、市政等方面的专业服务团队外，在京张铁路遗址公园建设、清河两岸综合整治提升行动等重大系统性城市更新项目中，也采用了的设计总师、工程总师的工作组织模式，使海淀在全国层面率先开展了多种类责任规划师按需协同服务的系统性实践探索；实现了第三方专业人员陪伴式服务纵向深入街镇、社区、乡村，横向覆盖规自、发改、住建、城管、园林等多个城市建设相关主管部门，推动了海淀在超大型城市治理体系建构中，切实转变基层治理模式，深度提升精细化治理的专业能力和协调统筹能力。

海淀街镇责任规划师在基层参与跟踪服务的建设项目数量持续递增，项目种类及范围日益扩大。据统计，2019年实现海淀街镇责任规划师参与惠民工程111项，2020年增长至243项；2021年再次实现近七成的增幅，达480个，涉及重点地段改造提升、公共服务设施增补等规自分局相关重点项目47个（9.8%），违法建设拆除、社区微更新等街镇项目283个（58.9%），老旧小区改造、老旧厂房更新等住建委项目69个（14.4%），背街小巷整治、环境整治提升等城管委项目64个（13.3%），绿地改造、公园建设等园林局项目25个（5.2%），小微空间改造等发改委项目20个（4.2%），以及涉及文旅委、组织部、北部办等部门的建设实施项目252个（50%以上），其余项目也均已进入方案设计或立项阶段。上述项目中，责任规划师对超过1/4的项目进行了全过程跟踪服务，对超过半数的项目进行了多次方案审查（56.0%），对近1/4的项目提供了跟踪协调服务。此外，海淀街镇责任规划师在项目推进过程中始终以“共建、共治、共享”为基调，通过多样化的公众参与手段，将邻里关系重构与社区环境改善相结合，探索解决困扰居民痛点、难点问题的系统性策略和工作路径，大大改善了“头疼医头、脚疼医脚”的应激性治理反馈模式，形成了“精治、共治、法治”目标下的超大城市现代化治理体系的海淀模式。

5.2 海淀责任规划师人员组织架构

在海淀的责任规划师制度建设中，人员组织架构是整个制度框架的设计核心。我们根据海淀区的实际情况，结合国内外普遍形成的设计总师类、规划维护类和社区服务类责任规划师的工作职责和组织模式，以保障首都高质量发展，实现海淀高品质城市建设为目标，开创性地提出多委办局共同参与、“1+1+N”团队协同合作的责任规划师人员组织架构，即由区委书记、区长领导，规自委海淀分局下设管理专班，局长领衔主管，区发改委、区住建委、区园林绿化局等19个委办局共同参与；每个街镇配备1名全职街镇责任规划师，全天候动态跟踪社情民意、谋划参与基层建设更新、组织推进社区治理工作、多渠道协同各委办局开展城市运维工作；配备1个高校合伙人团队，发挥高校多学科交叉研究能力，以教研结合实践，开展社区营造、社区治理等探索；结合市、区、街镇实际需求，针对重点地区、专向需求，设置N个多专业设计总师团队，为保障重大项目建设品质和推进基层精细化建设治理，多方位配备专业保障（图5-2）。

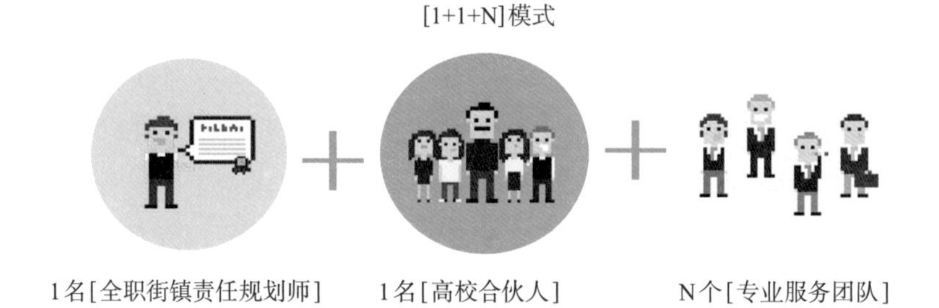

图5-2
海淀“1+1+N”责任规划师人员组织架构
图片来源：作者绘制

5.2.1 全职街镇责任规划师

由于街镇缺少具备规划、建筑、景观等专业背景和工作经验的人才，街镇公职人员在应对规划建设相关具体而复杂的工作中常感到力不从心，往往导致街镇规划建设缺乏计划性、项目实施效果不尽如人意等问题，急需补充相关专业人才。

设置全职街镇责任规划师的目的在于补齐街镇规划设计专业缺失这一短板，将街镇的管理工作语境转化为规划的专业实践语境，从根本上改善规自部门与街镇、委办局工作协调不足的困境，实现规划信息的高效传递和动态更新，促进“规划—建设—管理”工作流程有效衔接，使得上位规划和街镇请款项目能够有计划、高质量地推进落实。

全职街镇责任规划师由规自委海淀分局联合街镇面向社会公开选聘，委任后长期在基层管理部门所在地提供驻场服务。作为受聘于政府的第三方专业技术人员，全职街镇责任规划师具有从政府视角出发、运用设计思维解决问题、强化专业性沟通联系的特点，使其既可以满足街镇对于组织协调规划设计项目、提升建设实施水平的内在需求，又能够应对多元主体参与社区营造，推动共建、共治、共享的社会外在呼声。

根据对国内外责任规划师相关实践的研究，结合海淀区城市建设和治理的实际需求，我们将全职街镇责任规划师的主要职责概括为上传下达、专业支撑、共治共享、动态维护四大方面，为全职街镇责任规划师明确了工作中的重点内容，引导其在街镇有针对性地开展和协调相关具体工作。

1.上传下达。首先，全职街镇责任规划师应当起到上传下达的平台作用，以促进服务街镇建立起常态化、精细化的治理沟通协调渠道。这需要全职街镇责任规划师充分了解北京市总体规划、海淀分区规划等上位规划内容，以及服务街镇现状实际情况，明确街镇整体发展定位和当前急需解决问题，并在日常工作中通过主任办公会、联席会、海师议事厅等方式，推进街镇、相关委办局、实施主体等在同一平台上交流，促进多方主体就相关议题达成共识。其次，全职街镇责任规划师还需要组织和强化“1+1+N”团队的内部协作，结合团队内各方人员工作特点和技术特长，建立合理的分工和协作方式，共同推动街镇规划建设和治理相关项目有效实施。

2.专业支撑。全职街镇责任规划师作为街镇内具有规划设计背景的专业人员，应当发挥好专业支撑的作用。这需要全职街镇责任规划师能够统筹考虑街镇发展近远期目标，协助服务街镇制定街镇规划建设行动计划，推进重点项目以较高品质落地实施。在重点项目推进过程中，要及时跟进项目立项、规划审批、土地政策、房屋管理、资金保障等各个环节，推动相关参与主体在工作组织中对接顺畅，并发挥专业优势，持续提供专业技术咨询，把关规划设计和施工水平，以全过程跟踪服务的方式提升街镇规划建设的精细化、专业化水平。

3.共治共享。推进公众参与、促进“共建、共治、共享”是全职街镇责任规划师的一项重要职责，它需要全职街镇责任规划师深入社区、乡村内部，倾听居民实际诉求，与高校合伙人一同向公众开展规划宣传和政策引导活动，提升居民参与社区、乡村营造的积极性，使居民能够融入社区物质空间环境改造和社区治理，建立起政府、市场、社会“共建、共治、共享”的协同平台，推动形成有特色的社区文化，培育基层自我发展、自我更新的能力，进而增强居民社区归属感和公民责任感。

4.动态维护。由于街镇建设工作的开展是动态变化且持续发展的，全职街镇责任规划师需要对街镇规划建设相关信息进行长效管理和动态维护。这需要结合大数据信息化管理方法，协助街镇完善智慧管理服务平台的建设，并实现对街镇规划建设信息的及时跟踪和定期更新，为建立“一年一体检，五年一评估”的常态化城乡规划体检评估机制提供技术支撑。

5.2.2 高校合伙人

海淀区高校云集，教育资源十分丰富。高校合伙人的设立充分借助了海淀区优质的高校资源和人才优势，并在海淀责任规划师人员组织架构中扮演着重要的角色。首先，高校合伙人不仅具有较强的专业知识储备及研究探索能力，还有较高的社会信誉度，是被社会广泛认可的专家型角色；其次，高校合伙人作为传道授业的教师，细致耐心，具备教育引导能力，在宣传讲解培训、普及政策理念等方面具有天然的优势；另外，高校合伙人可结合课业，组织学生开展相关工作的调查研究，从社会、人文、技术等角度发现问题，并探索解决方案，在推动参与式设计、社区营造等方面有一定的优势。综上，高校合伙人是现阶段海淀面向街镇、社区、乡村普及规划设计常识，推动公众参与，促进社区治理，探索社区服务类责任规划师的理想人选。

高校合伙人由海淀区政府统一聘用，为每个街镇配备由一名高校教师领衔，师生共同参与的高校合伙人团队，鼓励多学科背景的师生联合组建团队。初期，海淀区聘请了清华大学、北京林业大学、北京交通大学这三所本硕博梯队完善，规划、建筑、景观等专业全面的院校教师，后期又有北京大学团队加入，为街镇规划建设和治理提供了高品质的人才保障，并配合全职街镇责任规划师开展了大量设计治理实践工作。

有别于全职街镇责任规划师，高校合伙人在现阶段街镇建设实施项目审议制度尚不完善的情况下，能够适时发挥专家作用，作为街镇建设设施项目的审议专家，提供专业指导建议；在面对街道、社区、乡村更新改造工作时，则可利用教学实践、竞赛工作坊、跨专业研究等不同形式，开展切实的调研访谈、空间设计、共同营造等活动，为政府和社会提供了走近彼此的有效对话途径，促进基层管理群体和公众认识并接受“共建、共治、共享”的理念。因此，我们将其主要职责概括为以下两个方面。

1.宣传培训。应充分发挥高校教师的专业技术水平与教育科研优势，一方面，可通过讲座、培训等形式，为服务街镇相关工作人员讲解城市规划、建设、治理等方面的相关知识和政策文件，提升基层工作人员对于城市运营的认知水平，进而培育适宜的城市管理方法；另一方面，高校合伙人团队可深入基层，走到百姓身边，以组织开展公众参与活动的方式为社区或乡村居民讲解城市规划是怎样影响和改变人们的生活，使居民能够在寓教于乐的活动中了解城市规划相关常识，有助于社区和乡村营造等工作的开展。

2.教学实践，技术把关。结合高校教师以实践促科研的工作特点，通过开展主题教学活动，组织学生对服务街镇进行专题研究，通过社区责任规划师、乡村责任规划师的视角，梳理街镇各类资源，分析城市建设中的短板，并提供个性化的解决思路，既让学生在实践过程中了解了城市运行的实际情况，锻炼了动手能力，又为街镇规划建设提供了不一样的思路和解决方案。此外，高校教师作为具有较高社会公信力的学术型专家，可在充分了解街镇基本情况的基础上，贡献自己的智慧和经验，为街镇近期规划建设项目提供技术把关，为街镇长远发展建言献策。

5.2.3 专业服务团队

由于新时期政府管理职能向基层下沉，街镇在基层建设和治理的过程中需要面对复杂而多样的问题，而这些问题往往不是一个人或一个团队可以解决的，特别是涉及区级重点地区、重大建设更新行动的重要建设项目，需要多个专业团队提供相应领域的技术支撑和跨领域的专业协作。

专业服务团队的设置有两方面的初衷：一方面是为责任规划师人员架构提供更多元的专业能力和更广泛的人才储备，以达到增强城市规划设计落地性的目的，这也是世界范围内“设计总师”模式的根本所在；另一方面，营造一个地区良好的城市品质，不应该也不可能仅仅只由一个固定的团体来负责，而是需要与时俱进地将符合市场需求的多元服务团队融入其中。

街镇层面的专业服务团队由各街镇根据实际需要，自主选择聘用。规自委海淀分局联合责任规划师领导小组的其他机构定期汇总在海淀规划、建筑、景观等不同专业领域中有优秀作品的团队名单，提供给各街镇进行参考。专业服务团队的设置为城市基层建设治理主体提供了对接更广泛、更优秀的市场资源的可能性，更为多元主体融入城市治理提供了有效途径。同时，借由市场的调节能力可以进一步促进区和街镇两级规划设计水平的提升。作为经过市场机制进入责任规划师工作的专业服务团队，其更多的是针对特定空间范围，发挥特定领域专业性，推动有品质、有实效的实施工作。从长期来看，在街镇形成较好连续性服务的专业团队负责人与高校合伙人可共同构成街镇建设、更新工作的评审专家委员会，在实现专业互补的同时，避免出现“一言堂”的局面。

根据专业服务团队在工作实践中提供的差异化服务内容，可进一步细化为设计引导类、专业维护类和志愿服务类三种类型，并履行相应的工作职责。

1.设计引导类：包括城市规划、城市设计、建筑学、园林景观、市政交通、大数据等各行业专家和专业团队，在与服务街镇达成约定的情况下，持续为街道提供多专业、全方位的规划设计实施及相关专业服务。项目过程中，团队要与相关负责部门及街镇责任规划师团队充分沟通、共同协商，保证对项目指导的连贯性；项目完成后，团队还需对项目相关区域进行持续的跟踪维护，参与相关项目专家评审会，跟踪项目实施进展，保障设计理念的持续贯彻落实。

2.专业维护类：包括社区工作者、社区营造师、社区规划师等，发挥其长期在地服务，熟悉在地情况的优势，可协同服务街镇与责任规划师组织并动员居民参与需求调查、意见收集等活动，动态反馈相关信息和数据，持续参与社区或乡村的运营管理，协助街镇创新管理制度与长效机制。

3.志愿服务类：包括楼门栋长、小巷管家、社区能人等志愿者或志愿团队，充分发挥其公益性和志愿性的特点，根据街镇、社区或乡村需求，结合其优势及特长，发挥其参与社区治理、乡村营造等工作的热情，使每个人都有机会参与街镇的建设。

5.2.4 人员组织架构特点小结

现代城市治理的根本是强调多元主体的参与，除了强调公共部门、私人部门、普通市民等主体的体系从属外，还应看到不同专业能力主体对于城市治理的影响力。海淀街镇责任规划师组织架构通过多维度专业人才补位，将政府的垂直管理体系与市场的分工协作体系相组合，以正式或非正式的设计为引领，推动多元主体在决策和行动中实现建成环境品质的提升，具有实效性、专业性、多元性和开放性的特征[①]。

从政府治理的角度看，海淀街镇责任规划师组织架构通过设立全职街镇责任规划师直接改善了政府，特别是基层行政主体的人员构成，增加了政府公权履职的专业性，提高了政府公信力。通过高校合伙人和专业服务团队的设立，直接促使一部分社会主体，特别是行业精英融入政府的治理工作，为实现现代化城市治理的多元主体共同参与提供了有益的实践渠道。

从社会治理角度来看，海淀街镇责任规划师组织架构为收集和反馈社情民意提供了专业化渠道。高校合伙人具有教育培训能力、引导组织技巧和人文关怀精神，有利于激发和培育社区群众的自组织能力，形成协商、互助、自治的氛围，实现社区物质环境与文化氛围的共同改善。

从市场治理的角度来看，海淀街镇责任规划师组织架构可借助市场机制来弥补政府在专业领域管理的缺位，通过政府与市场间持续开放的协作关系，可提升治理效能，持续地为城市治理提供专业人才保障和多样化的解决方案。

从实践效果来看，海淀街镇责任规划师在近几年的基层实践过程中取得了较高的满意度，根据2022年度海淀各街镇的问卷反馈情况来看，75%的街镇认为“1+1+N”街镇责任规划师团队为街镇的规划建设

① 王颖楠，陈朝晖.北京现代化城市治理体系中的设计治理探索：基于海淀街镇责任规划师组织架构的研究[J].北京规划建设，2021（02）：114-118.

工作带来了很大的帮助，超过八成的街镇认为责任规划师团队能够有效加强街镇规划技术力量、提升街镇规划建设品质。另外，在行政管理职权下放、街镇职责不断增加的背景下，由于不同街镇管理人员对责任规划师这一新生事物的认知存在差异，导致责任规划师工作内容与既有职责设定之间存在一定的差异。未来，海淀街镇责任规划师职责的边界还需要在不断的实践探索中进一步明晰，并通过社会各界更加广泛、深入的交流，促进多方就其职责和工作内容达成普遍共识。

5.3 海淀责任规划师设计治理建设实践

基于海淀街镇责任规划师系列实践，可以看出结合招聘条件选用的责任规划师均具有较好的专业基础，对发挥自身的专业能力、带动服务街镇提升设计治理品质具有较高的服务热情。但基层的工作不是仅靠初心及专业能力便可胜任的，专业能力的有效发挥需要依托与多类型相关方往复沟通才能得以实现，其中核心的两方面主体即是政府部门与公众。海淀全职街镇责任规划师通过持续性的在地服务，形成了多方面的设计治理建设实践。结合相关实践，全职街镇责任规划师也通过对多方主体有效对话方式的探索，在现有的专业能力基础上不断提升自身能力，逐步探索中国当代设计治理的方向。

5.3.1 提升与政府对话的能力

规划和自然资源主管部门、属地街镇、相关委办局、责任规划师等各方基于其工作职责的不同，对于具体的规划建设事项往往具有不同的关注点与诉求，由此形成了差异化的工作思路。在设计治理的过程中，各方需要基于紧密的沟通，协同配合、共同推进有关制度的落实与建设的实施。本章重点从责任规划师的视角出发，希望通过引导责任规划师与政府部门结合具体事项磨合交往，从而逐步培育、建立起高效对话沟通的渠道。

1. 与政府对话需要哪些能力？

各级政府是开展城市治理工作的主体，因此在实现从城市设计到设计治理的过程中，需要充分融入政府的工作方式，拓展与政府沟通对话的能力。具体而言，与政府对话首先需要理解政府工作的思维方式、工作路径，在工作方向上保证一致性；其次需要将设计领域的语境与政府语境融合，借助政府语境表达设计治理思维；再次是结合政府工作节奏，基于不同政策形势，因势利导开展相应设计治理工作；最后是运用整体思维，纵向开展系列工作夯实设计思路，横向协调多个政府部门的工作事项，以贯彻落实规划设计思路。

1）理解政府工作的思维方式

（1）科层制是当前政府治理工作的基本逻辑

政府工作通过层层传递的方式交至基层，再由基层通过层层上报完成工作。因此，政府工作的基本思维也倾向于层级化，只依照权限答复、执行本层级直接负责的工作内容，不对此外的内容进行发挥。首要关注的并非“有没有能力答复”，而倾向于“有没有权限答复”。

从北京市“街乡吹哨、部门报到”工作中也可看出这种思维的基本运作方式。“街乡吹哨、部门报到”是北京市2018年出台的一项实施方案，意在赋予街道乡镇更多自主权，明确人、财、物资源应向基层下沉，以破解城市基层治理“最后一公里”难题，办好群众家门口的事。具体而言，当基层的街道乡镇遇到依托本层级权限无法解决的问题时，可通过“吹哨报到”的方式，召集相关责任部门和单位，在一个平台上就该问题共议解决方案。“谁负责，谁解决”是该项工作推行的基本原则。

结合海淀街镇责任规划师的制度研究工作，笔者对区发改委、区城管委等各委办局开展走访调研，获取到了各系统在“吹哨报到”工作中与各街镇的对接情况，以及对责任规划师工作融入制度的相关反馈。从中不难看出“吹哨报到”方式在政府工作思维基础下出现的一些问题。目前街镇在“吹哨报到”相关工作中存在工作推进效率不高的情况。部分区级部门反映，接收到的街镇吹哨报到会议通知通常只简要阐述会议议程内容，对会议要讨论的问题原委及核心内容缺少介绍，使得各委办局难以选择了解情况的合适人员前去参会。不对口的人员去参会只能起到记录会议内容的作用，难以准确传达该委办局在该事件上的意见与立场。有时街镇进行吹哨时难以精准描述问题，提出需求意向。具体表现为：未说明会议具体要解决的议题、未有项目详细附图信息、对部门职能不了解、未准确邀请其他相关委办局、未说明需要相关部门提供的信息等问题。最终造成委办局人员的低效出席，事倍功半，降低解决实际问题的效率。这皆源于政府传统工作思维与设计治理思维间的不协调。

在此背景下，笔者尝试提出对“吹哨报到”工作的改善建议，希望能更多地发挥全职街镇责任规划师的专业能力，提升工作效率，保证“吹哨报到”的工作质量。全职街镇责任规划师预先在建设领域相关的会议函件中提供附加材料，如相关项目前期汇报文件等，并阐述具体问题。文字叙述街镇本次吹哨需要解决的问题，说明事件原委，明确需要提供的信息及材料清单，以便参会委办局提前了解核心问题，选择熟悉情况的人员前来参会，并提供能够推动解决本次问题的相关信息。在接收到街镇“吹哨报到”会议通知文件后，会议开始前，相关委办局则可将相关问题的说明材料预先反馈至全职街镇责任规划师处。由全职街镇责任规划师进行信息预处理，提前发现材料问题，确保吹哨会议中相关材料的有效性。融入“吹哨报到”工作的过程，也对全职街镇责任规划师提出了更高的素质要求。全职街镇责任规划师必须对街镇辖区内实际情况非常熟悉，并逐步对相关委办局的规章制度有清晰的掌握，以免因对规章边界不够清晰而影响相关工作的开展。经由上述方式，有利于参与设计治理的全职街镇责任规划师或设计总师类责任规划师、社区服务类责任规划师进一步理解政府工作思路，发挥专业技术能力，将设计的整合协调思维融入“吹哨报到”的工作体系。

（2）对相关法规、流程的熟悉是理解政府工作思维方式的重要方法

在设计治理中，各类责任规划师在自身的专业技术范畴内具有相对成熟的经验，但涉及对接审批、实施环节的法律法规、政策文件、部门规章时，其知识储备未必充分，难免会出现基于单纯技术思维，将规划建设管理的审批实施简化思考的情况。

例如在与地方绿地建设管理部门对接的过程中，相关委办局提及在实际工作中，由于对各部门相关建设规范章程认识不足，常有街镇提出的工作思路与现行法规、规范、工作章程不符。比如为了合理服务周边居民，能否对封闭的路侧防护绿地进行局部改造，加一点铺装或者加

一条步行小路。不是不可以，但是需要具备一定条件，遵循必要的部门规章程序。如果对上述绿地的改动涉及树木的移植，那就需要移植树木的手续，需要经过一套流程。在审定金额、数目、位置后，先办手续后动工。此外，灌木、色带、草坪、花卉等相关对象的改动，对应了绿地内空间布局的变化，也应按照相关部门规章办理手续。因此，对于此前“封闭绿地能不能改造”的“坊间传言”，需要全职街镇责任规划师全面了解相关主管部门规章程序后，为街镇一级基层治理主体提供行之有效的技术建议。

再如停车场的改造。停车难是多数基层治理主体都面临的问题，大家普遍希望通过盘活辖区内用地，为百姓停车提供更充足有效的空间，这个初衷是可以理解的。但无论是从当前的政策法规，还是从保障实现规划一张蓝图的角度出发，利用防护绿地、代建道路用地改临时停车场都存在诸多问题。规划绿地地下加建停车场如果铺开推广会影响地下水回渗，影响海绵城市建设；未贯通的道路建地面临时停车，后期很难回收，可能影响道路依规实施。这些看似好的设想实际都属于违规行为。再例如公园绿地内的建设，未经审批的建设，体量再小都属于违法建设。

因此，街镇责任规划师应了解政府工作的红线，以便掌握在参与政府工作时发挥灵活性的程度和应选择的可行途径。要基于政府思维方式，合法合规地有效参与设计治理过程。最佳的方式是不提供设计结果，而是在规章的限定下提供最适宜的设计判定。设计实施的决策权不会单独存在于全职街镇责任规划师手中，他们的工作更多的是结合专业知识提供合法合规、合乎设计原理的设计支撑服务，进而为重要决策提供长远的合理性保障，推动切实的城市品质改善。

2）协调与各方对话的语境

（1）对接专业语境与政府语境

对规划设计专业而言，将设计内容落实到方案或实施环节时，通常会采取划分系统的描述方式。例如某地区的绿地系统规划、某居住区规划、某公共空间提升改造等。对系统的划分实际上是从专业技术层面限定了工作的范畴，使专业人士对工作内容与深度形成基本共识。

但从政府开展工作的视角来看，“规划设计类”项目的边界并不明确。比起这类项目的工作深度是做到方案还是对接实施，政府部门更倾向于关心这项工作属于哪个部门，属于哪个阶段的哪类计划或任务。因此，从项目类别的划分逻辑，到对项目名称的确定、重点内容的描述，政府系统的语境较之规划专业语境都有着一定的认知上的差异，并会结合每年的新形势、新工作不断进行特定工作名词的更新。

列举几个看似相近但意义有所不同的典型词语供大家体会："塑造城市形态"与"构建新型城市形态"，"城市更新"与"街区更新"，"城市双修"与"老旧小区改造""留白增绿""设施补短板"。前者是规划专业语境的描述，后者则是政府语境下经常出现的词语。究其定义，专业人士认为前后未必完全重合，但表述的意思总是八九不离十的，但实际上，这些政府语境的词语很多时候对应着特定建设标准投资要求、筛选原则等。规划工作的分类通常习惯描述某种系统性工作，是一种按空间属性类别划分的逻辑；政府部门工作更习惯基于部门分工，是根据某一时期主推的具体工作事项划分财政资金的代称。政府语境的常见词语起初可能会令规划背景的设计人员摸不着头脑，但只要经历了一段时间的基层实践，便可逐渐将各类工作专有名词的转换关系一一对应，提升与政府的对话效率。

城市总体规划的表述方式一定程度上代表了规划的专业语境特点，同时也能在语境上与政府工作形成接口。这里以《北京城市总体规划（2016年—2035年）》[①] 为例，摘取其中对几类规划工作的描述（表5-1），在此整理为系统规划类、项目建设类和机制建设类三种类型。其中有规自部门负责统筹开展的工作，如公共服务设施的规划布局指标设置、浅山区的生态环境保护等，也有以街镇为主要责任主体进行相关项目申请的任务，如社区的更新改造、背街小巷的整治提升等。基于对规划与政府部门语汇的理解，才能在服务街镇开展设计治理的过程中恰当有效地回应上位规划的工作要求。

① 北京城市总体规划（2016年—2035年）[EB/OL].（2017-09-29）. http：//www.beijing.gov.cn/gongkai/guihua/wngh/cqgh/201907/t20190701_100008.html

《北京新版总规》规划工作内容描述梳理　　表5-1

规划工作类别			《北京新版总规》内容描述
系统规划类	公共服务设施提升	规划设施	• 构建生态共生的新型市政资源循环利用中心
		规划布局指标	• 做好网点布局规划； • 扩大公共文化服务有效供给，实现农村、城市社区文化服务互联互通； • 社区养老服务设施按照指标要求配置到位； • 全面落实居住公共服务设施配置指标
		社区生活圈	• 制定准入名单与机制，规范提升小型服务业； • 综合整治老旧小区，提升生活性服务业品质； • 增加基本便民商业设施； • 优化便民服务设施布局； • 发展一站式便民服务综合体； • 构建便捷、智能、高效的物流配送体系； • 推动快递网点、便民服务点、自助寄递柜、网购服务站等物流服务终端设施建设； • 实现垃圾分类全覆盖； • 明确各街区需补充的公共服务设施，制定修补方案
	社区更新	社区物质空间	• 完善棚户区改造政策，改善居民居住条件； • 推进中心城区危旧房改造、简易楼拆迁、城中村边角地等的整治改造； • 统筹推进老旧小区综合整治和有机更新，开展老旧小区综合整治和适老化改造
		社区治理	• 建立老旧小区日常管理维护长效机制，促进物业管理规范化、社会化、精细化； • 治理直管公房违规转租及群租、私搭乱建等问题
项目建设类	公共空间	生态保护	• 加强浅山区生态环境保护，构建浅山休闲游憩带； • 建立长效管控机制，加强浅山区生态修复与违法违规占地建房治理
		蓝绿空间	• 建设城市绿道、优化滨水空间； • 通过腾退还绿、疏解建绿、见缝插绿等途径，留白增绿； • 拆墙见绿、促进公园绿地开放共享
		街道空间	• 修补街道肌理，提升街道环境品质； • 道路断面优化、沿线建筑控制； • 整治提升背街小巷，建设“十无五好”文明街巷； • 综合整治道路空间，改善步行和自行车出行环境； • 因地制宜开展停车场建设，加强停车环境综合治理； • 打通“断头路”，打通未实施次干路和支路； • 街道设施人性化改造、完善过街和无障碍设施； • 提高智能交通管理水平； • 全面推进架空线整治； • 采取低影响开发、雨污分流、截流和调蓄等综合措施改造老城排水系统
机制建设类		机制建设	• 建立街巷长制，整治街巷环境； • 拆除违法建设，整治开墙打洞与占道经营； • 制定打开封闭住宅小区和单位大院的鼓励政策； • 建立健全公共空间规划设计、建设和管理维护的长效机制； • 创新集成多维服务的公共空间模式； • 加强城乡接合部环境综合治理

续表

规划工作类别		《北京新版总规》内容描述
机制建设类	精细治理	• 将网格化管理作为城市精细化管理的基础，加强统一管理； • 推进“互联网＋政务服务”、智慧社区和智慧乡村服务； • 构建多渠道、便捷化、集成化信息惠民服务体系； • 畅通公众参与城市治理的渠道，培育社会组织； • 完善社区治理机制，建立社区公共事务准入制度，推广参与型社区协商模式； • 加强社区综合管理，健全常态化管理机制，完善配套设施和管理体系； • 完善综合执法体系，搭建城市管理联合执法平台； • 推动管理重心下移，创新街道社区治理模式

资料来源：作者结合《北京新版总规》整理

专业语境的不匹配在实际工作中也会带来理解上的偏差问题。参与设计治理的专业人员认为自己应该干的，与政府部门认为应该完成的工作如果也出现了偏差，会对整体工作的开展造成不利影响。因此需要全职街镇责任规划师务必在进入工作的初期快速了解当前部门开展的重点工作类目、所属细分部门及其工作重点，以便有效地开展专业技术的辅助工作。

（2）按权责分工对话相应部门

如果说规划设计思维下的各项工作对接的是各设计系统，那么政府工作逻辑下的工作对接的则是各类委办局。规自部门的主要职责在于开展区域内的整体规划统筹，负责主导相关规划的编制，在实施环节中主要参与新增类项目，对不涉及用地性质变更、容积率调整等规划层面调整的改造类工作主要为配合参与。在规划持续实施的过程中，各委办局主要结合部门职责从系统性角度出发组织重点工作推进，各街镇等基层部门负责实际工作的执行。

就各类委办局的部门职责来说，园林绿化局、水务局等部门的工作范畴基本上直接与物质空间对应，可以理解为对应规划设计语境下的绿地系统、河道水系。但诸如发改委、民政局、城管委等部门的工作范畴更为广泛，难以与规划体系内的某一类系统直接对应。这时就需要全职街镇责任规划师将规划体系中的各项工作结合各委办局的职能、工作清单进行分解，与各委办局的具体工作事项形成关联，把规划的系统性意图转变为具体项目，以此推进落实。

办公楼宇内部空间或地块外部环境、居住区内的公共空间、住宅建筑、村集体用地内的公共空间等，这类工作统筹与发改委、住建委、民政局、农业农村局等部门相关度较高。例如发改委的疏解整治促提升工作（一般简称为“疏整促”工作）、低效楼宇利用、小微公共空间更新工作；住建委的老旧小区改造、边角地整治工程；房管部门与人防办的楼宇地下空间利用工作；民政局的社区养老工作；农业农村局的美丽乡村建设工作等。城市道路空间及蓝绿空间与城管委、交通委、园林绿化局、水务局的关系密切。例如城管委、交通委（有时归为同一部门）主要负责停车管理、断头路整治、背街小巷整治提升、学校门前公共空间提升、重点路段疏堵工程等，园林绿化局负责绿地景观提升、树木移植、绿道建设等，水务局负责区属水体环境提升等。城市商业及公共服务设施一般围绕商务委、文旅局、教委、体育局、卫健委等部门展开。例如商务委负责区级商圈规划、社区级便民商业布置，文旅局负责文化旅游景点相关工作，教委负责幼儿园、小学等教育设施统筹，体育局负责体育场地、健身设施、儿童游乐设施设置，卫健委负责医疗设施设置等。

了解各类规划工作需要对接的委办局，仅仅是全职街镇责任规划师协助开展规划实施的第一步。结合基层的实践工作，可以发现有相当多的规划实施需要同时协调多个部门，且操作路径具有相当的不确定性，全职街镇责任规划师需要逐步结合工作摸索。如在当前全民开展体育运动的背景下，不少街道基于居民诉求，希望在社区内的公共空间增设运动场地与健身器材。社区内健身器材、篮球场、足球场、乒乓球场的增设都需要从街道层面向体育局申报，通过海淀区健身网络平台按类型申请场地并逐层审批。区体育局接到申请后，会派第三方去场地查看，如果符合安装条件和要求，便将其纳入区全民健身工程，使用专用资金进行建设。如果场地符合要求，一般都可以按照流程进行建设，但如果选址的产权归属复杂，则往往导致项目无果。因此在申请相关事项之前，也需要提前对意向用地的产权信息加以核实。在城市更新中，由于用地紧张，希望对既有的公园进行改造，在某个区域增设一定量的体育器材或体育场地，总体思路是通过复合利用，实现多元服务供给。但在实际操作层面，体育设施结合绿地设置也存在着潜在风险。全职街镇责任规划师应结合实际情况对这类改造的可行性进行提前判断。一方面，必须向体育主管部门提出相关设施建设申请。另一方面，公园的用地性质是公园绿地，在这里设置体育设施有可能面临产权不清晰的问题，存在后期运营维护难的风险；如果增设设施的面积或类型不符合公园绿地的有关规定，也会面临被判定为违建的风险。因此，这种情况需要全职责任规划师协同街镇，与园林局、体育局等相关方进行沟通，达成一致后才可进入实操环节。对于园林部门来说，在初步进行公园方案设计的时候，先结合公园设计规范的要求，明确硬化铺装的设置上限，进而计算能设置多大规模的体育场地。接下来就可以向体育部门申请专项的建设资金并负责建设。体育和园林部门建设的部分按照空间划分分别管理，再由街道进行统筹。分开建，分开管，但最终呈现是在一起的。

再例如儿童活动场地的建设，同样属于全民健身工程，包含了针对老年人、儿童的各类设施，包括滑梯、秋千、跷跷板等。以畅春园社区为例，里面所有的体育设施都由体育局负责建设，绿化设施则都由园林局负责建设。

公园里建设体育设施，对大家来说都是件好事，如何能在既定的规则下办成，则是参与设计治理的人员需要解答的问题。从这个例子也可以看出，参与设计治理的工作不光需要设计能力，更要理解各类部门对应的工作职责，以及他们工作的底线、红线。各委办局的职责分工按工作内容划分，规划设计的对象按空间划分。全职街镇责任规划师理解了这个基本的原则，就容易进一步判断各类工作的对接方式了。

3）伺机而动，因势利导

政府工作的计划性和周期性是其最为突出的特点。全职街镇责任规划师在融入工作的初始阶段，很容易面临有很多想法但无处落脚的局面。作为基层治理的技术能力辅助人员，很难主导已经形成成熟体系的建设治理领域工作。这时需要及时转换思维，从习惯性地主导设计方案转变为以各种形式引导设计落地。关注的问题是如何伺机而动，灵活结合当前急需拟定计划的工作，选择恰当的方向将上位规划设计意图融入基层部门下一周期的工作计划中。此外，一些跨街镇的规模较大的工作，推动起来较街镇辖区内部的项目更为困难，更讲求天时地利人和。面对这类工作，务必要牢牢把握适宜的契机，将相关联的规划设计意向持续地动态融入。借由能够统筹相关工作的市区级项目，推进解决辖区内的实际问题，推动地区环境品质的系统性提升，实现一举多得。

案例1 将建成区棚户拆迁改造融入冬奥工程

城市集中建成区遗留的平房棚户区在过往的开发建设中由于产权、利益协调等问题，往往存在着开发模式、推进方式、利益平衡等方面的困境，逐渐沦为建成区内难以改善的顽疾。如B街道某棚户区周边有全国重点文物保护单位与北京冬奥场馆群。文保单位周围有大量平房区及公园办公管理用房，在1999年版的控规中为文物建控地带。此前平房区内环境恶劣，安全隐患众多，与冬奥场馆周边及中关村科学城核心区域发展定位不匹配。多年前，某地产开发公司拟牺牲重点文保单位历史建筑的整体环境氛围，建设较大规模高层住宅，此方案未能得到相关部门批准。近年来，百姓要求改造的愿望日渐迫切，但因成本日渐增高，难以符合开发主体预期的高回报。因此，该地区的困境在兼具开发和审批工作经验的全职街镇责任规划师研判后，发挥其邻近冬奥场馆的区位特点，搭上了冬奥"班车"。

在操作路径上，全职街镇责任规划师首先摸清地区现状，分析当前形势，转换破题切入点，选定实施路径，梳理可行的居民及单位搬迁安置思路。进而撰写汇报文件，提出针对现有问题的实施路径方案，通过街道向负责规划审批、建设、园林维护、资金筹措的多个区级主管部门征求工作方案可行性。得到街道及区级委办局认可后，由街道向区政府递交报告，区政府召开专题会研究通过后，以区政府名义提交报告至市政府。最后，项目获市长批复，区政府发文正式推进系列更新建设工作，项目顺利进入了实际推进阶段。在市区政府、规自部门等相关主体的共同努力下，该地区环境整治项目正式启动，该区域整治后将按照统一规划，作为绿地和公益项目进行改造，进一步加大"留白增绿"力度，有力促进城市更新和环境改善。

这一项目将文物保护与冬奥场馆群建设、留白增绿工作相结合，与运河绿化景观融为一体，成为传承运河文化、讲好海淀故事、助力冬奥成功、提升百姓获得感的重要举措，并为辖区下一阶段的建设提供条件。由于获得了市区两级的高度重视，项目已被列入海淀区重点工程清单，作为符合城市总体规划、分区规划发展方向的重点工作。未来，还将作为海淀区不忘初心主题教育实例，成为将历史文化保护、冬奥场馆建设、民生保障相结合的典型案例。

从这一案例中不难看出，随着城市更新阶段的到来，我们已经走出了高回报的快速开发建设推进时期。面对这类历史疑难问题，应顺应当前的政策导向，以人民为中心，以规划为引领，合理沟通引导各方利益诉求，及时转换破题的切入点。在向上级政府通报前，应充分征询相关委办局及相关利益主体的意见，先从"人和"做起，保障项目推进的可实

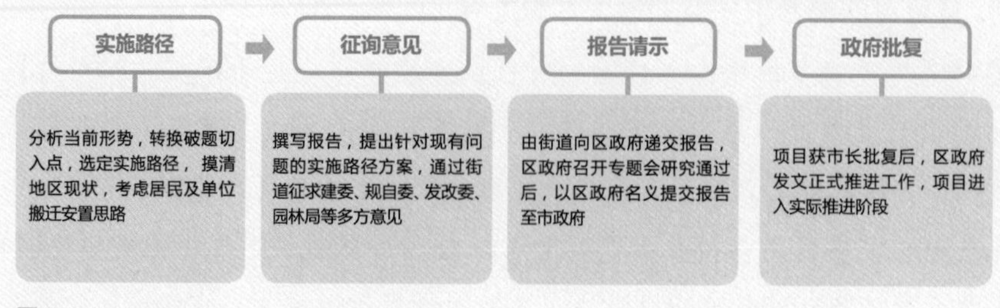

图5-3

某棚改区环境整治项目工作开展流程

图片来源：结合全职街镇责任规划师邵海青、张嘉岷提供资料整理

施性基础。此外，要适时抓住国家重大工程、大事件等城市建设发展的关键契机，把握天时地利，充分结合国家级、市级重大活动进行项目申报，并通过市区级政府高位协调，在更广的范围内统筹资源以解决问题（图5-3）。

案例2　将街道连续性改造融入综合整治提升工作

2019年，S街道结合道路综合整治提升要求，在大型综合商业设施与住区周边道路开展了综合整治提升工作。该类工作一般由区级城管部门主导，通过道路断面改善、慢行空间改造、路侧停车位施划等方式，解决道路步行不友好、停车混乱等问题，是一项各街镇广泛开展的常规工作，在工作内容上也有较为固定的模板。

该项目在初期阶段按照常规方式有序实施。在实施过程中，周边居民反映，大型商业设施所在的主次干路交叉口南侧存在一处向人行道凸出的刀形绿地，阻碍了行人通行。此问题在代征道路实施时便已产生，主要源于主次干路的设计转弯半径未在实施过程中有效衔接。十几年间，这块绿地一直是一个“步行障碍物”，这一“障碍物”的长期存在折射出了对“步行友好”的普遍忽视，也反映出了建设实施过程中缺乏动态跟踪的普遍问题。全职街镇责任规划师结合居民反映的情况，在街道主持下，与主管城管、园林的相关部门进行讨论，协商结论为“绿地不能成为城市步行障碍物”，提出了将消除刀形绿地的工作整合到当前的道路综合整治提升实施中。后续，该项目按照原计划的工作节点顺利完成改造，解决了困扰居民已久的“顽疾”。

该项看似很小的工作实际上涉及了不同部门对空间管理的界定和移交，通过将历史问题与进行中的道路整治提升项目整合，借助道路提升契机，推动部门结合步行友好的规划理念进行协调改造，提升了局部步行道的通行效率。结合在途项目直接施工改造，避免了同一空间内，因不同管理部门权责不同造成的各自立项、“反复拉锁”问题（图5-4）。

刀形绿地消除前

刀形绿地消除后

图5-4
刀形绿地消除前后对比
图片来源：全职街镇责任规划师杨率提供

案例3　将跨街镇公共空间提升融入市级重点工作

京张高铁入地后，京张铁路遗址场地是海淀区内难得的南北向交通及景观廊道，具有丰厚的历史积淀。规划拟通过原铁轨空间的留白和重建，尽可能保留沿线重要历史记忆点。为满足周边居民活动需求，提升城市空间品质，规划将该遗址场地建设成为活力共享的线性城市公园。通过基础设施改善、无障碍设施建设，提高未来举办运动健身、艺术创意和文化民俗等活动的可行性。未来京张铁路遗址公园还将从南起北京北站，北至北五环的9km范围拓展至后厂村路，形成长度超过13km，涉及7个街镇、10所高校、近70个社区的大型城市绿色公园带。

该更新意向自2016年编制中关村科学城相关规划时便已初步提出，且一直是周边高校规划设计相关专业教研探讨的重点内容。在新一轮分区规划编制时，京张铁路遗址正式成为海淀区总体城市设计空间景观结构中的重要要素，进一步得到了相关主管部门的重视。以分区规划获批为契机，规自委海淀分局结合跨街镇公共空间项目的特点，希望以京张铁路遗址公园为重点打造海淀区利用公共空间提质引领区域更新的示范工作。工作自2019年起有序推进，形成了市级层面广受重视的重点工作，在社会及学界都形成了一定的影响力。

前期造势。2019年是海淀区街镇责任规划师制度开展的第一年，作为北京市较早开展责任规划师制度探索的辖区，政府部门希望推动服务融入更多的重点项目中，以促进街镇责任规划师制度的落地完善。结合街镇责任规划师制度，规自委海淀分局对京张铁路沿线7个街镇的全职街镇责任规划师和高校合伙人团队提出要求，希望能够积极征询街镇居民的意见建议，汲取各方智慧，结合此前对京张高铁的研究基础，“滚动式”完善设计构想。

五道口启动区设计及实施。由海淀区委区政府统筹，市规划自然资源委指导，市规划自然资源委海淀分局牵头，会同学院路街道、区园林绿化局，在北京铁路局、中铁十四局的支持下，结合全职街镇责任规划师的协调组织由北京林业大学、清华同衡规划设计研究院完成了京张高铁遗址公园五道口启动区的方案设计及实施。政府主导、大师把关、高校参与、街镇摸底、专业团队统筹，海淀区“1+1+N”的责任规划师团队分层次对接沟通，提供技术保障，打破常规项目建设由单一主管部门推动，单一设计团队提供技术成果的服务模式，创造了城市存量更新的新模式。

全线国际方案征集。五道口启动区只是京张铁路遗址公园建设的开始。京张铁路遗址公园国际方案征集工作于2019年底开展，由北京市规自委、海淀区人民政府主办，规自委海淀分局及区园林绿化局承办，在启动区基础上，邀请世界顶尖设计团队，编制京张铁路遗址公园全线规划。方案征集包含两个层次内容，一是全线约9km长、3.3km^{2}范围内的总体概念方案设计，二是4处重要节点的详细设计，每处面积20～40hm^2。共6家国内外设计单位及联合体参与方案征集。参与评选的专家委员会权威云集，由9位跨学科领军专家与2位市规自委和海淀区主办方代表组成。接下来，规自委海淀分局和区园林绿化局将在市规自委和海淀区政府的指导下，与交通、轨道等相关部门协同搭建组织平台，组建技术团队、吸收公众意见，持续接受各领域专家们的指导，在保障方案落地性的前提下，在概念设计方案基础上深化实施方案。

4）纵向延续，横向统筹

各类责任规划师参与设计治理是一个长期的过程，对设计思路的贯彻很难通过单一项目一蹴而就，因此需要结合纵向时序的把控以及横向部门工作的联动逐步落实。国内外各地实行设计总师类责任规划师制度是对某一区域内规划设计理念落实的有力方式，这一制度的工作模式为重点城市设计地区纵向延续设计思路提供了重要保障。而对于街道、社区层级的小型项目，则可通过主题系列活动，将某种设计思路通过区域内多个点位的项目联合落实。设计思路的横向统筹与此前介绍的“因势利导”有一定相似性，前者突出的是对时机的把握，如在某项目已经开展工作的过程中添加优质的“规划私货”，搭乘东风。后者则强调在项目谋划过程中，对同一空间内的关联项目统筹归总，实现一石多鸟。

案例1　纵向延续——通过设计总师类责任规划师制度贯彻规划理念

对于涉及大范围、多个街镇、多个部门的公共空间提升项目或市区级商业中心项目，依靠单一街镇开展工作，难以形成具有整体性的项目成果。因此对于这类工作建议采取区级统筹、设计总师类责任规划师（团队）负责的方式，以项目为主体，街镇全职责任规划师联动融入的方式，形成立体的专业设计治理沟通服务平台。

以清河两岸综合整治提升工作为例，其作为海淀区公共空间提升的重点工作，采用了“实施型城市设计+设计统筹服务”的工作模式。由中国城市规划设计研究院组织成立设计总师类责任规划师团队，作为技术总负责方全过程保障设计思路的稳步落实。在城市设计阶段，联合高校、街道、全职街镇责任规划师、在地企业、社会团体等多方，开展大师沙龙、居民畅想会、国际方案征集等活动推进项目进行，深化整合方案。在规划统筹实施的过程中，由总师类责任规划师团队针对沿线关键节点，采用关键问题专题论证、关键项目专家审议、关键节点设计审查、关键事项组织上报的方式重点推进；针对一般节点则采用联席会议调度、线上统筹调度、线下技术协调等方式持续跟进推动。

案例2　纵向延续——提炼主题，打造系列工作

“童Hua西三旗”是优化教育环境、打造儿童友好街区的系列工作，思路具有前瞻性，也应对了街道居民的切实需求。单独的项目可以达到一时的效果，但从长期来看可能显得持续性不足。“童Hua西三旗”系列工作试图把辖区内的儿童艺术街巷做成一个系统，覆盖辖区的主要中小学、幼儿园，与背街小巷项目、街道改造项目、校园周边环境整治项目结合起来，整合资源，打造成三片儿童友好片区。以儿童主题引导城市空间提升整治，一方面能形成特色，另一方面还能补充辖区内的儿童活动空间，倡导儿童友好城市建设。既完成了各类环境整治项目，又形成了儿童友好艺术主题特色，提供儿童活动空间，一举多得。

该项主题工作的提出源于全职街镇责任规划师的提案。全职街镇责任规划师首先提出“童Hua 西三旗”的构想，向街道主要领导汇报并获得肯定，使得“童Hua 西三旗”成为一个宣传口号被街道普遍接受。接着是发挥展示宣传的作用，在全职街镇责任规划师与街镇的共同努力下，将“童Hua 西三旗”主题工作在北京国际设计周的海淀街镇责任规划师专场进行展览，向观展市民及有关部门展示，进一步加深各方对该主题的认知。最后通过活动组织，举办建枫路墙绘活动，作为“童Hua西三旗”的第一个节点，探索建设实施过程中的儿童参与方式。

全职街镇责任规划师参与设计治理的一大职责，就是协助街道成为更好的甲方，整合资源，将规划建设进行系统化统筹。通过一件事解决多种问题，能节约行政成本，形成更大的社会效益。全职街镇责任规划师应着眼于整个辖区，甚至周边街镇，对于街道的整体发展和各类系统建设需要多思考，进行整体性、系统性的考量，将街道的独立项目融入一个系统性的规划中，产生更大的效益。

“童Hua西三旗”系列活动：背街小巷墙绘活动

项目通过引导小学生们参与校门前待改造背街小巷的墙面绘制，以一种最简便易行的方式来促使儿童及家长参与城市空间整治。项目的前期准备包括走访协调、作品征集等，全职街镇责任规划师与街道主管领导走访枫丹实验小学，提出共同举办墙绘活动的意愿，得到校长及美术老师们积极支持后，拟定了活动的时间节点和分工。进而从线上和线下两个渠道征集学校孩子们的“心中的校园”主题绘画作品，在老师的深度参与和清华墙绘团队的专业支持下，进行作品筛选和改绘。最终在活动组织当天，由清华大学墙绘团队先进行线稿绘画，学校老师、参与提交画作的孩子们，以及社区志愿者们一起进行涂色等创作，共同完成了小学门前的墙绘工作（图5-5）。

图5-5

“童Hua西三旗”墙绘活动

图片来源：全职街镇责任规划师刘倩颖提供

案例3　横向统筹——街道空间整治+设施隐蔽化设计

某高校周边的快速路辅路一侧为一层商业店铺，包括超市发超市在内共七家商铺；南段为二层建筑，一层为底商，共九家商铺。多数存在门头牌匾设置不规范、建筑立面脏污、局部破损、外挂凌乱、视觉效果差等问题。同时，该道路沿街商铺的空调室外机均就近放置在人行道上，不符合规范要求，既占用便道宽度，又导致冬夏冷热风直吹行人。从步行空间友好的角度，全职街镇责任规划师提出改造方向，希望各店铺将室外机放置于屋顶。全职街镇责任规划师在项目策划与实施的过程中，将空调设施隐蔽化的设想与建筑立面改造、门头牌匾改造融汇为系列工作，三个月时间便实现了该路段沿街界面的整体空间环境改造（图5-6）。

该工作结合现状并考虑长远效果，与周边环境充分结合，在保证设施完善、生活便捷的同时，构筑出一种简洁大方、优美易管的城市街巷景观效果，城市界面与社区功能共生。该项目有效发掘城市街道景观的独特内涵和品位，注重街道景观的艺术内涵、色彩和造型，同时结合住宅区增添更多的使用功能，为该区域环境秩序精细化管理打造良好的硬件基础。

图5-6
道路立面提升前后对比
图片来源：全职街镇责任规划师张嘉岷提供

案例4　横向统筹——低效绿地利用+无界街道打造

某城市次干路位于海淀重要的历史文化保护地区，尽管该道路区位条件十分重要，但长期以来一直存在三个方面的问题。①民生需求问题：人行道较长，休憩节点少，且两侧的绿地封闭性强，不能满足周边居民休憩活动的使用需求；②管理界线问题：由于涉及规划、交通、城管、市政、园林绿化等多个管理部门的界限问题，导致多层不同形式的围栏将街道划分成了狭长、平行的低效空间；③空间品质问题：街道功能不足、设施缺乏、品质不佳，无法体现历史地区的文化氛围。这条道路虽能够满足一般性城市交通的使用需求，但由于其重要的区位特征，急需提升道路整体景观效果，实现对整个历史文化片区整体风貌塑造的支撑。

具有景观设计背景的全职街镇责任规划师全程参与该项目的实施推进，合理选取工作阶段，将低效绿地品质提升、沿街界面整治、街道家具增设等工作充分融合，发挥了上传下达、组织统筹、技术把关等作用。在施工前，全职街镇责任规划师组织了项目协调会，参与镇规划科、项目管理公司、设计公司、施工单位的交底及答疑工作，协商解决了图纸与现状不符合等问题；施工过程中，组织景观相关各方人员与城管等部门沟通架空线入地交叉施工工期及技术措施等具体工程问题；施工完成后，与城管部门、镇政府共同对工程效果进行验收，确保实施效果符合预期。

改造后的道路打开了原先线性绿地上的多重围栏，增设了舒适的活动场地和休憩空间，同时采用流线型的场地和坐凳，结合植物空间布景手法，使场地更符合历史文化地区自然山水的气质风貌，吸引了周边居民来此活动（图5-7）。

工作流程：

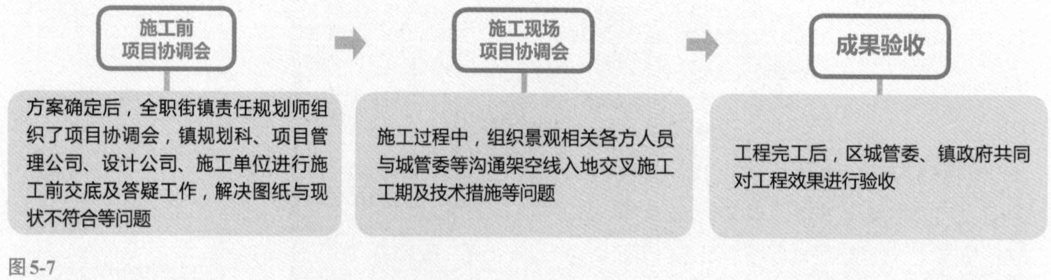

图5-7
街道空间更新改造工作主要流程
图片来源：结合全职街镇责任规划师曹晓珍提供资料整理

案例5　横向统筹——街道空间整治+滨水空间提升+无障碍设计

Z河道北岸绿色廊道紧邻的滨河路为双向行驶道路，乱停车所导致的交通拥堵问题比较严重，机动车、非机动车、行人交叉穿行，存在较大安全隐患。同时，架空线影响美观且存在安全隐患，路面年久失修，夜间景观照明有待优化，绿化景观有待提升。全职街镇责任规划师结合水系沿岸涉及的背街小巷环境提升、架空线入地、交通微循环、绿色景观和夜间景观建设等一系列综合品质提升工作，希望将沿线的既有问题打包解决。全职街镇责任规划师对项目进行全程跟踪，在施工过程中针对绿地景观的无障碍设计提出了适老性步行通道精细化施工处理的具体建议，推动设计与实施不断向精细化、人性化转变，持续提升完善项目环境水平（图5-8）。

步道无障碍调整前

步道无障碍调整后

滨河路提升前

滨河路提升后

图5-8

滨水空间提升前后对比

图片来源：全职街镇责任规划师赵新越提供

经过横向多个项目的共同作用，水系沿线空间品质大幅提升，形成了环境干净整洁，交通畅通有序，基础设施齐全，绿化区域以线连点，绿带、光带相交织的多功能绿色长廊。

案例6　横向统筹——空间品质提升+社会热点治理+社区认同塑造

新冠疫情暴发后，社区进入疫情防控状态，实行封闭式管理，需要落实测温、查证、验码、登记等措施，社区的出入口成为抗击疫情的重要管控阵地。然而，许多老旧小区的出入口仅仅是一道栏杆，或是用塑料布临时搭建的简易帐篷，使用起来既不便捷，还存在着一定的安全隐患。街道高校合伙人团队以社区防疫卡口为着眼点，展开疫情防控常态化下社区空间存量提质改造研究，并由属地委托设计单位展开“社区门厅”——老旧小区防疫卡口精细化设计。

高校合伙人团队针对疫情值守过程中的痛点问题，在设计中整合了社区防疫测温、出入证件核验、快递取放、临时集中观察等多种功能，适度拉长遮蔽空间，引导人流有序通过；全职街镇责任规划师全程把控协调，与规自部门积极对接，取得了规划意见，确保了项目在程序上合法合规；设计团队深化实施方案，突出了全环保、可回收、可移动、建造快、误差小的特点，以较低的成本实现高品质的设施建设。社区门厅建成后得到了附近居民的认可，通过口口相传和网络发酵，门厅的知名度不断提升（图5-9），属地许多其他社区，甚至其他街道的社区都产生了建设门厅的想法，社区特色设施创新得

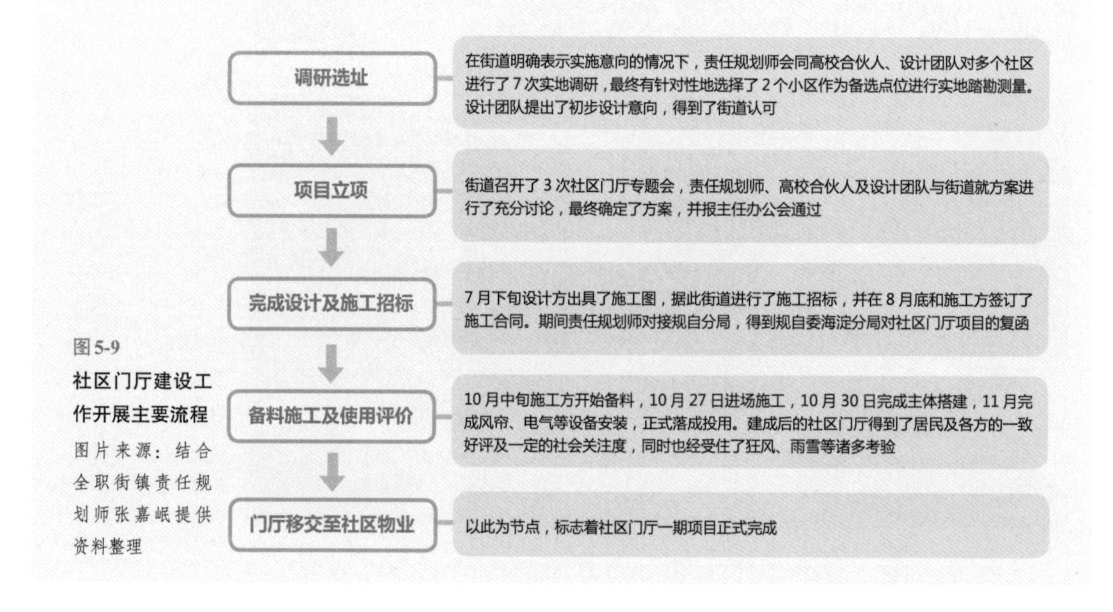

图5-9
社区门厅建设工作开展主要流程
图片来源：结合全职街镇责任规划师张嘉岷提供资料整理

到有效推广。

社区门厅的建成，融合了属地街镇、全职街镇责任规划师、高校合伙人与技术团队等多方力量，是应对疫情防控常态化工作的路径探索，也是城市更新背景下对社区公共服务设施补短板的一次有益尝试。在不大拆大建的前提下，通过社区门厅这样的微改造，改善和提高建成区的品质，通过“好设计”提供高质量公共环境产品，提升社区居民认同感，切实提高生活幸福感（图5-10）。

图5-10
建成后的社区门厅
图片来源：全职街镇责任规划师张嘉岷提供

2. 能力需要通过何种渠道发挥？

当全职街镇责任规划师具备专业能力，能够结合政府工作思路开展工作时，也需要制度环境的不断完善。通过制度建设向全职街镇责任规划师赋能，制度建设的主体以市区层面的主管部门为主导，区级、街镇级政府加以辅助，为全职街镇责任规划师提供更大的空间、更多的渠道来发挥专业特长。这里所说的“赋能”并非“赋权”，主要思路是基于设计治理运作的理念，构建一系列推进责任规划师服务发挥应有作用的具体操作路径，为各类责任规划师在设计治理过程中提供更多的能力施展空间，为城市物质空间品质提升与社会空间协同塑造提供更多可能性。

1）引导工作组织架构融入政府体制

（1）组建市区级领导小组奠定设计治理运作的正式许可特征

为了推动街镇责任规划师工作稳步、高效开展，海淀区从完善区级组织架构出发，在发布《工作方案》之时，成立了由区主要领导挂帅的街镇责任规划师工作领导小组。组织架构上突出区级政府领导、多部门全面参与的特点，由海淀区委书记、区长任组长，常务副区长，分管规划建设的区委常委、副区长任副组长，分管规划建设的副区长任执行副组长，街镇责任规划师工作领导小组起到了对重大事项的统筹协调作用。由相关委办局任领导小组成员单位，涵盖了区委办、区政府办、区委组织部、区委宣传部、区发改委、区住建委、区城管委（交通委）、区园林绿化局、区水务局、区财政局、区商务局、区教委、区文旅局、区卫健委、区体育局在内的近20个部门，在政策导向、财政支撑、制度执行等方面给予了充分保障，为未来各类街镇责任规划师发挥专业技能，全方位服务政府各系统、各部门，协助搭建各部门联动协作平台提供了客观可能性，也由此形成了政府正式许可下的设计治理运作特征。

街镇责任规划师领导小组办公室设置在城乡规划设计主管部门，其为设计治理运作的关键部门，是街镇责任规划师工作组织实施的责任主体。由局长任办公室主任，分管副局长任副主任，相关科室主管领导为办公室成员，进一步加强了规划设计对城市建设工作的引领作用，并将这类作用向各建设管理部门及基层治理主体延伸，增加了规自委海淀分局衔接基层治理主体、听取社群民意的有效渠道。各街镇相关负责部门负责配合监督辖区内街镇责任规划师人员的履职情况。

（2）通过融入街道“三定”明确设计治理与基层治理主体的衔接关系

伴随着我国近年开展的大部制改革，在街镇层面也开始逐步对内设机构与职责划分进行调整。随着北京新时代街道工作改革的推进，结合街道内设机构的合并调整，海淀在2019年通过《北京市海淀区机构改革方案》对街道机构“三定”[①]进行了调整。海淀通过三定工作，将全职街镇责任规划师工作明确纳入街道城市管理办公室的工作范畴，明确了街镇责任规划师在基层服务中法定的工作协作主体地位。在此基础上，各街道也进一步形成了自己的“三定”方案。有的街道就通过本街道党政机关主要职责、内设机构和人员编制规定进一步明确：全职街镇责任规划师工作属于城市管理办公室工作范畴，负责协助配合区有关

① 街道机构“三定”包括定机构、定职能、定编制。

部门做好城乡规划管理有关工作，统筹落实街道责任规划师制度，动员社会力量参与街区建设、治理的相关工作。

上述结合“三定”明确责任规划师服务路径的工作，只是走出了设计治理在基层运作的第一步，还有很多落实层面的问题有待解决。目前设计治理在基层开展实践的过程中，负责社区配套设施建设、公众参与等内容的不是街道内的城市管理办公室，而是社区建设办公室。在全职街镇责任规划师的日常服务中，特别是推进社区更新工作，大多需要通过社区办向下与居委会、居民进行沟通，向上与民政等部门对话，但在街道实际工作中受制于科层制限定，跨科室开展工作较为困难。同理，在镇的下辖机构中，全职街镇责任规划师服务主要由规划建设与环境保护办公室负责对接开展，而经济发展和管理科、社区建设与管理科也同样涉及街镇责任规划师关注的规划、建设等相关工作。因此，作为行政体系外的第三方技术服务主体，全职街镇责任规划师很难通过自身能力的完善改善这一问题，更多的是需要制度化的渠道搭建。这也是制度建设与制度落实的实践差异问题，设计治理融入基层规划、建设、治理的路径已经初步形成，但要真正融入体系还需要完善与沉淀更多结合实践的机制（图5-11、图5-12）。

街道内设机构
党群工作
民生保障
城市管理
社区建设
平安建设
综合保障
城市管理办公室
区城管委、区生态环境局、规划和自然资源委海淀分局、区住房和城乡建设委、区市场监督管理局、区城市服务管理指挥中心、区园林绿化局、区水务局、区人防办、区房管局等
社区建设办公室
区民政局（社工委）、区商务局、区房管局、区文化和旅游局、区体育局、区科信局、区科协等

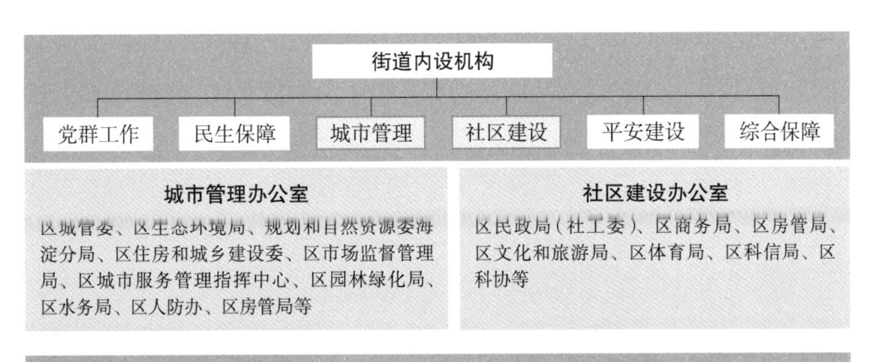

图5-11
街道内设职能机构图示
图片来源：作者绘制

镇下辖机构
办公室
组织部
宣传部
综合治理
社会事务
科教文卫
规划建设与环保
经济发展和管理
社区建设与管理
安全生产
财政科
规划建设与环境保护办公室
区城管委、区生态环境局、规划和自然资源委海淀分局、区住房和城乡建设委、区园林绿化局、区水务局等
经济发展和管理科
区发展改革委、区农业农村局、区农经站、区财政局、区工商联、区市场监管局等
社区建设与管理办公室
区民政局（社工委）、区房管局等

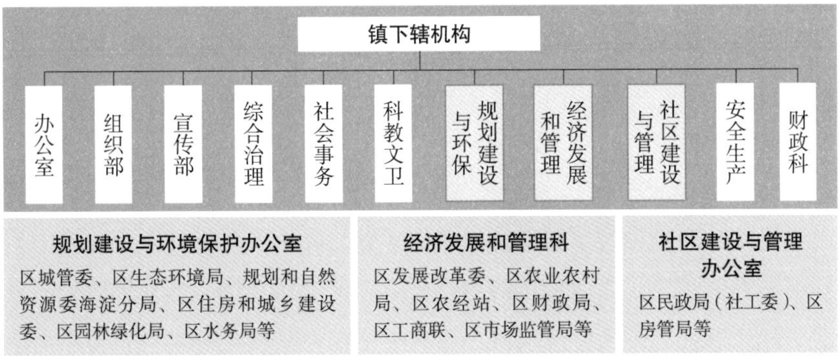

图5-12
镇下辖职能机构图示
图片来源：作者绘制

（3）赋予设计治理人员工作职权

尽管街道“三定”将责任规划师工作归入了城市管理办公室的责任范围，但其工作具有跨部门需求大、综合性强的特点，应突破科层制的权限桎梏适度提升，给予更多与街镇主要领导直接交流的对话权限，避免成为某科室处理一般性事务的普通科员。

海淀区在责任规划师制度运行的完善过程中尝试通过区级统筹，要求各街镇将全职街镇责任规划师任命为街镇主要领导助理，希望以此增加全职街镇责任规划师在基层设计治理方面的对话能力。但与“三定”的情况类似，这类关乎制度建设落实的工作仍需要时间才能被实际执行机构接纳，推进。在该项工作推进的第一年，只有约65%的全职街镇责任规划师被任命，且仅有7%能够定期参与街道主任/镇长办公会。随着街镇责任规划师工作的持续开展，各基层部门对责任规划师工作的认知逐渐建立，上述比例逐渐有所提升。但还需进一步加强街镇领导对街镇责任规划师工作的认知和重视程度，扩大全职街镇责任规划师跨科室联动服务的职权，提升设计治理人员在街镇各项相关规划、建设工作的参与度，有效发挥其应有的专业联动能力与沟通平台效用。

2）建立多渠道的意见反馈机制

街镇责任规划师工作往往会面对市、区、街镇、社区、村庄等多类型、多层次的实践，在各层次的工作中，如何将设计治理的思路与做法融入现行的工作路径中，这就需要根据各类工作路径的特点，在对既有路径影响较小的前提下，融入责任规划师系统性意见反馈机制。在这里分为“参与主管部门工作”与“参与其他部门工作”两种情况来讨论。

第一种情况，参与主管部门工作的意见反馈机制

全职街镇责任规划师参与主管部门主导的工作包括：协助街区控规编制的前期基础信息收集和持续性的信息更新反馈，协助各街镇当年请款项目在合规前提下进行立项申请，以及配合实施类项目方案在主管部门做合规审查等。

从实践来看，在目前的设计治理过程中，全职街镇责任规划师通过全程跟踪街镇建设更新项目，将技术意见融入规划设计审批阶段的目标还未完全实现。以镇辖区的多规合一平台工作为例，最初镇政府将建设更新项目推送到主管部门时，属地的全职街镇责任规划师很多不了解

具体情况，常常在相关会议上才初次接触到项目内容，难以提前做出全面、准确的判断。再有，由于上报的项目用地可能已经是某街道辖区内的镇辖飞地，但在项目实施过程中，飞地相关的辖区街道和其全职街镇责任规划师都不知情，方案初定后才知晓部分信息；受雇于产权主体的设计方在项目方案形成后，也没有充分与相关利益主体进行协调，就经由主管部门推送到多规合一平台。还存在全职街镇责任规划师及相关专家前期深度参与，但提出的意见未作为先期协调参考结论向主管部门上报的情况。因此，需要进一步探索责任规划师系统性参与多规合一平台的路径模式。基于上述初期实践经验，笔者认为建设更新项目在推进的过程中应进行三个阶段的审议。

项目初审阶段——土地所属镇内部审议。建议在项目计划开展的初期，由全职街镇责任规划师搭建初步平台，与属地镇、各类街镇责任规划师及相关设计机构、规划设计主管部门业务科室充分对接，盘点现状建设条件，协助进行功能设施需求判断，组织多元主体踏勘会商，充分明确设计要求和指引内容，推动初步方案合规制定。

项目会商阶段——街镇联合审议。属地主管镇政府内部审议通过后，建议由镇主导，与相关辖区街道、相关委办局、相关利益主体共同搭建协商平台。由全职街镇责任规划师、高校合伙人及其他专家组成的专业技术团队发挥专业力量，从上位规划、规范标准、设计引导等多个角度对设计方案进行初步审核。结合上述多方主体的意见，由设计单位对方案进行深化完善，形成多元主体的初步利益平衡。

项目正式审议阶段——规划设计审批主管部门听取汇报。方案结合初步协商意见修改完善后，报送至主管部门，建议附加由全职街镇责任规划师、高校合伙人及其他专家组成的专业技术团队此前对方案出具的书面意见，由主管部门结合相关意见正式审议通过后，完成相应审批报送流程。

这三个阶段的街镇责任规划师全过程服务有助于提升设计治理人员的专业能力发挥，加强更广泛的多元主体参与，提高规划建设主管部门推进实施协调工作的整体效率。

第二种情况，参与其他部门工作的意见反馈机制

全职街镇责任规划师在与住建、发改、园林绿化等部门的协同工作中，经常需要进行相关意见反馈。如老旧小区改造工作与住建委关系

紧密，公园绿地的提升改造与园林绿化局联系密切等。要与各部门顺畅对接，同样需要形成有效的意见反馈机制，因此笔者结合实践认为可以细分为两类意见反馈。

一是一般工作的意见反馈。可在各项工作开展的关键节点，由相关部门向街镇发文，提供相关工作的基本信息，开展对关联街镇的意见征询。届时，建议全职街镇责任规划师基于对街镇现状的认知、对公众意见的了解，对具体需要开展的工作及方式提出专业角度的意见与建议，经过街镇审核通过后，反馈至工作主导部门，从而实现规划信息的跨部门有效传递，提供专业性的意见反馈。

二是与城市更新相关的重点工作的意见反馈。对于京张铁路遗址公园、清河两岸综合整治提升这一类涉及多部门的市区级系统性更新重点项目，规自委、发改委、住建委、园林绿化局、体育局、财政局等重要相关部门的意见不可或缺。在此类工作中，建议由更新规划设计或更新建设主管部门组织街镇责任规划师统筹整体工作，组织相关街镇的全职街镇责任规划师与社区、社会主体沟通需求，与各部门在日常工作中实时进行技术对接与意见交流。将部门意见及时归拢至更新规划设计或更新建设主管部门及相关服务街镇，以设计治理人员为纽带，推进系统性重点更新工作的高效统筹。

除两种情况外，还需要搭建设计治理议事平台

全职街镇责任规划师的日常工作扎根于基层，与街镇内部各部门间的沟通较为频繁。但从设计治理能力提升的角度来说，与其他治理人员的沟通切磋必不可少。对于设计治理这一全新的工作模式，大家在其中难免会遇到各式的问题与困境。交流沟通相似问题的处理路径、设计治理的最新资讯等内容，有助于独立人员获得工作灵感，避免“孤军作战”。这时就需要搭建设计治理人员的议事平台，让相关人员在其中有机会畅所欲言，相互沟通，探索将设计治理能力更好地在基层发挥的有效方式，促进相关工作推进效率的提升。

因此，海淀街镇责任规划师的主管部门围绕责任规划师工作，搭建了线上线下结合的“海师议事厅”设计治理沟通交流平台。线上方面，搭建全区各街镇、全职街镇责任规划师、高校合伙人等相关人员共同参与的线上工作群，作为发布相关信息的主力平台。线下方面，应对各街镇责任规划师的交流需求，以案例介绍或工作经验交流的方

式，围绕各类议题展开线下活动。开展三类主题的沟通会议，包括实际工作问题沟通、街镇实践经验分享、热点主题交流研讨。此外，主管部门还利用办公区一层大厅，公开展示、宣传分享各街镇责任规划师工作的工作成果。

首次“海师议事厅”线下会议由主管部门组织召开，通过收集全职街镇责任规划师入职以来的主要问题，组织各科室进行答疑，全面沟通入职以来的服务情况，让各位初步到岗的全职街镇责任规划师对自己未来的工作重点有了基本的认知。其后，线下“海师议事厅”主题会议的召开，结合重点工作选定议题，由面临实际工作问题或具有实践经验的街镇或全职街镇责任规划师发起，由相关街镇负责实地线下会议的组织工作，并由与会相关全职街镇责任规划师进行会议内容的前期宣传与后期总结，形成具有经验借鉴意义的讨论成果。

如“北下关交流会”重点结合时任北下关街道全职街镇责任规划师邵海青的工作实践经验，着眼“如何认知一个项目，怎样才算深入了解现状”，结合街镇责任规划师日常碰到的实际问题，就工作思路、工作边界，如何融入街镇推动相关工作等内容进行了热烈讨论。邵海青责任规划师作为具有丰富规划实施管理经验的前辈，以生动的案例让全职街镇责任规划师们加深了对规划设计与规划实施管理的理解（图5-13）。

图5-13

“海师议事厅”线下交流活动

图片来源：作者拍摄

后续，“七镇交流会”针对海淀镇区特有的工作内容展开交流讨论。结合“找问题、查短板、促提升”调研计划，各镇全职责任规划师基于辖区特色、既有研究基础、与属地的对接情况，分享了未来工作的意向和计划，并就下一步如何更好地融入镇里的工作进行了交流。主管部门对街镇责任规划师的职责、工作清单进行了详尽的解释，结合下一步技术培训、国际设计周等工作进行初步安排。各镇相关工作负责人对街镇责任规划师如何融入街镇、如何高效推进责任规划师工作、如何提升背街小巷设计质量等实际问题进行了交流。由于管理权责不同，镇的工作特点与街道差异性很大，以镇区为主题的“海师议事厅”活动也因此作为保留节目延续了下去。

对于已在“海师议事厅”讨论过，但未有明确结论，或参会人普遍认为需要特定委办局参与讨论、共同提研解决思路的议题，未来考虑以责任规划师领导小组办公室为主体，与相关各部门建立沟通渠道，围绕特定议题邀请相关委办局开展“海师议事厅”，推动难点问题的解决。

3. 能力的发挥如何限定？

“赋能”而非“赋权”，也就需要在给予全职街镇责任规划师发挥能力的空间之余，通过制度建设来框定其发挥能力的范畴，这里需要重点注意两方面问题。

一是保证意见反馈的客观性、有效性。全职街镇责任规划师的特点与优势在于对服务街镇的现状情况有较为准确的把控能力，对群众的意见较为了解，因此，其意见反馈核心应围绕项目计划内容与现实情况的关系，以及与群众切实需求的匹配度。全职街镇责任规划师的设置旨在发挥搭建多元平台的作用，强调本街镇群众需求，形成有效的反馈意见，而非该人员的个体意见。二是注重去利益化。全职街镇责任规划师的权责边界一直是最被各方关注的问题，讨论的重点普遍在于对街镇责任规划师角色的权力寻租潜在风险把控。因此，应对全职街镇责任规划师的“一票否决权”“责任制”等内容谨慎对待，把握全职街镇责任规划师指导工作的力度与意见发挥效用的关系，既要杜绝权力寻租的隐患，又不能弱化群众和第三方专业人员发挥设计治理的实际效用。

1）建立基层意见提研反馈机制

建立基层意见反馈机制能够更好地保证全职街镇责任规划师意见

反馈的客观性，让群众能够通过某种固定方式，将相关意见反馈至基层及全职街镇责任规划师。结合海淀多个街镇在实践中的制度深化不难看出，建立基层的系统化的工作流程与协商议事制度是打通基层意见反馈渠道的关键举措。

（1）建立系统化的工作流程

比如有的街道建立的规划工作流程与责任规划师工作要点中构建了“事前研究、事中协调、事后评议”的工作机制。事前研究指的是注重自下而上的需求采集机制，由全职街镇责任规划师筛选议题，在寻到委托方后，全职街镇责任规划师的工作角色转化为协调工作——由全职街镇责任规划师指导，专业规划设计团队参与，通过协调会吸纳民意民智。在项目完成后，进行事后评议，评估设计优缺点和实施有效性，并形成可复制、可推广的经验。具体流程上，建立包括规划项目立项、实施和评估的系统化管理体系，通过设置项目论证会、项目评审会和项目评估等关键环节，保障规划项目的科学性。

规划项目立项流程。根据多种民意表达渠道收集的相关意见（如12345政务服务便民热线、民意征集调查结果等）、各社区提交的规划提案、全职街镇责任规划师和高校合伙人实地走访调查发现的重大民生问题，以及政府近期工作计划安排，多渠道收集提案，经项目论证会论证，予以立项。每月定期举行项目论证例会，要求全职街镇责任规划师、高校合伙人和相关居民代表参会，对项目的必要性和可行性进行分析，如有修改意见，牵头部门需相应修改完善。对于项目金额超过一定额度的项目，立项前需召开专家论证会，需由3名及以上的专家参加，名单由全职街镇责任规划师和高校合伙人共同拟定；2/3及以上专家通过，予以立项。

规划项目实施流程。由全职街镇责任规划师与高校合伙人遴选设计团队，并指导和配合其开展工作，准确解读相关政策和上位规划，并与有关部门对接，积极沟通协调街道内外各科室和有关部门，采取多种方式开展公众参与，推进项目顺利开展，项目完成前召开项目评审会，重大项目需召开中期评审会。每月定期举行项目中期评审和最终评审例会，要求全职街镇责任规划师、高校合伙人和相关居民代表参会，对项目成果进行评价，如有修改意见，设计团队需相应修改完善，如有重大修改，需重新评审。对于项目金额超过一定额度的项目，结项前需召开专家评审会。评审会需由3名及以上的专家参加，名单由全职街镇责任规划师和高校合伙人共同拟定；2/3及以上专家通过，予以结项。对于项目金额超过一定额度的项目，在项目中期还需召开中期专家评审会，具体要求同项目评审会。

规划项目评估流程。项目实施后，建立项目评估环节。所有规划项目在实施完成半年内需完成项目评估，通过对专家、居民和利益相关方的调查，形成评估分析报告。评估的关键指标包括：开放性/公共性、维护管理的永续性、使用率等。对于社区层面的项目，要求5年之内不得重复申请同类型的项目。

这一套结合责任规划师职责的工作流程，一方面，充分发挥了“1+1+N”街镇责任规划师“上传下达”“专业支撑”等作用，有助于街道高水平、高效率推进规划设计项目实施；另一方面，也使得街镇责任规划师工作与街道日常工作紧密结合，从制度完善的角度促进了街道精细化治理水平的提升（图5-14）。

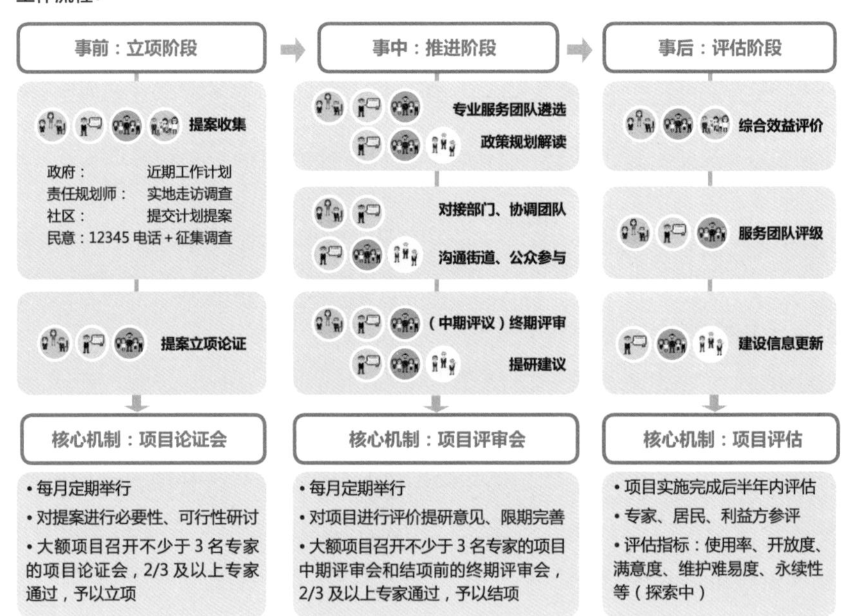

图5-14

街道责任规划师工作主要流程

图片来源：结合全职街镇责任规划师刘倩颖提供资料整理

（2）构建全过程的公众参与机制

再如，有的街道在街道规划工作流程与责任规划师工作要点中明确了公众参与机制的构建路径，这是从居民参与意见反馈的角度对基层意见反馈机制的建设探索。

居民参与规划能力的培养。由高校合伙人牵头，组织社区规划工作坊，邀请居委会成员和社区骨干（如业委会成员、社区志愿者）参加。工作坊将带领居民进行社区资源调查、绘制社区规划图，提升居民的规划知识和实践能力，并为后续社区公共空间提升提供依据。工作坊可从基础较好的社区进行试点，分批开展。

规划项目立项阶段的公众参与。在基础较好的试点社区，可结合社区党建经费和社区公益金，由社区居委会和社区骨干根据本社区的重大民生需求拟定项目建议书，并经由居民代表大会审定或全体居民投票达到一定比例同意予以通过，提交给街道。

规划项目实施阶段的公众参与。项目调研环节，通过现场座谈、问卷调查或网络调查等方式，了解居民诉求。调研方案需经全职街镇责任规划师和高校合伙人审查通过。初步方案环节，通过举办现场活动或网络投票等方式，对初步方案进行意见征集。要求参与人数达到相关社区居民人数的一定比例。最终方案环节，通过现场和网络等多种渠道，发布项目评审会决定的最终方案。项目实施环节，结合项目特点开展至少1次居民参与活动，每次活动参与人数需达到相关社区居民人数的一定比例。

规划项目评估阶段的公众参与。项目实施后，对项目涉及的社区居民和利益相关方开展调查，了解项目的使用率和满意度。

（3）提炼街镇级设计管理办法

镇级建设项目多由镇下属公司负责管理运营，但由于各公司普遍缺少规划设计相关专业人员，导致在工作开展过程中缺乏对设计单位的流程管理和质量控制，常常造成项目设计质量欠佳、工作周期拖延、报批程序出错等问题，直接影响到工作进度。全职街镇责任规划师针对这一问题，协同镇政府建立了建设项目全程技术管理工作制度《镇设计管理办法》（以下简称“《管理办法》”），用制度和流程来弥补管理团队中缺少专业技术人员的短板。

《管理办法》规范了镇域内建设项目设计的全流程管理，为镇下属公司开展建设项目设计提供了管理和操作的依据。该办法明确了项目设计各阶段流程中设计管理办公室建设主体单位和设计单位等多方的工作职责，以及前期方案、深化方案、施工图、二次深化、专项设计、工程施工和设计后评估各个关键节点应完成的工作内容。

某镇安置房项目试点应用了《管理办法》中的相关要求。全职街镇责任规划师首先通过召开试点项目启动会，向设计管理办公室、建设单位和设计单位等讲解了《管理办法》具体内容，并在项目推进过程中，指导各方按照《管理办法》中的内容推进各阶段工作任务，有效控制了项目各个关键节点，取得了良好的成效（图5-15）。

2）结合责任规划师平台协作互补

在设计治理的过程中，光靠一个人或一个团队“单打独斗”，往往难以解决复杂的综合性问题，主要体现在两个方面。一方面，全职街镇责任规划师专业特长存在局限性。全职街镇责任规划师根据其职责特点，需要在街镇处理较多相关项目事务。根据2019年以来的服务实践，全职街镇责任规划师各有擅长，但受限于一街镇一名全职街镇责任规划师的配置，其一人的专业力量难以精准、高效地应对街镇的规划、建筑、景观领域的审批、实施等各类工作。另一方面，一些街镇因涉及复杂的土地权属问题，往往存在主体混乱、交叉的情况。在规划实施过程中，存在大量“某个街道的空间范围内，部分土地的权属归属于某个镇”的“飞地”的情况，职能匹配度较差。从街道的角度看，由于街道

图5-15

全职街镇责任规划师与街镇共同协商《管理办法》内容

图片来源：全职街镇责任规划师于小菲提供

对该部分土地没有管理职能，无法将“飞地”妥善地纳入街道内部各类设施的系统建设中，但需要负责统筹“飞地”内的日常工作。从镇的角度看，其关注点主要在于这部分权属土地内的村民情况、土地利用情况，对所在街道与该“飞地”的系统性欠缺考虑，造成这些地区容易产生与街道管理隔离、空间设施不融合等问题。

由此就需要结合当前问题，进行协作工作组织模式的制度探索，以减轻全职街镇责任规划师专业特长局限、土地权属难协调等原因造成的工作推进上的难度。在此笔者也初步提出了专业协同、协作互补的平台搭建思路。

在跨街镇工作的协调处理上，建议进行街镇分组协作。依据土地权属或跨街镇工作关系，将相关联街镇的全职街镇责任规划师划分成组，通过全职街镇责任规划师工作增加组内街镇的沟通和协作，促进街镇共同推进实施。可从推进规划实施的视角出发，以街镇分组为基本思路，根据不同的工作重点开展不同的分组协作。应对街镇重点工作时，分组以工作关联为优先，便于跨街镇行政边界统筹工作，集中发力，有助于开展跨街镇重点工作的调研摸底与日常维护，促使重点工作有序开展。应对土地开发类工作时，分组以土地存量权属为优先，便于解决城市开发建设的遗留问题，尤其是应对各类土地开发工作，需要对用地权属进行高效沟通对接，有助于各相关权属地区的全职街镇责任规划师进行频繁互动。两种优化建议应对两类工作组织需求，可以同时存在。

在工作团队的组织方式上，建议开展多专业协同。可以全职街镇责任规划师为主体，形成多个基层辖区相关人员的协作工作组。每组涵盖不同专业背景的成员，以应对各街镇的各类专业问题。挖掘区域内高校院所、设计单位的技术专家，组建专家团队，以专家组团形式提研区域性建设发展建议。全职街镇责任规划师与区域专家联合，组成区域协同工作联盟，形成地区稳定的专家团队，通过技术团队的配合，使每个区域协同工作小组在技术人员配备上实现多元互补，尽可能覆盖规划、建筑、景观、社会学等多个领域，改善专业不均衡问题。

无论是分组协作或是多专业协同，都希望能达到两方面的目的。第一是用更多元的技术力量解决实际问题，第二也就是本章节探讨的能力发挥的“限定”问题，对于范围广、级别高的项目来说，更多元的人员构成通过另一种途径避免了“一家之言”(图5-16、图5-17)。

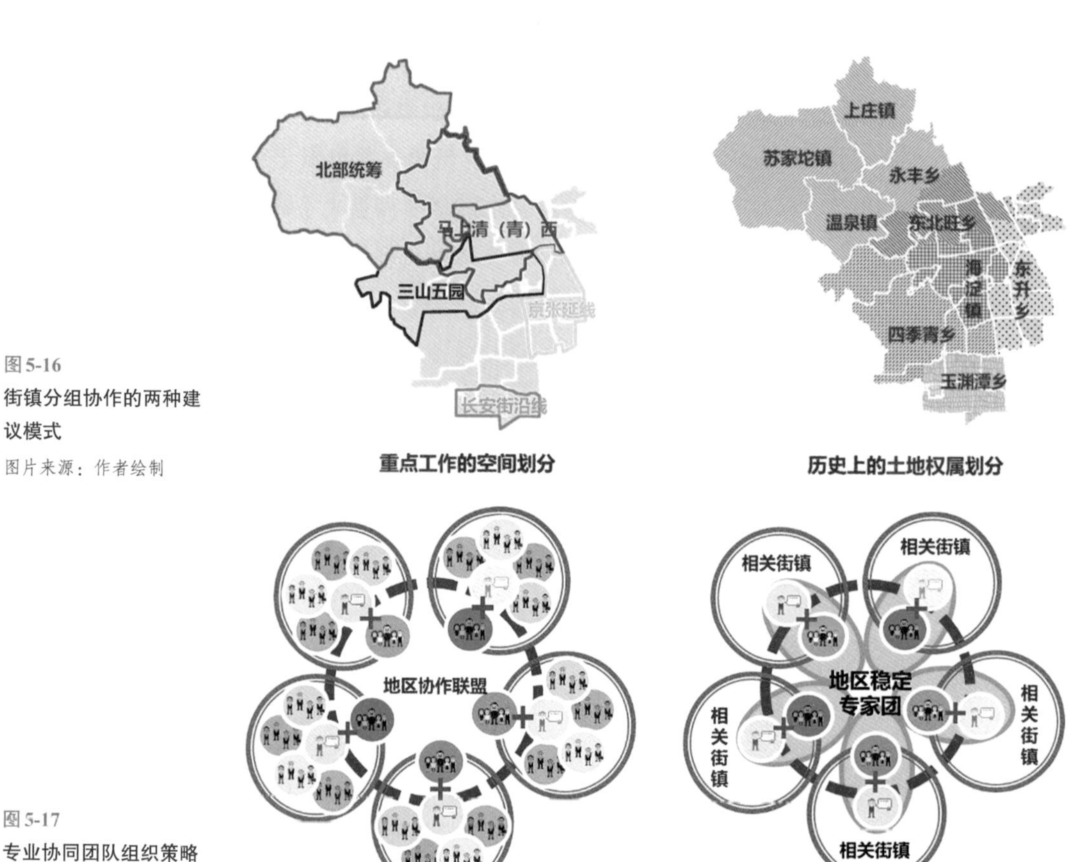

图5-16
街镇分组协作的两种建议模式
图片来源：作者绘制

图5-17
专业协同团队组织策略
图片来源：作者绘制

5.3.2 提升与公众对话的能力

公众是设计治理最广泛的影响对象。在实现从城市设计到设计治理的过程中，除了要向上对话政府，更要向下面向公众，与广大人民群众进行有关身边城市空间优化提升方向的有效对话。怎样的对话是有效的？开展交流的原则大致可从两方面出发，一是创造与公众交流的条件和空间，二是让公众与街镇责任规划师在对话语境上适度匹配，相互理解。

街镇责任规划师职位设立的初衷，很重要的因素之一即是通过公众参与活动，倾听民众诉求，并以专业视角向上反馈，积极解决各类诉求。这也回应了与公众开展有效对话的条件，为开展交流沟通提供了可行途径。相较于交流渠道的建立，相互理解的能力可能更为关键。需要街镇责任规划师培养自身脱离专业技术语境的表达能力和组织能力，通过应用不同深度的公众参与方式，提升与公众进行有效对话的能力。

1. 从宣讲教育到专业引导

作为开展设计治理的人员，其专业性强，但专业结构往往较为单一。目前我国街镇责任规划师的任职人员普遍以城乡规划学、建筑学、风景园林学专业为主，辅以市政、交通等相关专业技术人员。这类人员在专业技术层面具有相当程度的能力与经验，但与公众进行沟通的技能往往不足。凭借其专业特点，能够胜任开展上位规划或相关政策宣讲教育的工作，即单向灌输式的宣传和信息传递。这类工作固然必要，但由于公众普遍对规划信息没有基础性认知，这种沟通从接纳度和信息传递效率上来说优势不足。如何实现信息的双向有效传递，是开展公众对话的核心问题。

1）引入社会学专业人员，让公众听得懂

作为规划设计背景出身的全职街镇责任规划师，在工作开展之初与公众沟通的方式可能难以脱离从技术角度“讲方案”的惯性，其中的各种专业术语难以令老百姓理解，难免形成“自说自话”的局面。这时就需要社会学专业人才的补充与辅助，利用社会学的沟通方式，寻求一种与公众对话的顺畅渠道。

（1）社区服务类责任规划师引导开展墙绘活动

X街道结合属地内小学门前背街小巷空间开展环境整体提升工作。此前这条街巷沿街堆物堆料、占道经营、车辆乱停放等问题严重，影响居民生活及出行安全。属地希望融入更多的公众参与，开展墙绘活动，并以墙绘活动带动后期运营维护工作。活动引入了社区服务类责任规划师（含社区营造团队、社工团队），充分发挥其社会服务、社区治理等方面的社会学专业技能，由全职街镇责任规划师与社区服务类责任规划师一起邀请居民共同参与美化墙面与展览作品评选活动。社区规划师与全职街镇责任规划师引导50名小学生在校门前背街小巷鸟瞰图上进行标识，引导孩子们进行热烈的现场创作，作为墙面改造的基础。该墙绘的设计方案通过社区规划师的引导，由公众深入参与完成，全程专业规划人员未过多介入。

后续工作方面，全职街镇责任规划师联合社区服务类责任规划师与在地居民在街巷举办了母亲节活动。未来将结合墙面上不同空间主题及特殊节日，开展系列墙面彩绘活动，将这条小巷打造成一条民众互动参与性高、文化氛围浓厚、环境整洁有序、交通便利的高品质精品街巷（图5-18）。

图5-18
墙绘后街道实景
图片来源：作者拍摄

（2）社区服务类责任规划师引导小学生参与式设计

Z街道某小学门前公共空间设计项目邀请了校内学生参与规划设计。小学校门前在改造前绿地幽闭、墙面形象杂乱，仅仅1公里内就有20根电线杆和四五个变压设备。个人搭建的洗车房、菜站侵占了人行道、消防通道和绿化带。小学的学生们每天都要穿过“重重阻碍”才能到达校园。小学生是这个空地最直接的使用者，在社区服务类责任规划师、设计团队、小学校方等团队的合作引导下，四、五、六年级共200名学生拿起画笔，完成了一份特殊的“作业”。

主力军为小学生的参与式设计，其活动内容与节奏的把控至关重要。如何能够让小学生理解参与式设计是在做什么？又如何引导小学生通过绘画的方式，表达出自己对校门口空间的畅想？这就非常需要社工专业人员的参与和引导。

此次活动以社区服务类责任规划师中的社工团队引导为主，负责制定小学生年龄段适合的教育方式和引导角度，回收作业，充分发挥社区规划师“特别会对人说话”的特点，用大家能够接受的方式来引导活动有序进行。有的小朋友说：“鹅卵石又好看又贴近自然，我希望上下学能有一个鹅卵石铺成的甬道！”有的表示“下雨的时候，妈妈来接我放学会很辛苦。我设计了一个‘避雨读书区’，给等候的家长们提供避雨场所”。设计团队则负责进行专业指导激发小学生的设计思维，在收集作业后进行设计亮点的总结归纳，形成小学生参与式设计成果的专业化转译。孩子们的设计成果最后落入了施工方案中，形成了校门前的彩绘铺装、设有雨篷的等候设施等改造成果（图5-19）。

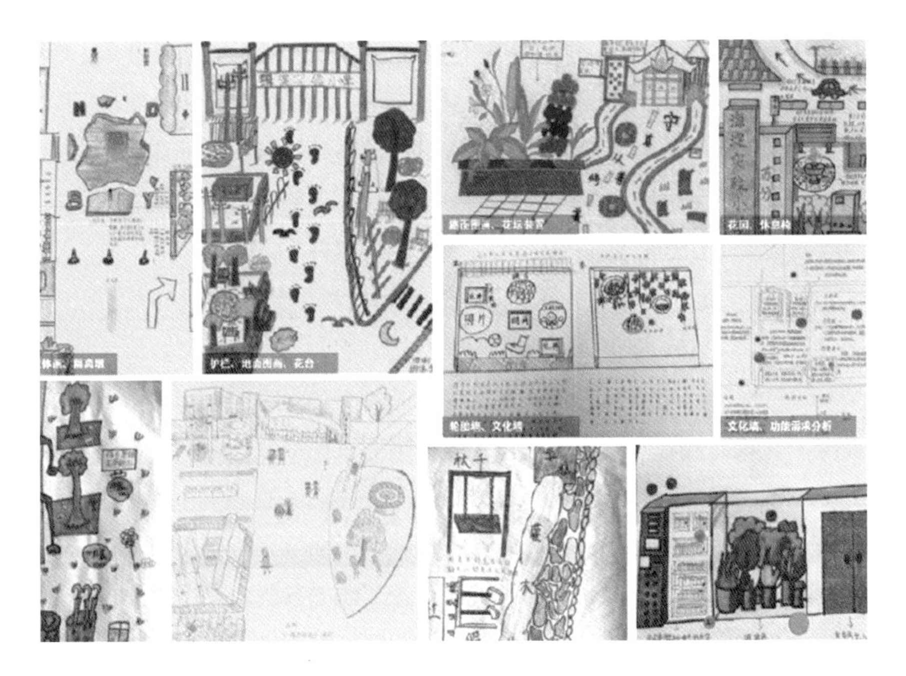

图 5-19

参与式设计中由小学生绘制的设计方案

图片来源：中青社区青年汇提供

2）组织开放性活动，保障公众发言的权利

与公众对话的过程中，除了提供专业性的沟通引导外，还应保障公众发言的权利。北京“12345接诉即办”渠道的开通为公众反馈意见建议提供了官方通道，但这种方式的反馈内容多为“提建议”甚至是“投诉”性质，从公众参与的角度来看路径较为单一。在设计治理的过程中，应充分发挥街镇责任规划师的纽带作用，通过开放性的活动，在城市生活空间的提升工作中为公众提供多种形式的发言渠道。

（1）公众参与反馈老旧小区改造诉求

老旧小区的改造工作一直是住房层面的重点工作，主要针对2000年以前建设、公共设施落后、影响居民基本生活、居民改造意愿强烈的住宅小区。全职街镇责任规划师针对辖区内20世纪70至80年代典型老旧小区的改造提升工作，全过程邀请公众参与改造内容反馈。

全职街镇责任规划师在开展常规现场摸底调研、提炼现状问题的基础上，开展多轮公众参与活动，深入了解居民诉求。第一阶段，通过现场活动的方式，由全职街镇责任规划师讲解改造政策及改造方案，发放问卷调查表，让居民了解改造内容，同时征集居民改造意愿及迫切需要改善的问题。征集到的普遍问题，包括公共空间部分地面铺装大面积破损、场内设施破损严重、缺少照明设施；私搭乱建情况严重；楼外乱线交错，缺少统一规整；路宽不满足消防要求，车辆乱停乱放；楼本体外观凌乱，没有无障碍坡道；楼内环境脏乱差等。第二阶段，针对重点住户进行入户调查，发放详细的入户调查表，逐户征询改造意愿并明确改造内容。第三阶段，在老旧小区改造的施工过程中通过居民议事厅活动，为居民答疑解惑，统筹解决改造问题。

老旧小区相关工作的推进应以公众诉求为重要导向，组织施工方、物业等多方建立长效机制，确保软硬件同时更新，改造成果长久可持续。通过责任规划师收集民意、组建临时业委会等方式，切实了解居民诉求，有效推进老旧小区改造。后续还可通过业委会，定期召开座谈会向居民公示改造工程进度，听取居民诉求，协调矛盾，有序推动公众参与老旧小区改造。针对硬件、软件现存问题听取居民诉求，街道、居委会、施工方、物业、权属方一同下户，现场协商解决问题。同时引导物业公司全过程参与改造过程，将物业管理与工程改造相结合，为后期长效管理奠定基础。

（2）公众参与社区活动场地建设全过程

居住小区内绿地分布散乱、公共空间品质较差，居民抱怨缺少活动场地是当前一些城市住区的普遍问题。以H街道某社区公共空间改造为例，全职街镇责任规划师着眼辖区内典型小区，结合小区内违章建筑拆除的契机，提出将腾退后的小微公共空间改造为供居民休闲活动的高品质公共活动场地。

全职街镇责任规划师全程参与项目的组织和协调工作，在各个环节充分征询公共活动场地使用者的意见和建议。在方案征集阶段，全职街镇责任规划师在调研的基础上，向街道、社区、居民充分了解诉求，确定了以“功能优先、充分考虑居民需求”为核心的项目任务书，并向社会征集方案；方案评审阶段，全职街镇责任规划师承担了组织协调、收集整理等工作，并作为专业人士向居民现场讲解方案，耐心听取居民意见和需求，反馈给方案编制单位进行优化；方案实施阶段，与社区工作人员组织三天公示并入户征求居民同意，最终达到72%以上的同意占比，保证了项目设计和实施的因地制宜，同时也保证了项目落地的合法合规。

改造后的拆违空地，不仅恢复了消防环路，还增设了固定车位和应急停车位，打通并建设两处楼宇无障碍出入口，增加绿化面积

$1500m^2$。另外，广场周围还搭设弧形花架，并铺设木栈道，增加无障碍座椅，新添3套健身器材。广场一侧还铺设了近$50m^2$的彩色塑胶儿童活动场地，为“一老一小”搭建了休憩活动空间，回应了社区老人小孩的文娱活动需求（图5-20、图5-21）。

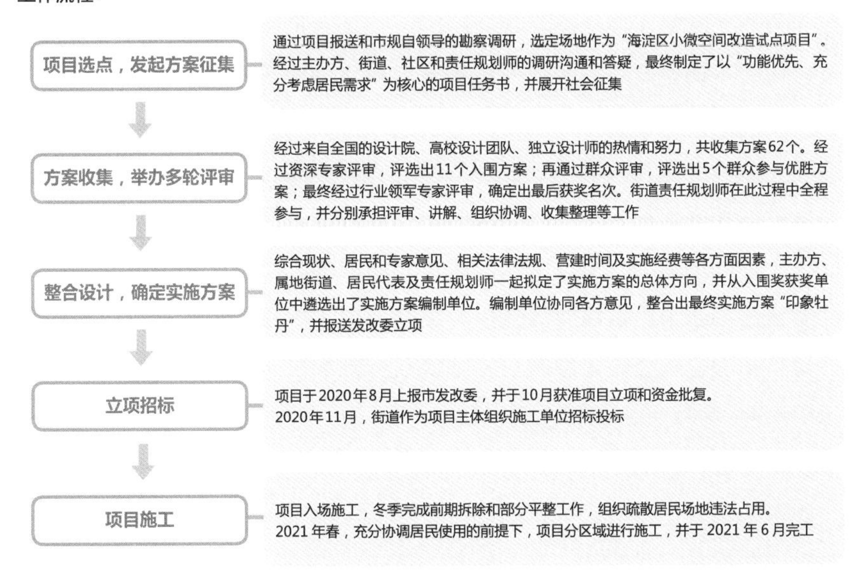

图5-20
H街道某社区公共空间改造工作开展主要流程
图片来源：结合全职街镇责任规划师施展提供材料整理

图5-21
公共空间改造后效果
图片来源：北京建筑大学高精尖创新中心提供

2. 从方案公示到参与共建

与公众对话的能力按级别划分，可以参考美国规划师谢里·阿恩斯坦在20世纪60年代提出的“市民参与的阶梯（a ladder of citizen participation）”，该理论将公众参与地方政府决策的方式划分为三个层次。公众参与程度最低的为“无参与”，地方政府仅通过所谓的“参与”活动，按自己的意图组织，对公众参与的过程进行操控，并借用公众参与的形式获得公众的支持。参与程度其次的为“象征性参与”，政府通过告知、咨询等方式，将有关信息单方面告知给公众，或将信息告知相关人士并听取其意见，但保留政府的决定权。这一层次的公众参与是目前我国开展较为普遍的类型。参与程度更高的是“实质性参与”层次，公众更加深入地融入了地方政府的决策环节，甚至达到了掌握决定权的程度。这一层次的公众参与在我国体制下并不完全适用，但这一理论中不断递进的三个层次还是形成了一个大方向上的指引，也就是在我国现行的体制下，尽可能地寻找让公众能够理解、参与、融入规划建设和管理工作的方式。

1）方案公示是公众参与的初级阶段

方案公示是目前我国规划工作采取的最常见的方式，《城乡规划法》中对规划条件变更提出了明确的公示要求，各地也在其要求的基础上，制定了“关于城乡规划公开公示的规定”“城乡规划网上公示办法”一类的文件来细化规划公示的内容及流程。但这一类的公示与公众的关系往往有些脱节，公示的地点通常位于特定部门的特定公告栏，或是特定网站的某一栏目。作为相关方的公众若不是有意关注，很难及时了解到有关信息。

方案公示不仅仅具有“展示”的单向作用，其核心目的是告知相关方，了解其对方案的意见和建议，并对方案进行优化。除去一些性质特殊的项目外，大多数规划建设项目公示，尤其是与公众联系较为紧密的街镇、社区级规划建设项目，是非常需要实际使用者进行有效参与的。因此，如何能将方案带到公众的视野中，是开展有效方案公示需要应对的核心问题。

（1）驻场讲解公示方案

Z路侧景观绿化提升工作就是进行有效方案公示的典型案例。该路段一侧的滨水带状公园建成年代较为久远，虽然持续由街道进行养护，

路侧景观绿化提升工程

W街道结合Z路路侧空间开展综合提升改造，包括增加活动空间、健身步道，消除现有设施安全隐患，活化低效景观空间，提升滨水空间的整体品质（图5-22）。

全职街镇责任规划师自项目启动后，全过程助推项目落地。在前期方案阶段，全职街镇责任规划师就方案内容和沿线各个社区进行了沟通，并通过访谈，充分了解居民需求、征询居民意见；在工作推进阶段，全职街镇责任规划师积极配合街道调动供暖、通信、电力等部门，协调解决场地内管线、电井、信号放大器等设施的拆移，保证设计方案能够完全落地实现；在项目实施阶段，全职街镇责任规划师根据现场情况和居民实时反馈意见，迅速组织设计、施工、监理三方开展工作，现场修订景观工程隐蔽化方案，保证景观和活动空间的连续性。

实施后的路侧带状绿地增设了老少皆宜的健身器材，翻修了原有的遮阴廊架，留出了大面积的活动空间，为周边居民提供了运动和休憩的好去处。值得一提的是，该项目自工作启动到落地实施，全程未接到一起“12345”居民投诉，这很大程度上归功于全职街镇责任规划师的贴心服务。为了避免由于专业知识不对称造成的误会，全职街镇责任规划师在项目实施过程中坚持驻场，耐心为周边居民讲解设计思路、答疑解惑，这种“以人为本”的工作方式受到居民和业委会的充分认可。

图5-22
改造后的路侧绿地
图片来源：全职街镇责任规划师张海鹏提供

但基础条件较差，一直未有较好的景观效果，居民的使用率不高；且由于前些年的电力施工，对沿岸景观造成了进一步影响。在景观绿化提升方案的前期阶段，全职街镇责任规划师通过驻场讲解的形式，就方案与沿线各个社区进行沟通，座谈征询在地居民意见，过路群众及周边居民在施工过程中，都充分发表意见，再由全职责任规划师综合各方意见最大限度实现。在施工过程中，全职街镇责任规划师同样是通过驻场服务的形式，根据现场情况和居民实时反馈意见，现场修订景观工程隐蔽化方案，现场向居民讲解设计思路与局限性，避免由于专业知识不对称造成的误会。这实际上就是把责任规划师作为桥梁，将设计方案传达给公众的一种方式。

(2) 居民参与公共空间改造方案选择

B街道通过组织和策划公众参与活动，对老旧小区内公共空间进行改造，并由公众参与方案选择。该小区建成于20世纪50年代末至80年代初，是典型的老旧小区。小区内有一处东西长、南北窄的矩形公共空间，面积约1200m^2，铺装简陋，缺少绿化和休憩设施，空间品质较差，居民对其改造意愿十分强烈。

项目经过前期酝酿，由街道主导，全职街镇责任规划师、社区、高校合伙人组织了第一场公共空间微更新的意见征询会，介绍了街镇责任规划师制度、公众参与目的、本次改造空间的目的等内容，并通过心动之选、自主拼贴等多样形式，征询居民对院内公共空间改造的具体意见。此后，针对公共空间微更新方案举行见面讨论会，根据公众参与活动中的居民意见，深化形成最终方案。改造后的社区公共活动场地增加了活动舞台、风雨廊架、绿化植物、夜景灯光和适老化设施等，提高了社区公共空间活力，增加了社区内的有效交往空间。

后续，街道进一步利用“1+1+N”工作平台，依托全职街镇责任规划师的驻地优势，与高校合伙人、设计单位等协作联动，结合居民需求，在街道内其他两个社区开展了系列性的公共空间改造及配套的公众参与活动。通过搭建系列主题活动平台，引导多方共同参与社区营造，增强居民社区归属感和公民责任感，推动形成街道文化品牌和社区文化特色，培育社区自我发展、自我更新能力。

2) 参与共建是公众参与的未来方向

参与共建的公众参与方式位于“象征性参与”与“实质性参与”的中间位置，最终决定权在政府手中，但公众应保有了解既有信息、引发新的项目、共同参与决策、共同参与实施维护的权利。这也是开展设计治理需要面对的发展趋势，是当前我国公众参与不断进行探索的方向(图5-23、图5-24)。

图 5-23
公共空间改造后实景
图片来源：全职街镇责任规划师赵新越提供

图 5-24
“共筑北太”公共空间改造活动
图片来源：全职街镇责任规划师赵新越提供

（1）武汉市“众规武汉”平台[①]

武汉市在公众参与共建方面较为先进，从2015年开始由武汉市国土资源和规划局与武汉市规划研究院联合推出了“众规武汉”公众开放平台，通过网络、微信公众号、线下团队设计竞赛等方式，针对重点热点区域规划议题，进一步将公众参与融入规划编制的过程中。社会公众可通过在线报名、方案评选、有奖问卷等方式参与众规项目。《环东湖绿道实施性规划》是“众规武汉”平台推出的首个在线规划，市民群众通过平台直观表达了对环东湖绿道规划的实际需求及空间构想。通过在线规划模块，共收集到涉及停车场选址、绿道入口、驿站设置等要素的

① 熊伟，周勃.“众规武汉”开放平台的建设与思考[J].北京规划建设，2016（1）：100-102.

在线规划方案超过1600项。在“华农三角地”及“紫阳片”次级功能区改造项目中，有近百家设计团队通过在线报名参与设计环节，超过6万人通过在线投票进行方案评选；在《中山大道综合改造项目》中，通过在线留言收集公众建言100余条。不难看出，“众规武汉”平台的建立为公众及规划部门间搭建了双向沟通的桥梁，是从公众参与初级的方案公示向“共享共治、互联互通、众筹众包”的有效探索。

（2）公众参与社区花园后期维护

L社区花园项目在公众参与方案优化的基础上，进一步探索了公众参与后期维护的可行方式。该社区花园项目基于小区内约250m^{2}的绿地开展。绿地由于土质原因植被荒芜，土石暴露，加之高层旋风原因造成常年扬尘、垃圾堆积，成为小区内的卫生死角。绿地下埋设小区的化粪池及其管道，埋深较浅并且需要定期清淘，故不能种植大型乔木和进行过多硬质铺装。项目设计及实施专注于社区消极绿地的打开，将丧失维护的绿地转化为居民日常使用的口袋公园，既避免成为卫生及安全隐患，又为原本拥挤的社区开辟一小片尺度合宜的活动场地。施工过程中，全职街镇责任规划师、居民及施工方一起研究化粪池清淘口的处理方式，最终确定一种操作便捷、效果美观的实施方法。实施完成后的花园由社区认领，居委会召集居民成立自发组织，对花园进行日常维护和保养。

从这个案例里不难看出，公众除了在方案生成阶段需要投身其中、提出意见建议外，在后期的运营维护中也有非常大的参与空间。积极调动居民参与花园的管理和维护不仅激发了居民的积极性，对社区绿地的维护也有很多益处。社区绿地的维护保养问题一直是街道和居委会日常工作的痛点之一，绿化斑秃、垃圾堆放及居民举报在街道办事处日常工作中已形成一定负担。借助新实施完成的口袋花园，带领居民自发认养和维护，一方面促进监督，减少了垃圾乱扔的现象，另外一方面也在日常的维护中培养了居民与社区环境的情感，同时减少街道办事处、居委会管理经费及时间的投入，一举多得（图5-25）。

（3）社区墙绘活动

墙绘是一种比较容易操作，又能出效果的公众参与方式。画画本身是充满趣味的，尤其是画在墙上。把作品呈现在路边、小区内的围墙上，就是一种最平民化的“画展”方式。社区通过开展“墙绘日”主题活动，作为“社区花园营造项目”的启动仪式，通过活动引导居民们共同参与对社区空间环境品质的提升。现场的大人跟孩子共同创想、绘画，将社区公共空间内一处设施建筑的单调墙面变得五彩缤纷、生动有趣。不仅锻炼了小朋友们的动手能力，促进了亲子感情，也为日后开展系列社区花园营造与共建工作奠定了基础。

许多社区在开展墙绘活动的过程中，都感受到了公众的参与热情。在一次与小学生互动的墙绘过程中，原计划孩子们画到11点半就离开，但是孩子们主动画到12点多，回家吃了饭又过来继续画；路过的社区居民带着孩子，也主动要求参与画画。项目采用开放的态度，邀请每一位想要参加的路人来进行绘画（图5-26）。

图5-25
社区花园改造后实景
图片来源：全职街镇责任规划师施展提供

图5-26
社区墙绘活动
图片来源：全职街镇责任规划师奚赛楠提供

（4）社区参与式微空间改造

某典型老旧小区内部存在公共空间不足、配套设施陈旧等问题，导致社区居民缺乏良好的日常休憩体验。小区内部有一处长期闲置且年久失修的人防工程，被散乱安置的种植箱、私搭乱建的杂物棚等占据，环境十分杂乱。考虑到社区内儿童与老人较多，老旧的社区环境及设施无法满足儿童友好及老人友好的标准，属地提出要改善社区环境，重塑低效空间。在全职街镇责任规划师的提议下，属地策划推出了“小微空间改造”系列活动，致力于打造全龄化人群、全过程参与，充满人情味儿的社区公共空间。作为这项活动的第一站，这次改造瞄准了社区内闲置人防工程的屋顶和坡道。

在街道办事处的支持下，全职街镇责任规划师与社区服务类责任规划师开展了一系列公众参与活动，组织来自本社区及周边社区近20名4～11岁的孩子们，鼓励他们通过画图、捏橡皮泥等方式表达对社区微空间改造的奇思妙想，同时为孩子们科普规划小知识，培养儿童对社区环境建设的好奇心与探索精神。孩子们以极富创造力的作品展现了他们对社区微空间的理解，以及渴望参与社区管理和建设的小主人翁热情。此外，还面向居民开展了设计方案征集活动，通过与居民进行多次交流与讨论，总结反馈问题，就场地实施方案达成共识。居民的踊跃参与不仅弥补了专业团队方案的盲点，也体现了“设计让生活更美好”的理念（图5-27）。

图5-27
社区小微空间改造公众参与活动
图片来源：全职街镇责任规划师付斯曼提供

在各方主体的通力合作下，曾经的杂乱、荒废的人防设施实现了180度大变身，成了一个集滑梯、攀爬台、沙地、观景台、社区花园于一体的儿童乐园，并配有休憩角等配套设施，深受儿童和家长们的喜爱。此次更新工作不仅实现了空间再造，更通过公众参与的方式展现了居民参与社区公共事务的热情，加强了人与人之间的联系，培育了“共建、共治、共享”的社区文化（图5-28）。

图5-28
小微空间改造前后对比照
图片来源：全职街镇责任规划师付斯曼提供

第6章 设计治理的工具平台建设实践

从城市设计到设计治理的转变，除了需要街镇责任规划师的高度融入，还需要在机制建设层面建立组织机构、交流活动、评价体系、认知培育、支持工具等支撑工具及平台。工具及平台对应了城市设计治理中的“非正式工具”，能够以现行上位规划、设计准则、编制标准等“正式工具”为基础，在当前设计治理工作日渐融入多元主体的背景下，在制度运行及对外宣传层面为设计治理工作提供优质土壤。引导设计治理工作不仅仅发生在基层组织内或辖区社区中，更能够通过一种市场化、社会化的互动方式，让社会各界都融入共治共建的大环境中来。

6.1 组织机构

建立设计治理的组织机构是将设计治理带向社会公众的重要途径。不同于西方国家重点依托社会性组织的情况，我国设计治理的组织机构更多是以政府、学会主导的官方性组织为平台，由各类专业性社会组织进行辅助加强。各类组织结合自身的机构属性、专业特长，带着不同的目标开展相关工作。各类组织的成立均具有各自的初衷，如推动街镇责任规划师制度建设，推动重点项目规划实施，促进社区融合发展等。不同的目标决定了各类机构的不同组建方式及人员构成，也形成了类型丰富的设计治理组织机构群体。在城市设计到设计治理的转变过程中，需要不断加强此类组织机构建设，不断辅助引导相关工作的有序推进。

6.1.1 统筹协调类组织

统筹协调类组织通常具有较强的官方性，与市级规自部门、市级专业学会联系紧密。在市级规章条例的基础上，通过组织机构研究出台设计治理工作的工作指引，对相关工作的操作路径进行引导和限定。同时作为辖区内各类工作的统筹协调平台，持续跟踪各类重点工作开展情况，及时总结经验，在市级层面予以推广。

北京市规自委责任规划师工作专班是全市责任规划师制度实施与总体工作推进的市级统筹协调平台，具有持续跟踪各参与方的工作开展情况，及时了解各方诉求及工作难点，提供全方位的意见建议与工作指导的重要作用①。在统筹协调工作中，其工作主要包含协调市区两级部门，就重点工作进行部署与意见反馈；不断完善现有制度，提供方向指引；优化全市责任规划师互动渠道，建设维护提升市责任规划师信息平台，打通与多部门的互通路径；组织开展培训交流活动，推广优秀实践案例，扩大责任规划师工作的社会影响力等。

① 北京城市规划学会.《北京市责任规划师工作指南（试行）》[EB/OL]. https://www.sohu.com/a/418806337_651721，2020-9-16

6.1.2 学术类组织

学术类组织通常与地方的规划、建筑、管理相关行业的学会相关联，其组织的活动往往代表了当前地方的设计治理发展方向及发展重点，是设计治理工作的学术“风向标”。

如北京城市规划学会是北京城市规划领域的学术性行业组织。2019年6月，为了推动设计治理这一全新领域的健康发展，其下设组织“街区治理与责任规划师工作专委会”成立[①]。该组织旨在建立设计治理专业人员之间交流与互动的平台，不仅推动行业共同进步，更为市规自委下一步深入制定相关工作细则、工作办法提供意见。这一专委会是北京市级街镇责任规划师提升专业技能的智库与交流协作平台。日常工作包括：积极配合规划行业主管部门推动责任规划师工作持续、深入开展；组织、策划开展专业技术培训、案例探访、经验交流等活动；搭建多专业、跨行业的人才智库，提供技术支撑；聚焦工作诉求设立研究课题，提供理论借鉴与方向指导。

学术类组织因具有学术界的官方性，其运行过程中应注重与当地的最新政策、上位规划相匹配，及时根据实践工作进展进行相关工作指引的调整和深化。通过教学培训等方式将有关政策及规划设计传导至基层设计治理人员，并对优秀案例进行广泛宣传，促进辖区范围内的设计治理工作共同进步提升。

6.1.3 特定项目/区段类组织

对于市区级的重点项目，通过成立特定项目或特定区段类组织，有助于集合专业力量，针对重点项目形成合力。清河及其滨水空间是海淀分区规划中明确提出的区级特色景观廊道，同时也是城市设计重点地区，其景观塑造与功能提升对周边城市空间发展的带动具有重要意义。

如规自委海淀分局通过规划统筹，结合清河的重要价值，主导推动了清河两岸综合整治提升工作（以下简称“清河行动”）。在该项工作中，沿线多个街镇的全职街镇规划师协助开展摸底调研，为清河行动的

---

① 北京城市规划学会街区治理与责任规划师工作专委会正式成立[EB/OL]. cityif公众号. https：//mp.weixin.qq.com/s/Do8v84RqdSWeaQ65cpVd1w，2019-06-13

设计方向奠定了坚实基础；中国城市规划设计研究院作为总体统筹团队，在该项目中担任了设计总师类责师的角色，在项目从概念方案设计到实施落地的全过程落实海淀分区规划中的总体要求，保证城市设计理念的延续和落地；沿线的多个高校合伙人团队组成“清河绿道联盟”，共同提出设计倡议，为后续设计深化提出方向建议。在责师的工作支撑下，由区水务局、区园林绿化局等相关政府部门协同配合推进有关实施工作。

“清河绿道联盟”是“清河行动”下形成的特定项目类组织，联盟由清河沿线多个街镇来自清华大学的高校合伙人组成，高校合伙人结合属地群众诉求，一同写下了《清河绿道“一条串联文化、科技与生活的城市项链”高校合伙人联合倡议书》提研建议，并在方案设计阶段参与了专题研究工作，将清河绿道构建思路融入其中，推动倡议向实施层面落实。特定项目类组织能够为项目设计总师类责任规划师提供有力的帮助，使得在延续既有技术路径的过程中不断加入新的亮点工作，共同推动重点项目的完善。

结合“清河行动”实践，笔者将这类组织机构需要注重协调的问题总结为如下两个方面。

第一是组织方式。对于涉及大范围、多个街镇、多个部门的公共空间提升项目或市区级商业中心项目，依靠单一街镇的工作组织模式难以形成具有整体性的项目成果。这时，特定项目/区段类的组织机构就可以发挥重要作用。可依托区级统筹的总体组织架构，创新重点项目的组织方式，结合项目或区段形成工作专班，形成以项目为主体，多方参与的特定项目工作专班组织模式。

针对市区一级的重点项目，在政府部门方面可由市级部门或区政府牵头主导，由区级相关委办局搭建工作专班平台组织决策，由相关委办局、企事业单位等利益主体提研意见，参与决策，由各街镇作为实施主体参与后期落地。在工作的组织模式中强调各委办局、街道的全面参与。相关街镇的全职街镇责任规划师及其他相关主体在以上的决策与实施框架下各司其职，融入各层次工作，提供技术支撑。设计总师类责任规划师应全过程参与，开展摸排调研、公众参与等工作，充分听取百姓的声音；充分发挥专业资源与技术优势，作为顾问专家全程陪伴，提出多元畅想。如清河两岸综合整治提升项目创新采用了“专班+设计总师类责任规划师+公众参与”的形式推进。起步阶段由专班牵头，汇集街镇、高校和社会公众力量形成设计方案，实施阶段由专班选定项目设计总师类责任规划师统筹规划设计方案的落地与实施。

第二是要注重协调资金来源。对于特定项目类组织的建立，有“清河绿道联盟”一类基于基层自发形成的，也有“京张铁路遗址公园工作专班”一类基于政府工作统筹成立的。无论是以哪种方式建立，政府部门都应在资金方面统筹谋划，在重点项目的筹备工作之初，就应明确设计经费、社会活动组织经费等不同资金的来源和运作方式。不同类型的工作所需要的资金类型来源不同，使用、审核方式也不同，这也需要结合政府、市场、社会认可的运作方式，积累总结出一套相关工作组织经费运作的经验方法，以便未来开展工作的过程中能够顺利融入多方专业人士，共同参与推进重点项目。此外，在公众参与的板块中，还应注重动员社会资源，带动多方融合参与。

6.1.4 社会服务类组织

社会服务类组织多由高校组织、社会组织发起，结合自然教育、城市环境品质提升等多种方向，以提供社会性服务为特征，形成特色化的服务供给方式。

如自然教育类的社会组织，上海四叶草堂青少年自然体验服务中心①，主要围绕着社区花园的共同建设工作，与社区开展深度长期的合作，探索城市社区更新和公众参与的新模式。四叶草堂由同济大学景观学系刘悦来教授于2016年发起，在他的带领下，四叶草堂在上海已协助各类社区建立了以“身边的自然，都市的田园”为主题的多处社区花园。“智创农园”是四叶草堂经营的经典案例。他们利用创智天地社区边缘的狭长“边角”绿地，在不更改规划性质的前提下，通过“都市+农园”概念的注入，设置了多处供社区居民互动的空间。包括了集装箱改造的设施服务区，游玩与教育为一体的公共活动区——朴门菜园区、一米菜园区、公共农事区、互动园艺区等。空间的设计与建造不是“四叶草堂”的唯一工作，在完成农园的功能落地后，四叶草堂还负责对这片区域的持续运营，针对社区花园开展社会服务工作。包括农园日常维

① 刘悦来，尹科娈，魏闽，等.高密度城市社区花园实施机制探索：以上海创智农园为例[J].上海城市规划，2017（2）：29-33.

护、常规服务、社区认建认养管理、参访接待交流等日常管理服务，以及开展科普教育课程，发起专业沙龙、农夫市集、植物漂流、露天电影等社区营造活动，还利用花园空间进行一系列的创意生活展览。真正做到了扎根社区开展对社区花园的运营，将自然教育与社区营造、社区共建充分融合。

粉刷匠工作室[①]是由清华大学学生发起并运营的公益组织，通过墙面彩绘、室内设计、景观设计、儿童教育等方式，以儿童友好为目标，对儿童空间进行优化再造，与师生共同营造多彩的学习生活环境。粉刷匠工作室结合其绘画及设计专业特点，完成了多处儿童空间的改造，如：河北康保县哈必嘎乡中心小学美化项目，完成了六面寝室墙壁彩绘，少先队活动室布置及校训安装；北京顺义区“太阳村”服刑人员子女收容中心美化项目，完成了两间彩钢房的内外墙美化与日晷景观教育实验等。在海淀区“童Hua西三旗”墙绘活动中，粉刷匠工作室参与其中，负责为墙绘活动提供技术支持。儿童友好已经成为当前一项重要的议题，未来，随着“童Hua西三旗”等儿童主题系列活动的不断开展，粉刷匠工作室这类以儿童视角为切入点的社会组织将越来越多地参与设计治理的工作。

对于社会服务类组织来说，如何将组织特点在设计治理的过程中发挥出来是需要关注的重点。一般来说，社会服务类团体从事的工作本身就关乎设计治理，但有可能因为参与的工作方面相对边缘，加上缺少宣传，对类似工作的带动作用还不足够。若这类组织有意寻求更大的影响力，为更加多样的人群、社区服务，就可多多关注当前设计治理相关趋势及重点工作，结合统筹协调类及学术类的设计治理组织机构的工作方向，在重点工作中“强强联手”，发挥强效。对于政府部门，则应注重对社会服务类组织的筛选及监管。随着设计治理工作的不断开展，相信会涌现越来越多的社会服务类组织。这时，对其工作能力的甄别就变得非常重要。可考虑通过建立“人才库”的形式，收集与政府部门开展过合作且评价优良的组织编写入库，不断丰富日后开展相关工作的人才队伍储备。

① THU粉刷匠微信公众号，https://mp.weixin.qq.com/s/Pdh9Ko-SUTDFajYV2q-z2A。

6.2 交流活动

交流活动是将无组织的、分散的设计治理人员集中起来，形成统一设计治理目标的重要形式。“有组织的自组织”活动和事件，是公共空间活力和品质最重要的触发要素。自组织可以形成活力，有组织能够保证效果。对应我国当前大多数地区的设计治理实践来看，有组织的是源于政府治理体系的街镇责任规划师等人员，自组织则是相关联的社会组织或潜在的参与群体。要保证既有活力又有品质，就要将两者相结合，通过多种形式的信息传递、碰撞，交流不同领域的设计治理思路与实践，引导设计治理实效的提升。

6.2.1 常态化交流活动

常态化交流活动一般由政府治理体系中的相关组织机构发起，通过定期开展交流活动，促进不同地区的街镇责任规划师沟通实践经验，也能够帮助此前提到的统筹协调类及学术类组织机构结合实践交流，不断总结归纳，研究制定设计治理相关工作指引。交流活动的组织方式依托线上或线下平台，线上平台主要起到及时传递相关信息的作用，线下平台则通过面对面的交流，促进各方设计治理人员开展深度工作沟通。

1. 网络交流平台

1）北京市规自委线上交流平台

为加强责任规划师能力提升，北京市规自委已组织了多次岗前培训、技术培训等培训活动，部分培训活动与注册城乡规划师学时获取直接挂钩。交流议题包括《基层社会治理创新的政策与实践》《基础设施导向的城市发展模式》《北京无障碍城市设计导则》《北京街道更新治理城市设计导则》《北京滨水空间城市设计导则》等。

此外，北京市还通过建立“北京市责任规划师信息平台”门户网站，展示北京各区责任规划师工作制度建设情况及各类特色工作案例，形成各区最新工作动态互动，发布最新培训信息，构建了良好的互动平台。各街镇责任规划师通过认证账号登录网站，可在线观看部分培训内容，有利于责任规划师对所需培训内容的反复观看，查询相关信息。

2）“小海师”系列公众号宣传

海淀区结合2019年以来的街镇责任规划师工作实践，依托“北京规划自然资源”和“北京海淀”公众号设立“小海师”专栏进行街镇责任规划师专题报道。未来也可以此为良好基础，持续打造海师[①]品牌。如作为海淀区规划宣传的代表形象，开展分区规划宣传，持续发布最新工作动态及落地成果介绍；结合街镇责任规划师实际工作，突出京张铁路遗址公园等重点实施项目，回应百姓关注热点，以此建立责任规划师工作的宣传效益和社会效应。通过塑造亲切的“小海师”形象，并将其融入活动宣传，增强公众参与活动的互动性，带领公众参与到“共治、共建、共享”中（图6-1）。

图6-1
“小海师”公众号
图片来源：微信公众号“北京规划自然资源”

2. 实体交流平台

实体空间交流活动的开展能够为服务不同地区的街镇责任规划师创造归属感，一方面可以通过主题活动的长期开展搭建交流平台，也可结合独立实体空间形成长期线下互动场地，同时应对公众宣传展示的需求，为街镇责任规划师、规自部门、公众搭建一个能够互动讨论的空间。

1）“崇雍客厅”线下交流空间

“崇雍客厅”是中国城市规划设计研究院参与东城区“百街千巷”环境整治提升工作中增补的一项社区公共交流场所，它既可作为街坊邻里协商议事的社区客厅，又可作为举办社区文化活动的沙龙空间。居民们可以来此开展社区座谈会，与街道和社区的工作人员、责任规划师一同商讨社区改造和治理的相关事宜，搭建公众参与社区建设的互动平

① “海师”为海淀街镇责任规划师的简称。

台；也可以由居民自发地邀请专家学者、社区能人，组织开展各类主题活动，培育多姿多彩的邻里文化，提升居民对社区的归属感和认同感。此外，“崇雍客厅”还设有数字文化展厅，通过声、光、电等新颖的技术手段宣传展示北京规划建设相关资讯，为居民科普城市规划和建设的相关知识。

2）“海师议事厅”线下交流会

“海师议事厅”的线下板块也起到了交流各街镇设计治理实践经验的作用。例如“海师议事厅——紫竹院街道交流会”结合紫竹院街道2019年的工作经验，从案例的角度出发，系统地向各街镇全职责任规划师介绍了紫竹院的“I紫竹”系列行动，包括海淀实验小学苏州街校区门前公共空间城市设计参与式项目、三虎桥文化微景观设计方案比选会、“规划有我更精彩”魏公街公众参与式项目、西三环北京外国语大学间地下通道改造项目等，围绕如何创新多方参与的规划设计与实施模式作经验分享与讨论。

3）线下培训活动

设计治理工作的线下培训可考虑包含岗前培训及日常培训两方面内容。对于全职街镇责任规划师的工作岗前培训，主管部门可结合区委党校培训等活动开展。2019年，主管部门邀请地区行业学会理事长等相关专家详细解读北京城市总体规划、新修订的《北京市城乡规划条例》、地区分区规划，由区政府相关部门专业人员解读新时代街镇机构改革后的工作职责特点，由规划建设相关部门负责人员解读各科室职责分工，由清华大学刘佳燕结合清河社区营造案例解读社区营造工作的推广意义。培训的参与人员不局限于全职街镇责任规划师，同样面向各街镇的主要负责人员，以提升各街镇对街镇责任规划师工作及设计治理方向的认知。

设计治理的工作日常培训能够为各街镇及设计治理人员提供实操层面的技术指导。培训主要内容可涵盖政策解读和公众参与两个层面。2019年，海淀结合责任规划师工作，邀请规划设计、管理、社会学等专家对责任规划师开展培训，培训内容包括关于街道工作、城市生活、提升街区品质等方面的政策解读，以及海淀街镇在总体城市设计、城市双修、老城改造、乡村营造等方面的案例实践。北京社区参与行动服务中心主任宋庆华，采用开放空间的创新研讨方式开展多方讨论，引导相关职能部门、街镇、高校、规划师等不同角色进行头脑风暴与思维碰撞。

6.2.2 特色化节事活动

节事活动是凝聚共识、传播地区愿景的多方参与方式。不同于常态化的交流活动，特色化节事活动更强调设计治理工作向公众的渗透，通过将设计与艺术文化相结合，吸引更多个体与社会力量参与街区更新过程，搭建多元参与的平台，培育街区核心价值和集体认同。例如，北京将街镇责任规划师工作与北京国际设计周结合，开展专题活动；结合北京城市更新三年行动计划，开展“小空间，大生活——百姓身边微空间改造”等特色活动；上海也通过城市空间艺术节等节事活动获得了良好的成效。

1. 北京国际设计周海淀分会场

北京国际设计周源于2009年的北京世界设计大会，是北京的大型年度文化活动和国际性创意设计活动，由文化和旅游部、北京市人民政府主办，是一个为设计师、专家、学者、政府、企业、公众、媒体共同构建的沟通平台，是北京设计行业的年度盛宴[①]。

为了与主流的节事活动充分对接，2019年北京国际设计周在海淀设立分会场，围绕责任规划师工作，重点展示京张及清河相关设计内容。国际周融合京张铁路遗址公园与街镇责任规划师工作组织系列公众参与互动活动，在北下关、五道口和八家郊野公园三个节点，分别组织“传承、转型、共享”主题活动，配合京张铁路建成110年快闪活动，集中展示海淀区“以街镇责任规划师为抓手，创新开展城市治理共建、共管、共治”的实践经验。其中，在北下关举办的“传承”主题活动，作为系列活动的重点，邀请国际国内一流专家学者，在铁路沿线现场组织清华大学、北京林业大学和北京交通大学三校暑期工作营学生设计成果展评，举办国际论坛，播放快闪视频，亮相启动区。在五道口举办的“转型”主题活动，联合学院路街道组织海淀区街镇责任规划师成果展，同时也向公众展示了上述三所高校师生历年来对京张铁路的研究和设计成果，邀请全职街镇责任规划师和高校合伙人等就京张铁路遗址公园

① 北京国际设计周简介，http://www.bjdw.org。

和街镇责任规划师工作开展头脑风暴工作坊。在八家郊野公园开展的“共享”主题工作，联合东升镇组织公众参与活动，请公众共同参与三校学生设计成果评奖，点评全职街镇责任规划师工作成果，并为获奖作品颁奖。

分会场内还有各街镇结合各自的实践特色形成的主题活动。如学院路街道在北京国际设计周海淀分会场建立了“学院路规划设计馆”，多次举办论坛活动和规划宣讲，内容聚焦街区更新的各个方面，聚集各方专家、居民、外国友人等，共同探讨城市问题的创新解决方案。

2. 学院路城事设计节

海淀学院路街道自2018年起，打造了“城事设计节”的主题节事活动。通过历次设计节活动搭建起一个沟通平台，吸引了规划、社会学、品牌营销等领域的各方专家，以及在校学生、商户、居民共同参与，一同探讨学院路街道的街区更新工作。

城事设计节设立了多种形式的公众交流活动，2019年6月学院路街道组织“开放空间沙龙”，希望结合网上问答成果，配合举办线下开放讨论，引入更广泛的社会资源，并联动辖区内知名企业参与“共想学院路”的活动，从而更好地汇聚社会各界人力智力资源，更有效地将文化、科技、国际化等元素融入学院路，全面传递表达学院路城事设计节的“节日”概念。沙龙活动不仅吸引了学院路街道办事处工作人员、社区居民和在地单位的积极参与，还有来自中国社会科学院、中国规划学会风景环境规划学术委员会、自然之友的专家，清华大学、北京林业大学等的师生代表，北京市新街口街道、安定门街道、三里屯街道的社区工作者，海淀区学院路街道、北下关街道等地的全职街镇责任规划师等，都踊跃参与其中。促进了围绕学院路街道工作多方在同一平台的交流。

3. 白塔寺再生计划

“白塔与再生计划”围绕元朝妙应寺白塔所在的白塔寺历史文化保护区展开。该区域地处北京民宅聚集的老街区，再生计划希望通过一系列的主题活动探索城市更新与社区复兴发展的创新路径。该计划的实施主体基于对传统胡同肌理及传统四合院居住片区的保护，在原有空间中融入设计、文创和展览展示等与公众充分互动的新功能。“白塔寺再生计划”开展了白塔学院、白塔实践、社区邻里、邂逅白塔四个板块的活动。其中，白塔学院开展学术沙龙，结合高校课程设计、假期工作坊等开展设计探索；邂逅白塔包含了在白塔寺地区内的多样空间举办的设计艺术类展览。

白塔实践及社区邻里板块则更多的是上文提到的“节事活动”内容。白塔实践板块包含了北京国际设计周、白塔寺国际方案征集，以及以白塔寺地区主题在威尼斯双年展和上海设计周的展示。“白塔寺再生计划”自2015年起持续在北京国际设计周设置独立板块，连续数年开展了“连接与共生”“新邻里关系”“暖城行动”等主题活动，通过每年的设计周契机为白塔寺的设计治理工作创造更多的对外影响力。社区邻里板块包含了白塔会客厅、阜城记忆、社区活力马拉松、摄影马拉松等，通过庙会、老故事征集、老物件征集等接地气的活动，带动社区邻里共同融入节事活动，激发社区活力。

6.3 评价体系

作为未来的发展趋势，设计治理工作应针对其服务特征，逐步形成与之匹配的评价体系与评判标准，用于鉴别什么是有益的举措，什么行为不利于设计治理持续开展，并力求将其转变为行业的规范准则或技术标准。制定评价体系并非为了执行“考核”，而是希望借由定期评价的手段，推动各级政府部门提高对设计治理相关工作的重视，同时将评价体系与激励机制相结合，鼓励相关专业人士深入参与。

目前我国的街镇责任规划师制度建设大多数以自上而下的形式开展，因此在形成评价体系的过程中，也要关注政府引导的工作特点，分类讨论其评价形式的选择。结合当前的街镇责任规划师实践探索，可将参与其中的人员分为全职类、兼职类两种类别，根据其参与政府工作程度的不同，制定与之工作内容相匹配的评价体系。此外，除了街镇责任规划师这类技术人员外，基层政府部门对相关工作的认知水平、落实意识也应得到关注。

6.3.1 评价体系的不同类型

1. 面向街镇责任规划师

1）全职街镇责任规划师的评价体系

构建全职街镇责任规划师的评价体系，目标在于保证岗位职责的有效履行，形成制度化的奖惩措施，并与下一年度的人员续聘及退出挂钩。因此，评价体系的制定应当保证结果的客观性和公正性，结合多方意见，包含量化的数据指标作为参考。

海淀区在全国首创了“全职街镇责任规划师”的职位，并以年度为单位对全职类设计治理人员进行工作评价。全职街镇责任规划师的评价内容包含“日常工作评价”及“年终工作评价”两个方面。日常工作评价用于评价全职街镇责任规划师日常的考勤和工作记录情况，由全职街镇责任规划师自我填写提交，主要用于监督全职街镇责任规划师的日常工作。年终工作评价将政府部门较为习惯使用的《党政领导干部评价工作条例》与市场应用度较高的KPI考核方式相结合，以“德、能、勤、绩、廉”进行分类，对全职街镇责任规划师开展综合评价。通过服务街镇、区街镇责任规划师领导小组办公室[①]、全职街镇责任规划师三方的评价反馈信息，结合感性认知和数据分析两个方面综合确定。另外，评价体系也给予全职街镇责任规划师评价街镇在责任规划师工作开展方面的权利，通过双向评价的方式更能反映实际工作的客观情况。

全职街镇责任规划师的“德、能、勤、绩、廉”评价维度与其工作内容紧密结合。“德”主要侧重于对全职街镇责任规划师在工作中德行表现的评价，集中体现在使命感、严谨度和积极性等方面；“能”主要侧重于对全职街镇责任规划师在工作中的能力评价，集中体现在专业素养、沟通协调能力、提案和策划能力、工作响应积极程度、工作执行有效程度等方面；“勤”侧重于对全职街镇责任规划师在工作中的职责履行方面的评价，主要包括项目跟踪和把关情况、组织培训和公众参与活动情况、上位规划的推动情况等内容；“绩”主要指全职街镇责任规划师对指定工作的完成情况，对工作的质和量进行综合评价；“廉”主要

---

① 区街镇责任规划师领导小组办公室设置在城乡规划设计主管部门，为街镇责任规划师工作组织实施的责任主体。

指全职街镇责任规划师在街镇日常工作中的总体表现，包括按时出勤、廉洁自律、遵守保密规定及街镇工作纪律情况等。

日常工作评价。全职街镇责任规划师的日常服务主要在街镇驻场开展，领导小组办公室较难对全职街镇责任规划师的日常考勤进行全程监管。因此通过制定“月度考勤”和“海师日记”两个板块来加强对全职街镇责任规划师的日常工作监管。由街镇相关负责人统计全职街镇责任规划师的月度考勤，考勤统计结果每月反馈给领导小组办公室。全职街镇责任规划师的请休假应符合街镇相关制度要求，无故缺勤将影响全职街镇责任规划师的工资绩效，长期无故缺勤的，可按合同中相关规定予以辞退。“海师日记”则是全职街镇责任规划师通过自查的形式，对日常工作内容的记录，其中包括“工作日志”和“海师手札”两个部分。工作日志以表格的形式简要记录工作内容及时间节点，包括参与项目协调、工作例会、培训讲座、活动参与等相关工作，是对责任规划师工作过程的全面记录，可直观地反映责任规划师工作开展的各项内容和投入的工作量。海师手札通过日记的形式记录工作开展过程中的想法和心得，包括对问题和困难的思考、解决问题的思路和方法、体会和感想等，可供责任规划师相互交流学习。全职街镇责任规划师需将“海师日记”定期反馈给领导小组办公室，作为全职街镇责任规划师年度工作评价的一部分（图6-2）。

图6-2
全职街镇责任规划师年度工作盘点报告示例
图片来源：作者结合海淀街镇责任规划师相关研究成果整理

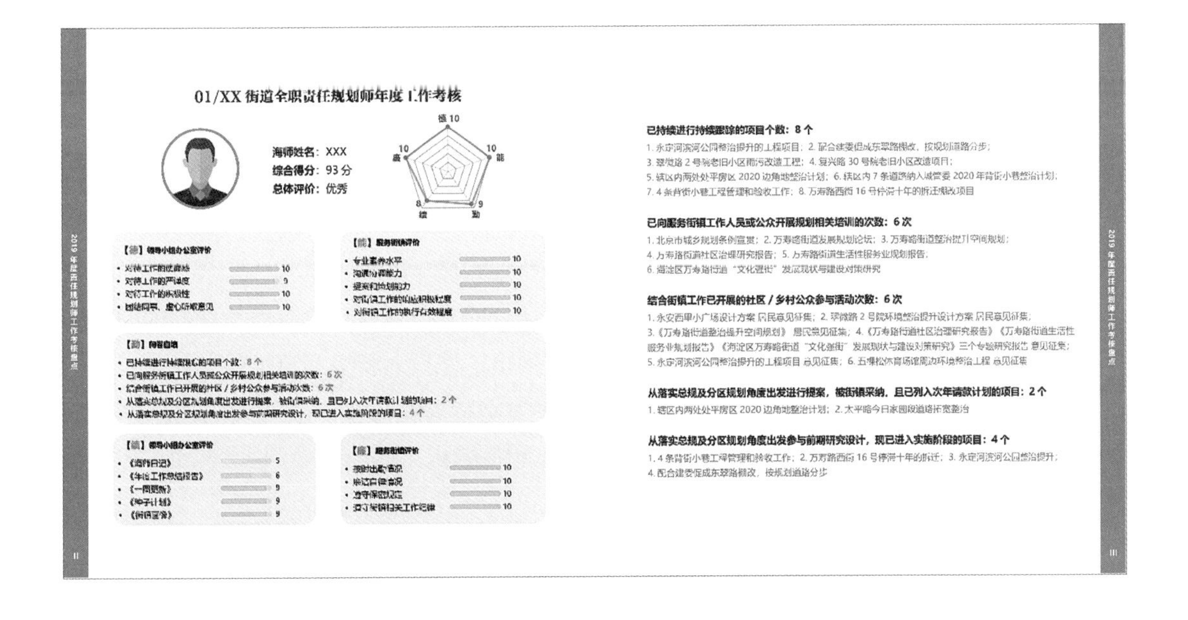

年终工作评价。全职街镇责任规划师的年终评价是决定全职街镇责任规划师奖惩，以及下一年度是否继续聘用的重要参考。按照加权形式计算全职街镇责任规划师年度工作综合得分，其中，“德、能、勤、绩、廉”五项得分各占相应比例，每项得分由多项具体评价内容的小分计算得出平均分，对应优秀、良好、合格、不合格四个等级的评价结果。综合评价等级为优秀及良好者建议给予一定的绩效奖励，并优先推荐为市级或区级优秀责任规划师；综合评价等级为不合格者建议下一年度不再续聘。

评价结果的呈现。评价结果通过图表与文字结合的方式直观反映了责任规划师的各项工作表现，并对责任规划师年度的整体工作表现情况进行总结和分析。以2019年度评价报告为例，相关主管部门对当年全职街镇责任规划师的总体满意度较高：85%（22个）的全职街镇责任规划师被评价为优秀或良好，3位全职街镇责任规划师与属地及领导小组办公室的用人需求、用人标准有一定差距，建议下一年度不再续聘。另外，报告还对具体评价项目的数据进行了盘点，其中96%（25个）的全职街镇责任规划师被街镇认定在工作中表现积极；80%（21个）的全职街镇责任规划师被认定能够有效执行街镇的工作；持续跟踪项目最多的达到18个；开展规划培训最多的达到10次；开展公众参与活动最多的达到32次。

2）兼职街镇责任规划师（高校合伙人）的评价体系

由于兼职责任规划师来自不同的设计院、高校、专业组织，擅长不同领域的工作内容，且开展服务的各个基层单元现状情况千差万别，对人员的需求也各有不同。因此，建立兼职责任规划师评价标准的目的是将基层实际需求与人员的专业特长匹配，形成双赢的局面。兼职责任规划师在工作职责与工作开展方式等方面有别于全职类，因此可将兼职责任规划师的工作评价体系以匹配度盘点的形式建立，更有利于保持其工作积极性，引导其工作向更适合的方向发展。兼职责任规划师的匹配度盘点同样需要公平公正，区别出工作投入积极和消极的人员。

在海淀的实践中，2019年对高校合伙人的评价探索采用了匹配度盘点的形式。通过问卷调查和资料收集，系统地整理服务街镇、领导小组办公室、高校合伙人三方的反馈，多维度了解高校合伙人工作开展的实际情况。一方面，街镇和领导小组办公室要对高校合伙人的工作态度、职责履行情况予以评价；另一方面，高校合伙人也可反馈服务街镇对责任规划师制度的认识情况、使用情况等内容。通过双向互评的机制，引导街镇与高校合伙人表达出自身的实际诉求，进而形成更好的匹配。

匹配度盘点内容以高校合伙人主要职责和任务清单为基础，借鉴KPI、WAI等常用评价体系框架，构建了以三大维度和六大能力为核心的匹配度评价体系，以增强匹配度盘点的全面性和科学性。第一个维度为工作态度，其中包含了合作力和协同力。评价内容包括与服务街镇配合紧密，积极融入街镇责任规划师的各项工作中的情况；积极响应领导小组办公室组织的相关活动，共同探索街镇责任规划师制度构建的情况。第二个维度为工作职责，其中包含了勤勉力和执行力。评价内容包括认真履行职责，完成年度工作计划中的各项内容；教学结合实践，为街道提供相关研究；利用专业优势，为街道进行项目把关；按领导小组办公室要求完成相关工作成果的情况。第三个维度为工作效能，其中包含了推广力和推动力。评价内容包括通过培训宣讲、公众参与等方式，向公众普及规划知识的情况；借助各类媒体手段宣传和推广责任规划师工作的情况；推动上位规划落实，促进街镇项目推进的工作效果。

高校合伙人的匹配度总分在六大能力评价的基础上，将各项能力的分值加权后得出。合作力和协同力代表领导小组办公室和所在街镇对高校合伙人的认可度，综合反映了高校合伙人职责的履行情况，权重较高；勤勉力和执行力总体反映了高校合伙人基本的工作态度和工作能力；推广力和推动力主要针对高校合伙人在宣传培训和上位规划落实方面的表现，这一项在实际工作中常受到街镇意愿的制约，权重较低。

报告中的评价结果分为四等，优秀、良好、合格、不合格，评价等级为优秀及良好者建议继续担任服务街镇的高校合伙人，并优先推荐为市级或区级优秀责任规划师；评价等级为良好或合格者，可根据实际情况调整服务街镇；评价等级为不合格者建议下一年度不再续聘。

评价结果的呈现。与全职街镇责任规划师的评价相似，高校合伙人的匹配度盘点同样采用图表与文字结合的方式，直观反映高校合伙人各个维度的工作表现，并对高校合伙人年度的整体工作表现情况进行总结和分析（图6-3）。2019年度盘点报告显示，高校合伙人的年度工作得到了一定的认可。93%（27个）的高校合伙人对街镇工作响应情况很好

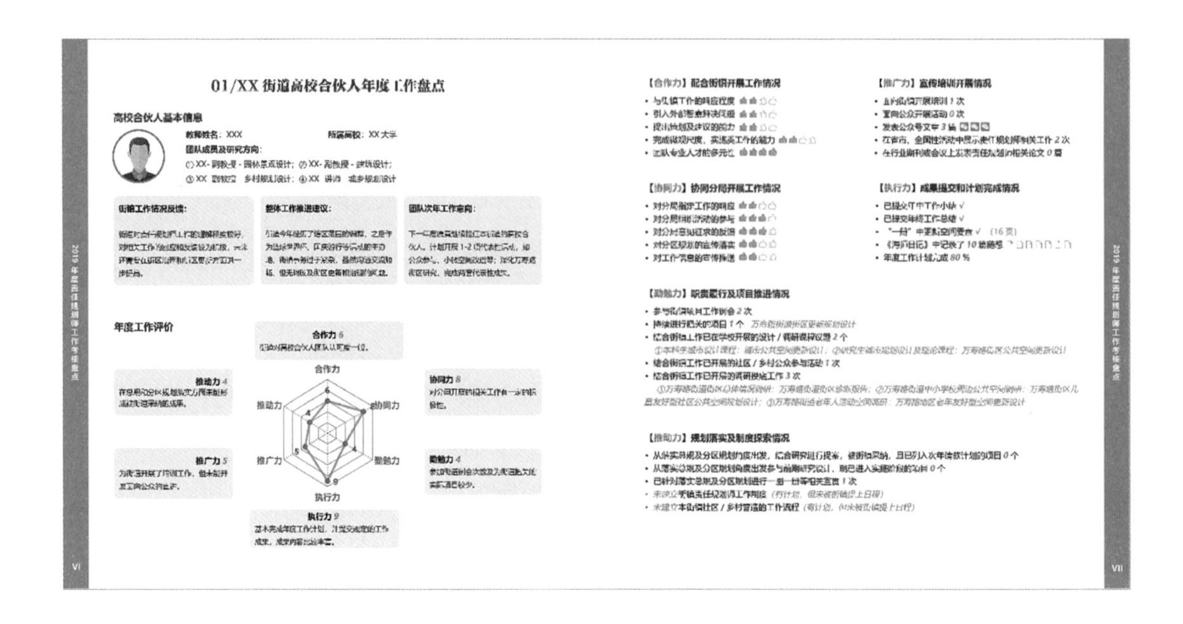

图6-3

高校合伙人匹配度盘点报告示例

图片来源：作者结合海淀街镇责任规划师相关研究成果整理

或较好；71%（20个）的高校合伙人对领导小组办公室指定工作的响应情况很好或较好。2019年，28位高校合伙人总计参与街镇例会295次，总计持续把关项目120个，总计开展公众参与57次，总计发表公众号文章54篇，总计发表相关学术论文20篇。

2. 面向基层部门工作

街镇是设计治理工作的主要推进主体，因此需要借助面向基层部门的评价体系建构，提升各街镇对街镇责任规划师工作的认知与重视程度，正确发挥责任规划师效用，保证制度的切实落地。

在海淀的街镇责任规划师工作探索中，笔者尝试提出针对各街镇每年度开展责任规划师相关工作情况的评估评比。通过评估评比，希望能够引导街镇对相关工作进行监督，推动各街镇正确发挥街镇责任规划师的技术能力，专人专用，从而起到对街镇规建管工作的正向推动作用，带动对街镇责任规划师相关工作的积极性。建议针对各街镇推进相关工作的情况，依托多方反馈对日常工作开展情况进行评估，结合年度落地项目对各街镇重点项目实施情况进行评比，从而综合反映街镇责任规划师工作落实的情况，引导各街镇未来及时调整优化相关工作的组织推进方式。

1）日常工作评估

各街镇开展责任规划师相关工作需要与多方主体密切联系，包括全职街镇责任规划师、高校合伙人、领导小组办公室、相关委办局等，因此建议依托上述多方意见的反馈形成对各街镇的日常工作评估。

建议以年为单位，通过线上问卷调查形式，获取各街镇全职街镇责任规划师、高校合伙人及领导小组办公室对各街镇该年度责任规划师相关工作情况的意见反馈。可将日常工作的评估内容覆盖以下三个方面：与全职街镇责任规划师的协同配合情况，与高校合伙人的工作配合情况，与领导小组办公室的互动情况。具体可包含各街镇对责任规划师工作的重视情况、理解程度、反馈速度、工作成效等内容。由第三方机构统合多方反馈意见，结合各街镇工作在区级专报中作为代表性工作通报展示的情况，总结形成街镇年度工作评估，并根据评估结果形成各街镇工作情况的初步评级。还可结合相关年度总结会，重点表彰位于前列的街镇，也可围绕优秀街镇的重点工作优先开展“海师议事厅”活动。对于综合排序较低的街镇，建议及时采取跟进措施，了解街镇推进相关工作遇到的实际问题，寻找适当的解决措施。

2）重点工作评比

各街镇各年度都会形成具有代表性的重点工作。为了引导各街镇将重点工作与市区级上位发展方向不断匹配，可围绕城市更新、城市双修的发展方向，以各街镇年度项目落地情况为核心进行重点工作评比。对重点工作的设计及实施品质、创新性进行综合评定，筛选出优秀，值得推广宣传的项目。

重点工作的评比原则与目标包含如下三点：首先是充分展示高品质城市更新、现代化城市治理理念的工作成效，特别是展示改造前后环境质量的提升；其次是能够反映街镇责任规划师工作开展中涌现的创新工作方式、工作理念，特别是在公众参与、民意调查、协商治理等方面；最后是能够表达出街镇责任规划师工作在实际开展过程中形成的新机制、新方法，特别是不同类型责任规划师在不同工作环节的融入方式。

通过重点工作的评比，希望能够鼓励各街镇及多类型街镇责任规划师进一步对辖区内的重点工作予以推动，一方面交流优秀、具有创新性的实践案例，为未来各街镇重点工作选题及实施路径提供方向；另一方面重点工作的评比也有助于引导各街镇为本辖区的街镇责任规划师提供更多的施展空间，使其能够通过种子计划等多种渠道，制定具有落地实施意义的系列计划，推动提升服务街镇的整体环境品质。

6.3.2 评价体系未来的标准化方向

评价标准的建设是一类工作系统性与专业化的象征，也是该项工作逐步职业化的基础。在当前的设计治理工作中，各地区通过对人员管理层面的企业绩效管理考核、党政领导干部评价体系等的归纳运用，达到了对近期设计治理人员的工作情况进行评价考核的目的。但是从长远角度来看，还需要在整个设计治理的行业领域形成一套或多套权威性的标准化评价体系。

一方面，考察、评价设计治理人员近期的工作开展情况，以此引导设计治理工作发挥正向作用，与此同时，也向相关工作的管理人员传递设计治理工作的价值取向。这是上一章节呈现的实践内容，也是目前形成的设计治理人员评价标准应用的主要方向。

另一方面，标准化评级的建设更需要对设计治理人员的基本专业素质、技术能力进行评级，从而形成行业认定标准。这类标准化评级意图达到的目标可以参考物质空间建设层面的现行国际标准，如美国LEED绿色建筑评估体系、日本CASBEE建筑物综合环境性能评价体系、德国DGNB建筑可持续评价体系等，都是通过建立系统化、多个子项的评价标准，按照不同的侧重点，向评价对象颁发不同层次的等级证书，以帮助人们识别其特点与地位，满足市场的不同需求。如美国LEED绿色建筑评估体系从可持续场地、水资源使用效率、室内环境质量和能源使用四个方面评价建筑在节能减排方面的表现。根据每个方面的指标进行打分，划分四个认证等级。要申请LEED认证的项目团队应首先在美国绿色建筑协会注册，项目注册后将被列入LEED Online数据库，之后项目团队将在网站上提交申请文件并等待审核，通过后被授予对应等级的奖牌，从而获得该项目在市场上LEED的认证。

笔者认为，这类操作方式与设计治理工作未来的探索方向具有相似性。我国现行的关于规划、建筑等设计类行业人员的评级标准多依托从业资格或执业资格考试，是对从事某一职业所必备的学识、技术和能力的基本要求，如注册城乡规划师、注册建筑师等。未来的设计治理人员评价体系可考虑以此为基础，由国家级学术组织机构负责运作，形成专业基础知识、设计能力、管理协调能力等多方面考量的标准化评价体系，以分级分类的方式，根据工作方向、专业特点的不同给予分类，再根据能力水平、工作资历的程度给予不同评级。

6.4 认知培育

相较前文提及的组织机构、交流活动、评价体系建设，对设计治理价值及操作路径的认知培育是更深一层次的引导内容。各方对设计治理的认知程度不仅将影响眼前具体工作的操作方式，更关系到社会层面对规划设计的认知方向。这就需要通过认知的培育，引导建立一种贴近设计治理方向的价值标准，让各方通过对其利好的切身体会，寻求美好生活的价值选择。认知培育的对象又可分为两类，一是参与设计治理工作的政府部门人员，尤其是参与决策的人员；二是公众群体，未来的规划设计要通过平易近人的方式不断走到老百姓中去，通过科普性的教育，逐步提升全民的美学素质以及对规划建设基本概念的认知。

6.4.1 面向参与设计治理决策的人员

面向设计治理决策人员的培育方式可以归纳为宣讲式培育和工具式培育两种。宣讲式培育可考虑以党组织活动为抓手，将认识培育类工作纳入区委组织部各级干部年度培训计划，结合专题班形成固定课程，融入各层次党政领导干部培训。目前的认知培育主题重点围绕在向相关决策人员普及上位规划、规划建设相关政策，解读街镇责任规划师的意义和工作方式。未来这类培训主题可结合地区近期重点工作选择，如现代化城市治理的理念实践、城市更新、城市双修等。工具式培育则可以理解为将宣讲内容、典型案例精编成册，作为参与设计治理决策人员日常培训工作的辅助教材或参考资料，也可考虑作为评价体系中相关考核评估的大纲素材。

1. 宣讲式：区级——实操视角下街镇责任规划师工作挑战反思与路径探索

2019年起海淀区结合街镇责任规划师技术培训会，邀请参与相关工作的高校代表基于实践经验，向各街镇主要负责人（街道主任或书记）开展培训讲座。讲座议题包含了当前我国城市规划建设的精细的规划模式转型、提质的发展模式转型、基层下沉的治理模式转型等内容，解读海淀街镇责任规划师对比其他地区责任规划师的异同，提出海淀的责任规划师一方面要深入参与街区社区工作，另一方面要融入街道工作的统筹协调过程。结合具体案例，从行动统筹、工作内容、配合进程、组织方式等方面提出责任规划师工作的策略和回应，提出街镇责任规划师制度“始于情怀，长于制度”“是一个行动，而非一场运动”。

2. 宣讲式：街镇级——街道规划设计相关工作介绍

街镇基层培训则是能更加直接指导基层人员日常工作的手段。街道的高校合伙人通过向街镇基层人员开展培训，进行街道规划设计工作、“1+1+N”责任规划师架构、海淀分区规划、街道的城市设计、下一阶段高校合伙人的若干工作等五个方面的介绍。通过科普式培训宣传，在海淀街镇责任规划师工作起步的初期阶段，为街镇的基层工作者提供上位规划及目前街道开展相关工作的基本情况信息；并在后续的工作中开展了“公共艺术融入公共空间，提升公共生活”“社区共治的方式方法和国内外经验”“最佳广场、最美街道、最佳邻里——来自美国的56个案例”等多个主题的认知培育活动，选取公共空间、社区治理方面案例，通过易于理解、贴近基层的呈现方式，从规划设计科普的层面引导基层工作者进一步理解设计治理的工作内涵。

3. 工具式：《海淀区街镇规划设计实施案例及工作指南》系列工具

《海淀区街镇规划设计实施案例及工作指南》(以下简称“《指南》”)是海淀责任规划师工作中一项生动有趣的实践工具。它汇集了责任规划师工作开展以来，海淀区各街镇在制度建设、新建开发、城市更新等方面具有代表性的成功实践。笔者希望它能够成为基层管理者及参与设计治理的责任规划师认知培育的“工具书”，因此在编撰的过程中，从案例筛选到内容呈现两方面都做了深入考虑。

《指南》应能够直接反映当前城市建设的价值取向。因此在案例筛选的过程中，优先选择与城市更新、老旧小区改造、美丽乡村等重点、热点议题相契合的案例素材，从高站位的角度把握内容方向。作为“工具书”，案例选择也应具有较强的代表性和普适性。典型案例中的经验和做法应当对其他街镇同类型的工作产生借鉴和指导价值，特别是对街镇工作中常见的难点和痛点问题有独到的应对方法，有助于促进责任规划师工作方法的创新和提升。

呈现方式上，笔者希望《指南》能够让阅读者迅速获取每个项目的工作重点，也就是尽可能解答读者“遇到类似项目我该怎么做？”的问题。应对市区级管理者、基层管理者、街镇责任规划师几类群体，关注的问题大体涉及项目周期、各阶段基本工作流程、参与主体、各主体角色分工这几个方面。对于责任规划师或基层具体负责推进工作的人员，可能还需要了解类似工作中可能会出现的“坑”，以及提前“避坑”的宝贵经验。对于这些内容，《指南》中的各个案例在编撰过程中吸纳了相关责任规划师的核心思想，尽可能精练、精准地给出了回应。

《街镇规划设计实施案例及工作指南》内容特点

全职街镇责任规划师在服务街镇驻场工作中参与的实施项目具有数量多、种类广的特点，因此，全职街镇责任规划师常常在未参与过的项目类型推进中遇到困难，包括对项目涉及的管理部门相关规定不熟悉、对项目参与人员的组织架构不了解、对项目整体推进时间把控不清晰、对项目开展各环节具体工作内容不清楚等。海淀区《街镇规划设计实施案例及工作指南》是全职街镇责任规划师对每一年度工作中参与的实际项目的经验分享，是从规划设计角度对“海淀经验”的系统性案例总结，对基层规划设计工作具有较强的指导价值。

根据责任规划师在街镇从事的不同工作的类型特征，分为“制度建设类”“建设开发类”“公共空间提升类”“社区/乡村类”及“共建共治设计参与类”五大板块，各个板块下的案例从项目背景、工作流程、项目亮点、角色分工、经验分享等方面对内容进行详细阐述，对于责任规划师、街镇及规自部门等各方工作的开展有着积极的影响。对于责任规划师，详细的案例经验可为责任规划师在相关工作开展中提供参考，使责任规划师能够在案例中吸取他人的经验和教训，快速熟悉相似类型工作的推进思路和操作方法；对于街镇，丰富的案例成果可加强街镇领导对责任规划师工作的理解，有助于促进责任规划师项目的组织和推进；对于规自委海淀分局，一方面，《指南》可作为年度责任规划师工作开展情况的总结，另一方面，丰富的“海淀经验”成果能够对街镇责任规划师工作起到宣传推广作用（图6-4）。

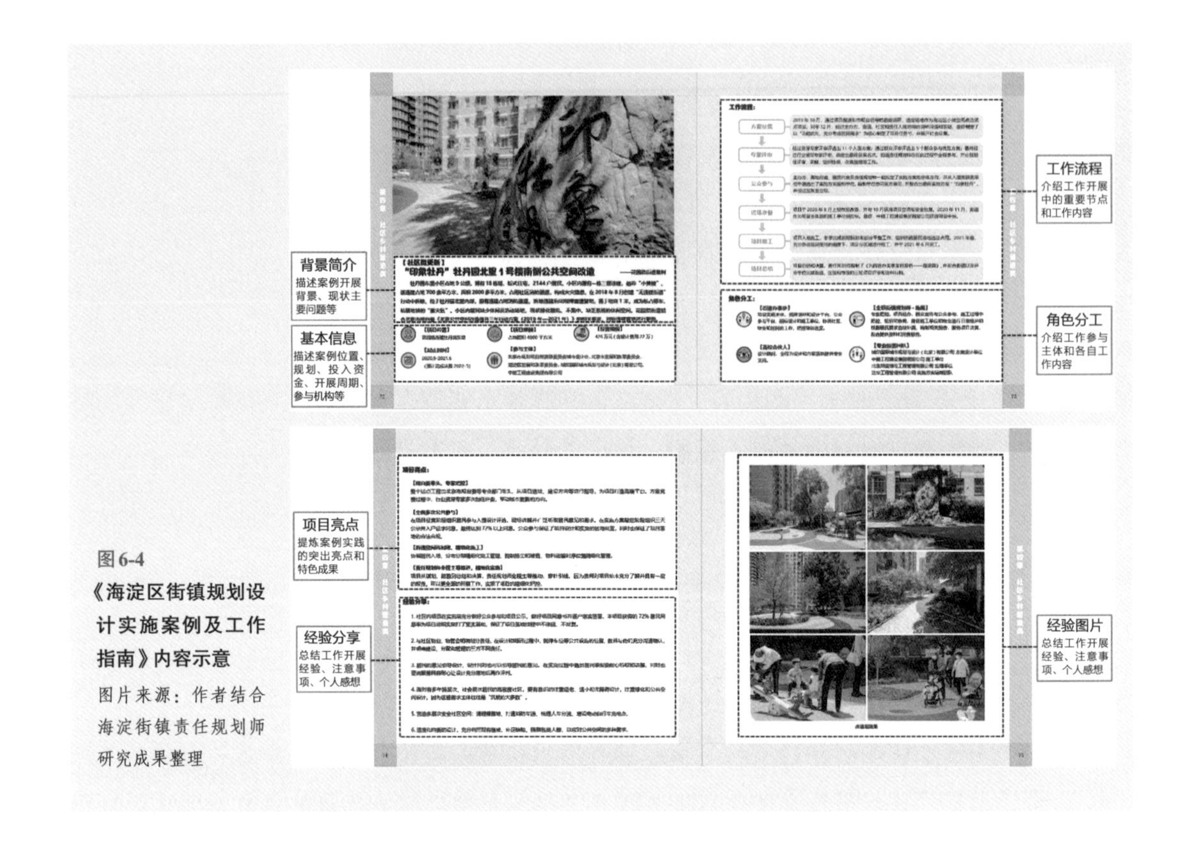

图6-4
《海淀区街镇规划设计实施案例及工作指南》内容示意
图片来源：作者结合海淀街镇责任规划师研究成果整理

6.4.2 面向公众群体

1. 配合公众参与活动的社区绿地微讲堂

B街道结合社区微空间的更新契机，举办了一场“咱家这块地儿”的公众参与活动，针对某一社区内两栋楼间公共空间的微更新广泛征询居民意见。高校合伙人为了让居民更深入地了解这次活动的目的，除了介绍整个公众参与活动的流程外，还结合国内外的社区绿地案例介绍，开展社区公共绿地空间微讲堂，对居民进行社区景观知识科普；普及了社公众力量在社区公共空间微更新中发挥的重要作用，充分调动起了居民参与的积极性（图6-5）。

2. 儿童规划宣传教育课程

全职街镇责任规划师结合市规划自然资源委主办的“我们的城市——北京儿童城市规划宣传教育计划”，以生动有趣、寓教于乐的规划宣传课程，向儿童和青少年传播城市规划知识和理念（图6-6）。

图 6-5
“共筑北太”微讲堂活动
图片来源：全职街镇责任规划师赵新越提供

图 6-6
“小小社区规划师”课堂
图片来源：全职街镇责任规划师王伟娜提供

课程形式包括城市历史文化宣讲、社区空间参与式讨论、城市设计手工体验等，以儿童和青少年熟悉的城市场景为切入点，将习以为常或熟视无睹的城市现象上升到知识和理论层面，在责任规划师的引导下，通过互动游戏的形式进行输出，带领孩子们思考与他们生活息息相关的城市议题。以“小小社区规划师”为例，该课程把专业的社区规划和治理相关知识，转化成为适合儿童的语言进行宣讲，并通过小组讨论、分工调研、手工模拟、方案讲解等环节，引导孩子们认识社区构成、思考社区问题、提升动手能力，以较为深入和系统的方式激发孩子们对城市的理解和创造能力。

3.“走进课堂”小学培训计划

高校合伙人结合“全国土地日”系列活动，形成“走进课堂”小学生培训计划，围绕“智慧城市与生活”的主题，为小学生们带来了跨向科技与未来的生动一课。向孩子们介绍了现在生活中遇到的多种智能设施，与孩子们一起对未来的智慧城市发展进行畅想。

包括如下五个板块。(1) 身边的“智慧生活”：以一天的生活为例，归纳在日常生活中所接触到的智慧设施，对“智慧生活”进行归纳，包括远程课堂、滴滴打车、网上购物、外卖点餐、网上订票等，引导学生认识到科技就在身边，体会科技进步对日常生活的影响；(2) 什么是“智慧未来”：通过观看影片，了解未来生活的可能，并以图画的形式向学生介绍“5G技术”“城市智慧设施（智慧垃圾桶、路灯等）”“无人驾驶”等；(3) 中国制造2025：介绍我国关于智慧未来、科技创新的措施，包括机器人、信息技术、智慧交通等方面，帮助学生了解国家未来发展；(4) 世界智慧城市发展：介绍目前世界上先进的智慧城市研究与计划，包括世界优秀大学的研究成果，如美国麻省理工学院对无人驾驶、城市传感器的研究等；(5) 我眼中的智慧城市：请学生自由发挥，写出或者画出自己心中的智慧城市，希望实现的城市梦想是什么，比如“我希望未来机器人可以和我一起跑步”，等等。

活动同时结合“智慧城市”和“中关村论坛”展开，不仅满足国家对科技创新与智慧化城市建设的号召，也满足小学生群体对未来城市的好奇心，启发思维，拓展想象，增加对未来城市可能性的探索。这也是在孩子心中埋下了一颗种子，加深孩子对于生活的空间环境及未来智慧城市的了解与关注。

6.5 支持工具

支持工具可以理解为通过非正式或半正式工具，形成正式政策和基层实践之间的治理纽带，从而达到提升组织效率的目的[①]。在数据时代下，该类工具集中体现在运用官方或非官方数据建立数字平台。数字平台又根据其开放程度有所不同，如基层部门独立建设的数据库、供政

① 祝贺，唐燕，张璐.北京城市更新中的城市设计治理工具创新[J].规划师，2021，37(8)：32-37.

府各系统委办局内部使用的数据库、面向城市政府部门的数字城市平台、面向公众的开源数字平台等。

经过海淀街镇责任规划师的三年实践，已经形成了《海淀多规合一信息资源图》《海淀区街镇责任规划师规划指引手册》《街镇画像》《种子计划》等系列支持工具。当前阶段，系列支持工具主要作为相关主管部门及属地街镇日常管理、存档的基础资料，同时具有协助区级相关领导快速了解街镇责任规划师工作开展情况的作用。未来，结合开放性数字平台的不断完善，支持工具的范畴将基于既有的数据库进一步开放、完善。

6.5.1 海淀系列支持工具研发

1.《海淀多规合一信息资源图》

《海淀多规合一信息资源图》(以下简称“《一图》”)是海淀街镇责任规划师制度建设中重要的支持工具。系统梳理了海淀各街镇存量用地，并以图纸和表格相结合的形式将位置信息和对应规划信息进行汇总，为街镇开展城市更新等规划实施工作提供了基础依据。

《一图》中的核心内容包括各街镇的“可利用资源图”和“存量用地列表”两部分。街镇可利用资源图是根据《海淀分区规划(国土空间规划)(2017年—2035年)》(以下简称“海淀分区规划”)等上位规划信息，为每个街镇识别出可更新改造的存量用地，并结合卫星图标记用地范围；街镇存量用地列表罗列了街镇可利用资源图中对应地块的各项指标信息，包括用地面积、容积率、建筑密度、建筑高度、现状权属单位、拆迁分类、利用分类等内容。《一图》内容便于查阅，可使各街镇责任规划师中对辖区内的存量用地情况有更加直观和清晰的认识，有利于统筹开展规划建设相关工作。

街镇的建设情况是不断发展和变化的，因此，《一图》的内容需要定期进行动态维护。在海淀街镇责任规划师实践中，全职街镇责任规划师完成了街镇年度请款项目信息的梳理和更新，将项目名称、投资预算、负责科室、预计完成时间等内容整理成表，并将项目实施位置和范围落在街镇可利用资源图上，形成街镇规划信息台账。这种“表格+图纸”的方式，可清晰、直观地反映所在街镇规划建设项目的图文信息，有利于街镇与发改、财政、规自等部门在工作中的联结互动。

随着城市智慧管理平台的技术发展，自2021年起，《一图》及动态更新工作以内部数据库的形式进行了升级，将各类设施建设现状与规划情况等图文信息录入数字化平台，实现街镇、规自部门与其他政府部门的信息共享和协同联动，以达到促进海淀智慧城市建设、提升政府办公效率的目的。

2.《海淀区街镇责任规划师规划指引手册》

海淀分区规划、海淀区总体城市设计和海淀区城市双修是从区级层面提出的规划引导要求。各街镇作为属地一般性项目的建设实施主体，缺少对此类上位规划的基本认知，常导致上位规划要求难以在基层建设中有效落实。

《海淀区街镇责任规划师规划指引手册》(以下简称“《一册》”)将海淀分区规划、海淀区总体城市设计和海淀区城市双修的引导内容以街镇视角汇编成册，将上位规划要求分解至各街镇，为街镇相关规划设计及实施项目提供基础支撑和控制引导，进而实现基于“一张蓝图”的持续性建设工作。

《一册》内容分为“海淀区层面规划概述”和“各街镇设计指引”两个层面，从宏观到微观分别提出各街镇规划设计指导要点。海淀区层面规划概述从海淀分区规划、海淀区总体城市设计和海淀区城市双修的角度阐述区级层面的规划设计的引导内容；各街镇设计指引则将区级层面的规划引导内容拆解到街镇层面，具体包括风貌分区引导、空间形态引导、景观眺望指引、色彩意象管控指引、景观要素管控指引、公共空间活力要素指引等，通过图纸和文字叙述的形式解释相关要求，引导各街镇的规划设计实施(图6-7)。

图6-7
《一册》中各街镇设计指引内容
图片来源：作者结合海淀街镇责任规划师相关研究整理

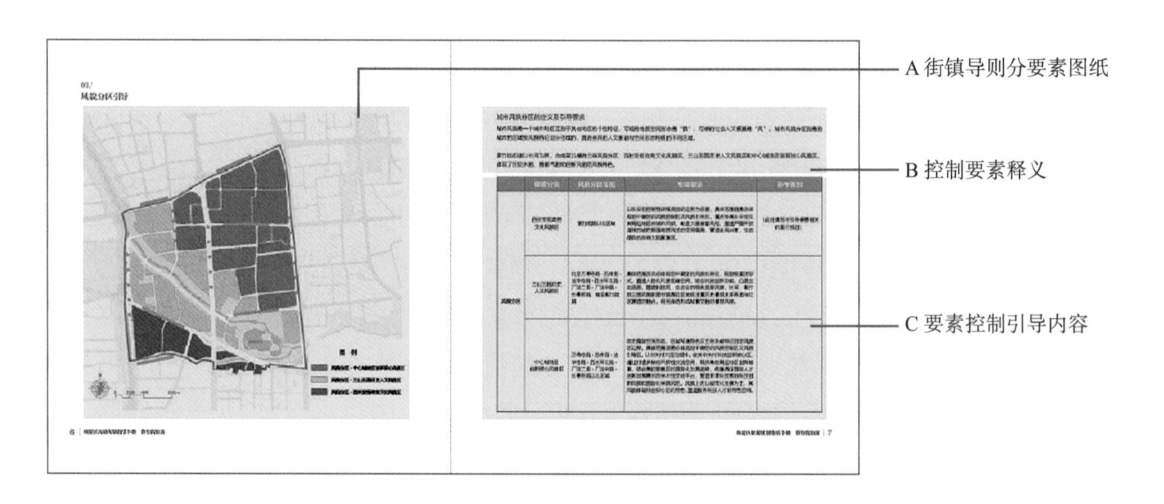

在街镇建设发展过程中，往往会有不同的设计团队为街镇的整体或局部提供规划设计思考和建议，其中有价值的研究内容应当被总结和记录下来，使之持续对街镇规划建设带来有益的影响。《一册》作为规划指引的工具平台，是汇总上述研究内容的不二之选，需结合街镇相关工作的进展进行动态的更新和持续的补充，作为街镇及全职街镇责任规划师未来开展相关工作的基础。在海淀街镇责任规划师实践中，《一册》的动态更新主要由高校合伙人负责，将设计总师类责任规划师、社区服务类责任规划师在服务街镇工作中形成的年度调研成果、工作结论或发展思考等以年为单位更新至《一册》中，形成"要素信息盘点"和"街镇近期规划建设思考"两方面信息。要素信息盘点结合本年度进行的摸底调研、街镇相关规划编制等工作，分要素进行落图，并提供相应的要素示意及要素控制引导内容。例如现状建筑质量分析、现状公共服务设施布局分析、存量楼宇分布情况等。街镇近期规划建设思考结合在街镇的服务和调研工作，归纳街镇现有建设中存在的系统性问题，提出指导街镇近期规划建设的改善策略。

3.《街镇画像》

街镇级属地较少主导编制街镇层面基于空间的规划，因此街镇普遍缺少从规划视角对辖区内现状建设情况的梳理和总结。在海淀街镇责任规划师实践中，《街镇画像》正是应对这一情况而建立的工具，由全职街镇责任规划师从规划视角出发，结合街镇层面的城市体检工作，将服务街镇的资源禀赋和问题短板进行整理，以专业的视角描绘街镇建设的真实画像，并以年度为单位进行内容更新。

编写《街镇画像》需要全职街镇责任规划师走街串巷，深入服务街镇的各个角落，与基层管理者和社区群众充分交流，了解百姓的实际诉求。在掌握辖区内的基本情况后，全职街镇责任规划师发挥专业特长，作为体检顾问，对服务街镇进行"望闻问切"的体检工作，从生态环境、产业发展、居住品质等方面系统性地盘点街镇资源禀赋优势，梳理建设发展过程中的问题短板，展望街镇发展的机遇与挑战，判断街镇未来的发展路径。

作为街镇层面的规划设计指引工具，《街镇画像》发挥着多种作用。在工作组织方面，编写《街镇画像》有助于全职街镇责任规划师加强对服务街镇的整体认知，全面地掌握服务街镇的历史发展脉络和现状资源特点，是责任规划师推动街镇规划建设的基础工作。在规划设计方面，通过街镇层次的体检工作，响应北京市“一年一体检、五年一评估”的常态化体检要求，全面筛查街镇现状的问题和短板，为区级体检工作提供年度更新的基础材料。在宣传展示方面，《街镇画像》的成果可作为街镇现状基础资料，有助于下任街镇领导及其他人员快速了解该街镇的整体情况，进而配合开展相关工作（图6-8）。

4.《种子计划》

街镇工作人员中普遍缺少熟悉规划技术的专业人员，导致街镇推进规划建设相关工作时战略性和统筹性不足，针对街镇现状问题，容易采用“头痛医头，脚痛医脚”的策略，造成计划性弱、实施效率低，在同一空间内反复投资等现象。

《种子计划》是海淀街镇责任规划师实践中针对这一问题提出的解决策略。它是由各街镇全职街镇责任规划师提案并负责统筹协调推进的街镇系列主题工作，面对街镇发展过程中的痛点和难点问题，立足海淀分区规划、总体城市设计、城市双修等上位规划指导要求，结合相关委办局在政策、资金等方面的可利用资源，制定街镇层面面向城市更新、城市双修的行动计划，具有较强的战略性和系统性。

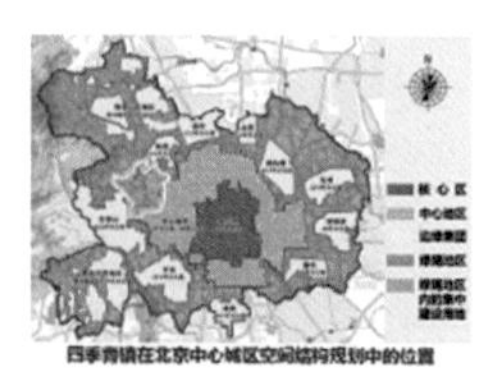

四季青镇在北京中心城区空间结构规划中的位置

枕三山，拥五园

俯瞰四季青

二、特色概览

2.1 基本情况

全镇位于一道绿隔地区。 四季青镇地处海淀区西南部，三山（香山、玉泉山、万寿山）环绕。东至西北四环，东北与海淀镇相连，西至香山，南至阜石路，北与玉泉山、颐和园接壤。四季青镇属一道绿隔地区，镇域面积40.92平方公里。全镇现下辖10个行政村、12个社区、19个企事业单位。2015年全镇实现整建制农转非，2019年完成集体经济产权制度改革。现有常住人口16.27万人（其中本地人口8.18万人，外来人口8.09万人）。

2.2 四季青镇特色

枕三山，拥五园。 四季青镇处于三山五园历史文化景区的核心区域。三山五园地区的“一道十三园”有23公里绿道和船营、中坞、北坞、两山（玉东）、石渠、妙云寺、影湖楼、茶棚、南旱河9个公园，以及绿道最西端的西山国家森林公园都位于镇域内。地理位置的重要性和人文、生态环境的优越性可见一斑。

人文、生态、科技，丰富资源并存，宜居宜业宜商。 拥有健锐营演武厅、李大钊烈士陵园、西禅寺、瑞王坟等文保单位，自然景观资源丰富，“一河十园”系列现代农业生态观光园已形成品牌效益，一横三纵的生态、文化、科技产业带也已初具规模。

2021年，四季青城市化建设取得积极进展。 宝山、双新棚户区改造腾退基本收尾，香山一期安置房进展顺利，征山创意园全面开工，筹备建设青年人才公寓、振兴集租房，拆除违法建设38.6万m²，城市面貌持续改善。建设17个停车场，共600余车位，施划路侧停车650个，提供110个错时共享车位，完成39个公厕改造移交，改造47个无障碍精品街区点位，补植绿地165亩。

21/四季青镇
173

21/四季青镇
188

图6-8
《街镇画像》内容示例
图片来源：作者结合海淀街镇责任规划师相关研究整理

《种子计划》在内容上积极响应当前国家和北京市高度关注的城市更新相关工作，包括北京城市更新行动、疏解整治促提升工作、老旧小区综合改造、背街小巷整治等，从选题原因、背景情况、工作重点、未来愿景、行动计划等方面形成面向街镇规划建设发展的计划内容，并于每一年度动态更新。《种子计划》能够发挥全职街镇责任规划师的专业优势，巩固加强全职街镇责任规划师协同平台的作用，结合实际项目推进加强街镇与各委办局之间的协同互动，逐步形成完善的多元合作机制，实现政府工作效益的不断提升（图6-9）。

前文提到的“童Hua西三旗”计划就是系统性种子计划的代表之一，全职街镇责任规划师针对属地儿童教育和活动设施不足的问题，以建设儿童友好片区为主题，整合背街小巷整治及街道环境整治项目，增补儿童教育设施和公共活动空间，提升环境整治空间品质，推进公众参与。该计划结合相关委办局年度工作，统筹街镇零散的规划建设工作，并根据操作难易程度，以点带面分阶段进行，目前已持续推进了三年。

图6-9
《种子计划》内容示例
图片来源：作者结合海淀街镇责任规划师相关研究整理

14/西三旗街道
01 童Hua西三旗

种子类型：延续
改造提升类

种子简介：

该种子是对2019年的种子计划“童Hua西三旗”的延续。

海淀区教育资源丰富，但文化资源还挖掘不足，尤其是儿童艺术文化的培育。西三旗街道文化艺术设施缺乏，但居民需求旺盛。该计划以儿童主题引领整合背街小巷整治及环境整治项目，增补西三旗儿童活动空间，提升环境整治空间品质，同时以儿童为切入点，推动公众参与。

重要节点i家园社区儿童中心，也是海淀工贸唯一一个儿童服务中心，开展诸多儿童教育、亲子活动，居民接受度和评价较高，具有很好的基础。i家园驿站所在的安居里社区，毗邻西三旗公园，周边居住区较多，人员密集。社区北路占道停车现象严重。城市道路已成为消极空间，周边居民缺宪法休闲活动区域，街道整治结构儿童艺术街区设置，是一个变废为宝，重新激活城市消极空间的有效方式。另外，在西三旗辖区内中小学门前空间，也可以采用儿童艺术土题进行空间提升。

最终形成了以安居里儿童艺术街区为核心，全街道多项点支撑的儿童友好片区，“星星之火可以燎原”，以“童Hua西三旗”带动西三旗城市艺术文化提升。

安泰路非机动车道被停车占据

消极步行空间

i家园社区儿童中心

14/西三旗街道
01 童Hua西三旗

种子简介：

西三旗儿童友好片区打造计划

6.5.2 支持工具发展趋势

1. 空间、资金、规建信息合一

政府各系统委办局结合自身工作，往往会形成各自的年度项目台账。受传统工作方式影响，除规自这类与空间关联非常紧密的部门外，园林、水务、教委等部门的年度台账通常仅以电子文档、表格形式储存，并未表达项目涉及的具体城市片区、地块或街巷的空间位置。同时，各委办局部门的项目台账之间未有直接关联，使得基层部门很难对辖区内在途或计划项目的空间分布有一个整体的认知，这给未来项目筹划造成了困难，也容易衍生出各类工程在同一空间下反复“拉锁”的问题。

结合海淀街镇责任规划师的基层实践经验，每年末的财政请款环节是街镇年度的重要工作之一。请款获批的情况可以说是奠定了街镇下一年度的工作基调。应对不同委办局的资金支持，应最大限度合理利用重点工作资金，解决街镇存在的关键问题。笔者在海淀街镇责任规划师实践中，结合《 图》工作探索了请款资金空间落图的数据库建设路径。意在通过次年请款项目在空间上的落位及附属说明，将各街镇空间范围内的各部门资金、工作内容、工作时序统筹在一张蓝图之上。

针对该年度的请款资金落图，笔者尝试做了两方面工作。一是上面提到的，引导各街镇责任规划师结合《一图》更新工作，在年底资金预申报阶段，通过统筹协调街镇内各科室，了解各部门意向请款的项目及其空间位置，按照规划设计、疏解整治促提升、违建拆除三个大类，划分11个中类，统一将其表达在同一个电子化数字地图之上，初步形成了各街镇统合了时间、空间及资金来源的“一张图”。笔者认为这是基层部门建设时空信息平台的一个雏形。二是笔者在统筹收集各街镇形成的电子化图纸后，归拢形成全区计划请款项目库，再结合市区两级上位规划的结构性及系统性要求，对各街镇计划项目进行合理性评估，给出规划方面的建议，避免街镇的项目计划出现与上位规划不匹配的情况。这是对街镇层次时空一张图后续工作的初步尝试，也是通过建立多部门资金的空间数据库来支持设计治理工作的有效途径探索。未来还需要结合高位协调，进一步打通各部门对一张图信息的应用和数字化衔接路径。

2. 海淀区“城市大脑”数据平台

海淀区聚集了大量全球顶尖级的科创企业，在数据库建设、大数据应用等方面具有较强优势。结合建设“全国科技创新中心核心区”的目标，海淀区从2018年起开展了“城市大脑”平台建设，以政企合作的方式建立合伙人机制，调度政府多个委办局的数据资源，调动百度公司等科技领军企业，联合大数据、云计算、物联网、人工智能、电信运营商等行业联盟，逐步建立了区级政务云平台、时空一张图等数据平台。

“城市大脑”的建设过程也是一个从数据收集到内部小范围使用，再到申请式公开的过程。建设之初，该平台更多的是为城市管理、公共安全、生态环保等多个领域提供监测和评估辅助。到了2020年，平台上线了由区房管局主管建设的“时空一张图”数据平台[①]，能够通过城市级二三维引擎、遥感影像、三维建模等方式呈现辖区内“人、车、地、事、物”的时空动态信息。截至2021年已汇集300余个专题图层，将数字空间和物理空间智能关联，这些时空动态信息有的来自政府公开数据，有的则来自百度等企业的商业基础数据，包含基础地理信息、商业公服设施信息、三维倾斜摄影等内容，能够为地段设计方案推敲、区域设施分析等治理工作提供优质数据支撑。

优质数据资源如何获取？出于数据安全的考虑，我国的政府数据平台往往以内部使用为主。“城市大脑”在政府数据平台的开放上做出了很多努力，比如“时空一张图”平台就可以通过政府资源申请的方式，在相应服务平台上注册后申请调用服务资源[②]。区房管局在政府系统内也采用发文的方式，向各有关单位征集该平台数据资源使用需求，同时向各单位开放提供共享资源的拓展端口。当然并非所有类型的数据都可申请调用，平台根据数据安全需求，将数据分为无条件共享、有条件共享、不予共享三类，将政府数据平台的开放度进行了规范，使其能够更有效地对接公众与政府部门的不同需求。

未来，可进一步将海淀街镇责任规划师工作已经建立形成的多种支

① 海淀区人民政府.海淀城市大脑“时空一张图”上线 未来将面向社会开放[EB/OL]. https：//zyk.bjhd.gov.cn/ywdt/hdywx/202012/t20201204_4437763.shtml，2020-12-4

② 海淀区人民政府.时空一张图介绍及资源申请说明[EB/OL]. https：//zyk.bjhd.gov.cn/jbdt/auto4522_51806/auto4522_53871/auto4522/auto4522/202106/t20210616_4469603.shtml，2021-6-16

持工具，以及初步建立的内部数据库与海淀区“城市大脑”的平台基础相结合，进一步互通多部门间的相关资源，优化形成规建管工作的“一张蓝图”。

3. “城市象限”系列规划与治理大数据平台[①]

政府数据平台中越来越多地纳入了来自企业的公共数据，那么非官方渠道的公众数据平台如何支撑治理工作呢？“城市象限”系列大数据平台以设计治理的视角，研发出应用于不同场景的大数据平台，其中不少平台直接为政府提供服务，这是从非官方视角采集数据并反馈于官方的数据治理手段，也是在新城市科学研究引领下的城市规划与治理实践。

“城市象限”系列大数据平台为不同治理主体的工作领域制定了各异的支撑平台。例如应对街镇责任规划师或小尺度规划设计编制人员的调研需求，“猫眼象限”可基于微信小程序，通过拍照、录像的方式快速形成对图像和视频数据的分析，形成人、车、绿视率、天空占比等体现景观环境品质的分析结论。“云雀象限”则偏重对现状存在问题的点位标注，结合图片、影像的上传，形成现状问题调研的数据库，同时与公众问卷调查进行平台联动。对于政府部门购买整块服务或协助建设数据平台的需求，“海豚象限”提供了街镇级及社区级城市体检监测的技术框架与数据收集平台，能够生成城市体检报告，为区级、市级的城市体检工作提供基于公众开放数据的数据支撑。对于规划编制及决策人员，“旱獭象限”能够结合15分钟生活圈设施布局的基本原则，对公共服务优化配置的方案进行分析，协助规划决策。这些以开源数据为基础的大数据治理平台将是未来设计治理支持工具的发展方向，针对政府、企业、街镇责任规划师等多样主体的具体需求，提供差异化的“外挂式”模块服务，将数据语言向规划设计语言进行初步转译，探索设计治理服务的多样可能性。

① 城市象限网站.产品与研发[EB/OL]. http：//www.urbanxyz.com/chan-pin.html

致谢

首先感谢陈朝晖女士，是她对笔者团队的充分认可，使我们能够有机会在北京率先开展责任规划师制度的深入研究，更使我们能够有机会深入制度实施推进的全过程，可以说没有这样的一个深入基层、深入管理体制内部的探索实践，将不会有本书的存在。同时作为一位对城市建设管理工作充满热情和理想的管理者，她在海淀责任规划师制度研究及推进过程中的前瞻性判断、全方位统筹和开放性管理，都令我们不断地从不同角度认识到城市建设管理中设计治理能够发挥的巨大作用。

同时我们要感谢中国城市规划设计研究院的王凯先生、朱子瑜先生和城市设计分院的领导陈振羽、刘力飞，是你们的大力支持和极具远见的判断指导，才能使笔者团队在行业内率先开展这一领域的研究，并能够有机会脱离规划设计岗位，进行挂职锻炼实践。这为本书奠定了坚实的实践基础，并获得了不可多得的一手资料和经验。也要感谢设计分院的魏维、顾宗培、魏钢、纪叶等同事，没有各位在本书及相关课题开展不同时期的支持鼓励和无私援助，我们的研究将缺少很多精彩。

当然我们必须还要感谢整个海淀街镇责任规划师团队。本书的形成，特别是诸多案例，离不开整个海淀责任规划师团队秉持初心的全面实践，包括：正在继续引领海师团队前进的张奇局长；曾经掌舵海师工作的丁宁副局长；坚持不懈投入海师工作，曾经并肩作战的李保炜副局长，还有李蒴、庄莉莉、王佳琳、段思嘉、崔灿等。正是由于大家相近的专业背景和截然不同的工作方向，让我们充分认识到从设计到管理再到治理中不同角色的工作特点和工作方式，正是你们各自优秀的专业思维方式，才能让整个海淀责任规划师工作在落地推进过程中，充分发挥出设计治理理念中多元合作的实际效力。

感谢全体全职街镇责任规划师！正是各位敢为人先的积极探索和全方位无私的协作交流，才让我们能够透过责任规划师制度建设工作，了解到基层建设治理的各种真实困境，并能够有机会一起探索推进实际问题的解决，实现了自下而上的规划设计实施方式探索和设计治理工作的多样化实践。全职街镇责任规划师名单（按姓氏笔画为序）：丁仲秀、于跃、于小菲、于满群、马琳、王宇、王伟娜、毛芸芸、尹大寨、史育玉、付斯曼、刘倩颖、闫思、杜宏惠、杜博怡、李佶、李玲、李西南、李剑华、杨苏、杨率、吴霜、张枫、张海鹏、张新南、张嘉岷、邵海青、周弘、赵文静、赵新越、施展、袁晓宇、奚赛楠、高洁、郭璇、黄超、曹晓珍、程洁、鲁荣、解娜。

感谢各位尊敬的高校合伙人！每次和各位师长就相关工作进行探讨时，都能从不同的学术视角、不同的专业领域获得诸多收获，是各位在责任规划师工作实践过程中针对具体工作现象的不断总结提炼，使我们能够更加快速精准地捕捉到在体系建构中存在的现象问题及潜在发展方向。高校合伙人名单（按姓氏笔画为序）：王英、王向荣、王思元、龙瀛、边兰春、毕波、刘宛、刘健、刘志成、刘佳燕、许奇、李飞、李翅、李倞、李雄、李迪华、佘高红、陈宇琳、陈瑾羲、邵磊、林箐、周艺南、郑曦、赵亮、钟舸、夏海山、钱云、高巍、唐燕、黄鹤、盛强、梁思思、董丽、韩林飞、蒙小英、鲍英华。

还要感谢在实践探索过程中交流指导过我们的各位学者前辈：谭纵波、戴月、冯斐菲、李翅、蒋朝晖、王树东、环迪、荣玥芳、党安荣。

最后，尤其要感谢的是始终支持我们的家人、朋友，本书的完成离不开各位无私的支持和鼓励。不得不说，在设计机构繁忙的工作中，我们坚持了近两年的时间完成这一书稿，团队的彼此鼓舞和精诚协作是书稿得以出版的根本，感谢我们彼此。

王颖楠

2022年8月

于中规院靠谱咖啡

图书在版编目（CIP）数据

从城市设计到设计治理：理论研究与海淀实践 / 王颖楠等著．—北京：中国建筑工业出版社，2022.12
ISBN 978-7-112-28232-6

Ⅰ．①从…　Ⅱ．①王…　Ⅲ．①城市规划－建筑设计－研究－海淀区　Ⅳ．①TU984.213

中国版本图书馆 CIP 数据核字（2022）第 240327 号

责任编辑：费海玲　焦　阳
责任校对：王　烨

从城市设计到设计治理——理论研究与海淀实践
王颖楠　陈朝晖　陈振羽　黄思曈　马云飞　著
*
中国建筑工业出版社出版、发行（北京海淀三里河路 9 号）
各地新华书店、建筑书店经销
华之逸品书装设计制版
北京富诚彩色印刷有限公司印刷
*
开本：787 毫米 ×1092 毫米　1/16　印张：20¾　字数：340 千字
2024 年 1 月第一版　2024 年 1 月第一次印刷
定价：**198.00** 元
ISBN 978-7-112-28232-6
（40688）